機械系 教科書シリーズ 13

熱エネルギー・環境保全の工学

博士(工学) 井田 民男
工学博士 木本 恭司 共著
博士(工学) 山﨑 友紀

コロナ社

機械系 教科書シリーズ編集委員会		
編集委員長	木本　恭司	（元大阪府立工業高等専門学校・工学博士）
幹　　　事	平井　三友	（大阪府立工業高等専門学校・博士(工学)）
編集委員	青木　　繁	（東京都立産業技術高等専門学校・工学博士）
（五十音順）	阪部　俊也	（奈良工業高等専門学校・工学博士）
	丸茂　榮佑	（明石工業高等専門学校・工学博士）

（2007年3月現在）

刊行のことば

　大学・高専の機械系のカリキュラムは，時代の変化に伴い以前とはずいぶん変わってきました。

　一番大きな理由は，機械工学がその裾野を他分野に広げていく中で境界領域に属する学問分野が急速に進展してきたという事情にあります。例えば，電子技術，情報技術，各種センサ類を組み込んだ自動工作機械，ロボットなど，この間のめざましい発展が現在の機械工学の基盤の一つになっています。また，エネルギー・資源の開発とともに，省エネルギーの徹底化が緊急の課題となっています。最近では新たに地球環境保全の問題が大きくクローズアップされ，機械工学もこれを従来にも増して精神的支柱にしなければならない時代になってきました。

　このように学ぶべき内容が増えているにもかかわらず，他方では「ゆとりある教育」が叫ばれ，高専のみならず大学においても卒業までに修得すべき単位数が減ってきているのが現状です。

　私は1968年に高専に赴任し，現在まで三十数年間教育現場に携わってまいりました。当初に比べて最近では機械工学を専攻しようとする学生の目的意識と力がじつにさまざまであることを痛感しております。こうした事情は，大学をはじめとする高等教育機関においても共通するのではないかと思います。

　修得すべき内容が増える一方で単位数の削減と多様化する学生に対応できるように，「機械系教科書シリーズ」を以下の編集方針のもとで発刊することに致しました。

1. 機械工学の現分野を広く網羅し，シリーズの書目を現行のカリキュラムに則った構成にする。
2. 各書目においては基礎的な事項を精選し，図・表などを多用し，わかり

やすい教科書作りを心がける。
3. 執筆者は現場の先生方を中心とし，演習問題には詳しい解答を付け自習も可能なように配慮する。

　現場の先生方を中心とした手作りの教科書として，本シリーズを高専はもとより，大学，短大，専門学校などで機械工学を志す方々に広くご活用いただけることを願っています。

　最後になりましたが，本シリーズの企画段階からご協力いただいた，平井三友 幹事，阪部俊也，丸茂榮佑，青木繁の各委員および執筆を快く引き受けていただいた各執筆者の方々に心から感謝の意を表します。

2000年1月

編集委員長　木本　恭司

まえがき

　私たちが営む社会はその生活や文明を維持，発展させるために多くのエネルギーを消費することによってまかなわれている。その大部分は化石燃料すなわち石油や石炭，天然ガスの燃焼反応により取り出された熱エネルギーの変換によっている。

　しかし，私たちの社会を支えるための多量のエネルギー消費は，エネルギー資源の枯渇問題を浮上させると同時に，一方では自然が回復できる許容範囲を上回る廃棄を繰り返すことにより，規模の大小を問わず自然を汚染しつつ，さらには破壊に至っている。

　一次エネルギー資源から得られる熱エネルギーの利用は幅が広い。身近なところでは，内燃機関にあるように機械的エネルギーに変換し動力源として，また都市ガスのような熱源として，あるいは電気エネルギーへ変換し電化製品の動力源などに利用されている。しかし，利用形態は変わっても，一次エネルギー資源から熱エネルギーへ変換する過程において，その際に生じる燃焼過程による CO_2 や核分裂反応による核廃棄物などの排出は避けては通れない。

　エネルギーの消費に伴う CO_2 などによる温暖化対策が国際政治の場で初めて取り上げられたのは，1988 年のトロントサミットである。

　1992 年の国連環境開発会議（地球サミット）でこれが具体化され，187 カ国により「環境と開発に関するリオ宣言」が発せられるまでに至った。その行動計画として，「アジェンダ 21」，「森林保全などに関する原則声明」，「気候変動枠組み条約」，「生物多様性条約」が採択された。

　これにより世界各国は「アジェンダ 21」などに織り込まれた 40 の項目について行動計画を着実に実行していくこととなっており，国際連合の Commission on Sustainable Development がこれを支援する形になっている。

まえがき

日本では，1990年に環境と経済発展の両立を図るいわゆる Sustainable development（**2.4** 節で詳しく述べる）の理念に基づき，地球温暖化防止を目的とした地球再生計画（The New Earth 21）が初めて提唱された。これは五つの柱よりなっている。

1. 世界的な省エネルギーの推進
2. クリーンエネルギーの大幅導入
3. 革新的な環境技術の開発
4. CO_2 吸収源の拡大
5. 次世代を担う革新的エネルギー関連技術の開発

これらはいずれも「熱エネルギー変換と環境保全」に関連した諸問題を解く鍵となるもので，その精神については各国で異存のないもののはずであるが，具体的な実施策となると，国家間で考えが異なり利害が対立したりする。例えば，1997年に開催された地球温暖化防止京都会議（COP 3）では，2000年以降の地球温暖化対策のあり方を規定する議定書が採択されたが，2001年11月に，ボンで行われた COP 7 では，その運用ルールが妥協の上採択されたが，一部の国が加わらず，実効性に問題を残している。

この背景にはエネルギーの安定供給（energy security）を確保し，一定の経済成長（economic growth）を見込みつつ，地球環境の保全（environmental protection）を図るという，いわゆる3Eをいかに同時達成するかについて，国家間の考えの違いがある。

本書では，これらの問題を考えていく手がかりとして，熱エネルギー源とその変換および地球環境保全のメカニズムとそれらに関連した諸問題について幅広く解説を試みた。浅学の著者らを超える最もホットな課題ではあるが，できるだけ客観的な解説を試みたつもりである。ご教示，ご意見など賜れば幸いである。

2002年9月

著　者

目　　　次

1. 　緒　　　　論

1.1　エネルギーとは ……………………………………………………………… 1
1.2　熱エネルギーと環境保全 …………………………………………………… 3

2. 　エネルギーを巡る諸問題

2.1　エネルギー資源とそのゆくえを巡って …………………………………… 5
2.2　エネルギーと地球環境保全を巡って ……………………………………… 8
2.3　エネルギーと社会システムを巡って ……………………………………… 10
2.4　持続可能な発展を巡って …………………………………………………… 14

3. 　従来型の熱エネルギーとその資源

3.1　エネルギー資源量と各国のエネルギー構成 ……………………………… 19
3.2　熱エネルギー資源とその特性 ……………………………………………… 22
　3.2.1　石油エネルギー ………………………………………………………… 22
　3.2.2　石炭エネルギー ………………………………………………………… 27
　3.2.3　天然ガスエネルギー …………………………………………………… 30
　3.2.4　原子力エネルギー ……………………………………………………… 31
　3.2.5　自然エネルギー ………………………………………………………… 37
　3.2.6　その他の熱エネルギー ………………………………………………… 41
3.3　エネルギー消費の変化 ……………………………………………………… 41
　3.3.1　最終エネルギー消費とエネルギー消費原単位 ……………………… 41
　3.3.2　産業部門によるエネルギー消費 ……………………………………… 45
　3.3.3　運輸部門によるエネルギー消費 ……………………………………… 46

3.3.4 民生部門によるエネルギー消費 …………………………………49

4. 冷熱技術と空気調和

4.1 冷凍の方法 ……………………………………………50
4.2 蒸気圧縮式冷凍サイクルの構成と標準冷凍サイクル …………51
4.3 多段圧縮サイクル ………………………………………54
4.4 冷媒について ……………………………………………56
4.5 吸収式冷凍機と太陽熱冷房 ……………………………61
  4.5.1 吸収式冷凍機の原理 ………………………………61
  4.5.2 ガス冷蔵庫 …………………………………………63
  4.5.3 臭化リチウム吸収式冷凍機と太陽熱冷房 …………64
  4.5.4 吸収式冷凍機の性能評価 …………………………67
4.6 熱電冷凍機 ……………………………………………68
4.7 空気調和の考え方と方法 ………………………………69
  4.7.1 空気調和 ……………………………………………69
  4.7.2 湿り空気の性質と湿り空気線図 ……………………70
  4.7.3 湿り空気の状態変化と湿り空気線図の使い方 ……74
  4.7.4 空気調和の熱負荷計算 ……………………………79
演習問題 …………………………………………………………80

5. 省エネルギー技術と高効率技術

5.1 エクセルギー …………………………………………84
  5.1.1 エクセルギーとは …………………………………84
  5.1.2 熱源のエクセルギー ………………………………85
  5.1.3 閉じた系のエクセルギー …………………………89
  5.1.4 開いた系のエクセルギー …………………………90
  5.1.5 定常流動系のエクセルギー ………………………91
  5.1.6 熱効率とエクセルギー効率 ………………………91
5.2 コージェネレーションシステム …………………………92
  5.2.1 コージェネレーションとは …………………………92
  5.2.2 各種のコージェネレーションシステム ………………95

5.2.3 マイクロガスタービン …………………………………………… 97
5.3 エネルギーベストミックス ……………………………………………… 98
5.4 複合発電システム ………………………………………………………… 101
演習問題 …………………………………………………………………………… 102

6. 将来型の熱エネルギーとそのシステム

6.1 再生可能エネルギー …………………………………………………… 105
　6.1.1 再生可能エネルギーとは ………………………………………… 106
　6.1.2 再合成燃料を作るために必要な一次エネルギー源の開発 …… 108
　6.1.3 再合成燃料の技術開発 …………………………………………… 109
　6.1.4 合成ガス（H_2, CO_2）の技術開発 …………………………… 109
　6.1.5 合成燃料のエネルギーシステム ………………………………… 111
6.2 バイオエネルギー ……………………………………………………… 112
　6.2.1 バイオエネルギーとは …………………………………………… 112
　6.2.2 森林系のバイオエネルギー ……………………………………… 114
　6.2.3 光合成 ……………………………………………………………… 115
6.3 メタンハイドレート …………………………………………………… 116
　6.3.1 メタンハイドレートとは ………………………………………… 116
　6.3.2 メタンハイドレートの熱特性 …………………………………… 119
6.4 クリーンコールテクノロジー ………………………………………… 121
　6.4.1 クリーンコールテクノロジーとは ……………………………… 121
　6.4.2 石炭のガス化技術 ………………………………………………… 123
6.5 水素循環型エネルギーシステム ……………………………………… 125
6.6 燃料電池 ………………………………………………………………… 126
演習問題 …………………………………………………………………………… 129

7. エネルギー変換と環境保全

7.1 私たちを取り巻く地球環境の仕組み ………………………………… 131
　7.1.1 大気圏の仕組み …………………………………………………… 132
　7.1.2 水域圏の仕組み …………………………………………………… 135

  7.1.3　土壌圏の仕組み ……………………………………………… 136
7.2　　自然システムと熱エネルギーバランス ……………………………… 140
  7.2.1　地球上のエネルギーバランス ………………………………… 140
  7.2.2　地球環境の自己調整システム ………………………………… 142
7.3　　地球環境汚染とそのメカニズム ……………………………………… 143
  7.3.1　大気圏での環境汚染 …………………………………………… 143
  7.3.2　水域圏，土壌圏での環境汚染と放射能汚染 ………………… 151
7.4　　エネルギー変換と環境対策 …………………………………………… 155
  7.4.1　従来型発電システムと環境対策 ……………………………… 155
  7.4.2　運輸・交通システムと環境対策 ……………………………… 161
  7.4.3　地域・生活における環境対策 ………………………………… 162
演　習　問　題 ………………………………………………………………… 163

8.　廃棄物と環境保全

8.1　　化学物質による環境汚染 ……………………………………………… 164
  8.1.1　各種環境汚染の因果関係 ……………………………………… 165
  8.1.2　有害化学物質の種類と排出の現状 …………………………… 167
  8.1.3　化学物質の毒性・安全性と環境への影響評価 ……………… 174
8.2　　フロン，ダイオキシン類と環境ホルモン …………………………… 178
  8.2.1　各物質の特性と汚染メカニズム ……………………………… 178
  8.2.2　環境や生体への影響 …………………………………………… 187
8.3　　有害廃棄物の無害化技術とリサイクル技術 ………………………… 190
  8.3.1　リサイクルの必要性 …………………………………………… 190
  8.3.2　無害化・リサイクル技術 ……………………………………… 193
8.4　　環境基準と環境保全 …………………………………………………… 195
  8.4.1　環　境　基　準 ………………………………………………… 195
  8.4.2　環境保全の方法―環境保全に関する法規など― …………… 196
  8.4.3　環境負荷の低減に対する国内外での取組み ………………… 199

付　　録 …………………………………………………… *201*

付 *1*　モリエ線図 …………………………………………… *201*
付 *1.1*　冷媒 R 22 のモリエ線図 ……………………………… *201*
付 *1.2*　冷媒 R 134 a のモリエ線図 …………………………… *202*
付 *1.3*　冷媒アンモニアのモリエ線図 ……………………… *203*

付 *2*　湿り空気線図 ………………………………………… *204*

付 *3*　地球再生計画 ………………………………………… *205*

付 *4*　おもなエネルギー関連サイト ……………………… *207*

付 *5*　関連単位 ……………………………………………… *208*
付 *5.1*　10^n の単位の SI 接頭語 ……………………………… *208*
付 *5.2*　化学物質や毒性・安全性などに関する単位 ……… *208*
付 *5.3*　放射線に関わる単位 ………………………………… *209*

参　考　文　献 ………………………………………………… *210*

演習問題解答 …………………………………………………… *214*

索　　引 ………………………………………………………… *224*

1

緒　　　　論

　エネルギー（energy）は，地球に住むすべての人々の生活を支えるのに必要な基である．特に，熱エネルギーは電気エネルギーなどに変換することにより伝送され，さまざまな形で消費される．その消費によりエネルギーは，最終的に地球へ戻されるわけであるが，その戻され方が問題となる．

　また，私たちは**エネルギー消費**（energy consumption）によってその生命と生活を支え維持しているが，この生活を取り巻くすべてのことを**環境**（environment）と呼んでいる．このため，私たちの生活において，エネルギーが消費されることと，環境を保全することとが強く結びついている．

1.1　エネルギーとは

　まず，熱力学的な観点からエネルギーを考える．**熱力学第一法則**（first law of thermodynamics）では，量的なエネルギー保存則を表しており，物質の持つエネルギーの総和は一定であり，さまざまなエネルギーに変換された後，最終的にはすべてのエネルギーが熱として地球に戻される．

　つぎに**熱力学第二法則**（second law of thermodynamics）では，熱エネルギーの自然な変化形態とそのときの制約事項，すなわち質的な側面を表しており，取り出された熱エネルギーは，さまざまなエネルギーに変換された後，最終的には地球の熱環境温度に近づくこととなる．

　さらに，熱エネルギーでは量および質の両面において定量的な変化を表す**エントロピー**（entropy）が定義される．エントロピーは，熱エネルギーの変化がその経路によらず最初と最後の状態のみに関係し，エントロピーの増加に伴

って，熱エネルギーの質は低下する。

　このように地球上に存在するエネルギー資源は，自然な状態では最終的に熱として消散されていくこととなるが，太陽エネルギーを起源とする太陽熱や太陽光および植物光合成などの自然システムでは，炭素を基に浄化作用を含んだ循環機能が働いている。一方，長い地球の歴史の中で作られた化石燃料などの**エネルギー資源**（energy resources）は，短い歴史の中では消費されるだけの再生されない貴重な資源として扱わざるをえない。

　さらに，化石燃料などのエネルギー資源は，私たちの生活を支える目的で消費され，エネルギー変換後に熱エネルギーや排出物質として地球環境に戻される。地球は，循環と浄化作用による自己維持システムを本来有している。しかし，自然環境に合わない物質が入り込んだ際には，維持システムの一部が支障を来たしたり，別の方向へ維持システムが機能したりする。

　エネルギー消費による環境変化は，地球が本来持っている回復機能の範囲内にあるのか，あるいは自己再生が不可能なのかが今後の大きな焦点となるであろう。

　21世紀を迎え，このような私たちの生活を支えるエネルギーと環境の関係について，従来型の**化石エネルギー**（fossil energy）を主体としたシステムと将来型の**再生可能エネルギー**（renewable energy）を基盤としたシステムを図 **1.1** に示す。

　従来型エネルギーシステムでは，化石燃料と核燃料を主体として熱エネルギーが取り出されている。先に述べた理由からこれらの資源は，資源埋蔵量が有限であり回復することがなく，その枯渇がエネルギーの安定確保の面から問題となっている。

　化石燃料では，燃料中に含まれる硫黄分や窒素分によって，自然の循環に適さない**環境汚染物質**（environmental contaminant）が排出されるため，地球規模での環境破壊にまで至っている。核燃料では，核分裂反応により人体に悪影響を与える廃棄物が作られるため，地中に埋蔵するか循環処理して再利用する方策がとられている。

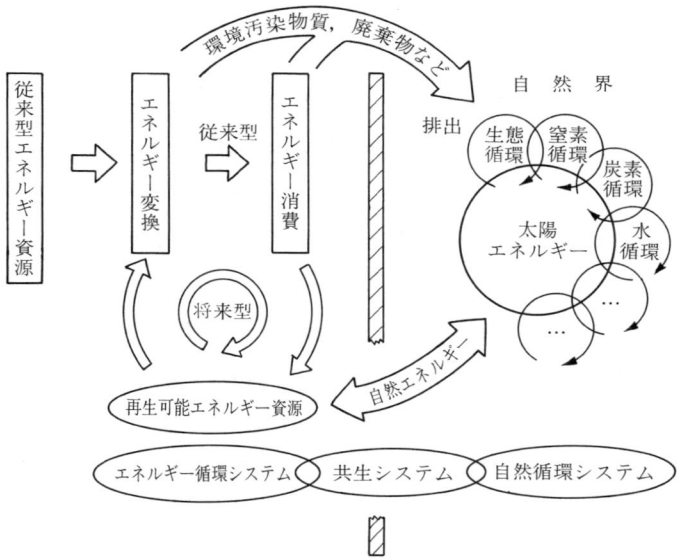

図 1.1 再生可能エネルギーを基盤としたシステム

1.2 熱エネルギーと環境保全

　実際のエネルギー消費は，生活廃棄物の排出と連動しており，**ダイオキシン**（dioxin）**類**や**環境ホルモン**（environmental hormone）などの生態系への悪影響も懸念されている。これらの熱エネルギーを巡る諸問題と従来型の熱エネルギー源については，2, 3章で述べており，7, 8章では地球の自己維持システムの観点から環境保全について詳細に述べている。

　従来型のエネルギー資源の枯渇や地球環境保全の必要性が視野に入ってくるに従い，環境保全を取り込んだ新しいエネルギーシステムへの移行が望まれる。特に将来型エネルギーでは，再生可能なエネルギー資源の開発と確保が大切であり，その中に環境保全の考えを組み入れたグローバルなエネルギーシステムの構築が期待される。

　先の熱力学第一，第二法則からわかるようにエネルギー資源の循環や回復の

ためには，別のエネルギー源からのエネルギーの注入が必要である．これはいうまでもなく太陽エネルギーが源となる．太陽エネルギーを源とすることによって，エネルギー循環システムと自然循環システムが共生されたシステムの構築が可能であり，私たちの人間活動そのものが自然システムの中に帰る可能性を秘めている．しかし，これらの再生可能エネルギーは，従来型エネルギーに比べて，特に資源の質の面から私たちの生活を支えるには数多くの課題がある．

なかでも**バイオマス**（biomass）エネルギーは，有効な資源量の推定および質の検討，変換技術の開発が期待される．これらのエネルギー資源確保に関する問題については，*6* 章で述べられており，エネルギーの有効利用については *5* 章で述べている．また，*7*，*8* 章ではエネルギー変換および各種廃棄物に対する環境保全の問題をとり上げている．

さらに，*4* 章では，動力を熱エネルギーの輸送，貯蔵に利用し，私たちの生活環境を維持する**冷熱技術**（cooling technology）と**空気調和**（air conditioning）の扱いについて必要な事項を述べている．

21 世紀に入り，各方面でエネルギーおよび環境保全にかかわる問題について活発に議論される土壌ができつつある．本書が「熱エネルギーと環境保全」に興味を持つ学生諸君に，これからの技術者や研究者として自ら考えるための基盤作りに役立つことを願っている．

2

エネルギーを巡る諸問題

　21世紀に入りエネルギーの多量消費とともに，エネルギー資源の枯渇や地球環境の保全の問題が現実のものとなってきている。その背景には，経済活動の活発化と開発途上国における予想を上回る人口増加がある。

　エネルギーを巡る問題は，文明社会を維持し，発展し続ける国々が抱える共通の課題である。本章では，従来型のエネルギー資源である化石燃料，非化石燃料および自然エネルギーの資源量と消費の動向などについて現在までの状況を述べ，将来に向けての方向性についても学習する。

2.1 エネルギー資源とそのゆくえを巡って

　エネルギー資源は，化石燃料，非化石燃料，自然エネルギーの大きく三つに分けられる。**表2.1**に従来型のエネルギー資源とその埋蔵量を示す[1]†。石油，石炭，天然ガスの**化石燃料**（fossil fuel）と，ウランの**非化石燃料**（non-fossil fuel）は，地球創造約45億年にわたる地球の歴史の中で作られた貴重な資源であり，人類に平等に与えられたエネルギー源である。風力，水力，地熱などの**自然エネルギー**（natural energy）は，地理的あるいは気象の条件などを利用して，取り出されるエネルギー源であり，地球規模での地域的な特徴に影響される。これらのエネルギー資源は，最終的には主として液体燃料（石油精製）や電力などに変換されて消費される。

　化石燃料は，初期の相状態（固体，液体，気体）は異なっても，最終的には気相の燃焼反応により熱エネルギーを発生する。熱機関ではその熱量や爆発過

---

† 肩付番号は巻末の参考文献番号を示す。

2. エネルギーを巡る諸問題

表 2.1 従来型のエネルギー資源とその埋蔵量（1999年）

		石 油	石 炭	天然ガス	ウラン
確認可採埋蔵量(R)		1兆338億バレル	9824億トン	146兆 m^3	395万トン
地域別埋蔵量比率(%)	北米	6.2	26.1	5.0	17.8
	中南米	8.6	2.2	4.3	6.3
	欧州	2.0	12.4	3.5	2.8
	旧ソ連	6.3	23.4	38.7	0.0
	中東	65.4	0.0	33.8	23.0
	アフリカ	7.2	6.2	7.7	18.7
	アジア・大洋州	4.3	29.7	7.0	31.4
年生産量（P）		262億バレル	42.8億トン	2.3兆 m^3	3.5万トン
可採年数		41年	230年	61.9年	64.2年

〔注〕 ウランは十分な在庫があることから年需要量（6.2万トン）で可採年数を求めた

程などが巧みに利用される。化石燃料は，おもにC（炭素）とH（水素）からなる炭化水素系燃料（C_mH_n）で，最終生成物としてH_2O（水）とCO_2（二酸化炭素）が生じる。しかし，化石燃料には微量の硫黄分や窒素分が含まれており，これが硫黄酸化物（SO_x）や窒素酸化物（NO_x）などの環境汚染物質を生成させる。非化石燃料（ウラン）は，核分裂による連鎖反応により膨大な熱エネルギーを発生するが，同時に核放射性物質も生成する。自然エネルギーは，そのほとんどが太陽を起源とする気象を利用し，地理的な条件と合わせてエネルギー変換を行っている。

自然エネルギーは，本来自然と調和されるエネルギーである。その自然からエネルギーを取り出すには，大規模な変換設備を自然の中に建設する場合が多いので，地質あるいは自然環境への影響は避けられない。

これらのエネルギー資源は，陸上や海中，地質内部で地理的に偏在しており，地域によって性状が異なっている。また，自然メカニズム（波力，潮流，温度差）を利用する場合にも，地理的条件や時刻による変化が生じるので，最適なエネルギー変換技術の開発が必要になる。したがって，エネルギー資源を効率よく利用するには，資源を取り出し，輸送し，熱エネルギーに変換するためのさまざまな技術の開発と工夫の組合せが必要となる。

エネルギー消費に伴う地球環境の汚染とともに，エネルギーの資源量が問題

を複雑にしている。化石燃料の推定残存埋蔵量は約60年であり，なかでも主力である石油エネルギーの残存量は約41年（2001年現在）と推定されている。これらの数値は，現段階での使用量を基準に推定されている点に注意しておく必要がある。例えば，石炭エネルギーの残存量は約200年と推定されているが，急速な人口増加，石油エネルギーの枯渇を考えると，加速度的に残存年数が減るものと考えられる。

さまざまな課題を抱える地球規模でのエネルギー資源の解決には，開発資金，国家間の経済的あるいは政治的な要素も加わるが，問題点はつぎの3項目に絞られるであろう[1]。

1） **エネルギー安定供給**（energy security）
2） **地球環境保全**（environmental protection）
3） **経済成長**（economic growth）

これらはそれぞれの頭文字をとって**3E**と呼ばれている。それぞれの関係を**図2.1**に示す[1]。最適な答は，三つの輪が重なっている網部分であるが，3Eをいかに調和させ達成させるかが焦点となる。

エネルギーの供給と環境保全を同時に解決する方法として，**再生可能エネルギー**（renewable energy）の開発と早期導入が挙げられる。再生可能エネルギーとは，自然エネルギーを人類が科学・工学技術を駆使して取り出し，再生

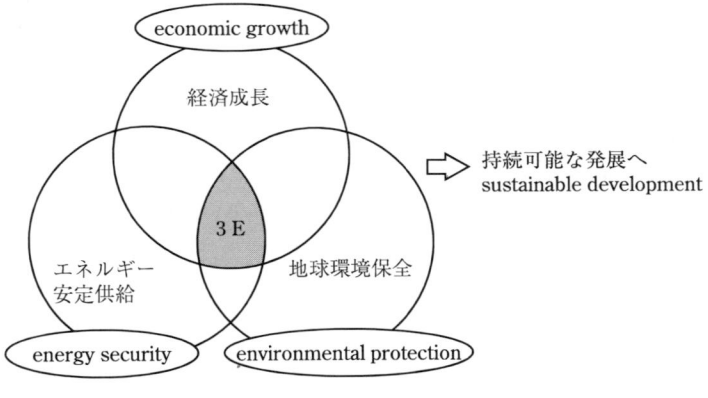

図 2.1　3Eの関係

産される循環型のエネルギー源である．再生可能エネルギーには，自然を直接利用する方法として**太陽エネルギー**（solar energy），**風力エネルギー**（wind power energy），**バイオエネルギー**（bioenergy）が挙げられる．さらに，CO_2を人工的に固定化して得られるエネルギーシステムなども考案されており，将来型のエネルギー資源として注目される[2]．

2.2　エネルギーと地球環境保全を巡って

　地球環境保全の問題が今日のように顕在化するのは，文明社会がエネルギー消費を前提として成り立っているための必然でもある．規模の大きさの違いはあるが，環境問題をクリアするためにエネルギーが消費され，そのことが環境をさらに悪化させ，リング状に繰り返されるというジレンマに陥ることもあり，トータルなバランスを視野に入れた工学技術の開発が望まれる．

　エネルギー消費は，人口動態，食糧確保，国家事情と強く関連しており，国

コーヒーブレイク

ドイツにおける原子力発電所全廃

　原子力エネルギーによるエネルギー供給の廃絶を目指す動きは，ヨーロッパ各地で起こっている．ドイツでの原子力発電所の廃絶宣言は，2000年6月に日本でもトップニュースとして報じられた．以下にそのニュースを記す．

　Germany to scrap nuke power
　Germany on Thursday became one of the first major industrial nations to commit itself to scraping nuclear power, striking a compromise deal with energy bosses that avoided setting a date for the final shutdown of atomic energy. The deal, agreed by Chancellor Gerhard Schroeder with Germany's top utilities, set a total lifespan of 32 years for each of the country's 19 nuclear power stations -longer than his coalition partners, the Green Party, wanted, though less than the industry had demanded. ……

（記事　ロイター　2000年6月16日から）

　一方，日本の原子力エネルギー政策は，「長期エネルギー需給の見通し」を踏まえ石油代替エネルギーとしての主力エネルギーとして位置付けている．

際連合，世界保健機構，非政府機関の ISO などが中心となって国際協調を基軸にその解決策が提案，推進されている．一方，日本のエネルギー政策では，国民生活を基盤としたエネルギーの安定供給と確保が重要で，政治・経済政策やエネルギー資源の備蓄に関し，中・長期的な予測も行われている．

将来に向けては，環境問題を解決できる各種の熱エネルギー変換技術の研究開発が重要である．現状では，熱エネルギー資源は石油・石炭・原子力・天然ガスに依存しており，2050 年前後には新エネルギーシステムによるエネルギーと環境の同時解決型技術の導入が望まれている．なかでも非化石燃料である原子力エネルギーは，CO_2 排出がなく，石油代替エネルギーとして期待されているが，人体へ直接影響を及ぼす核汚染の問題がある．エネルギー安定供給確保と平和利用を目的とした原子力発電技術が開発されているが，大きな事故が世界的に相つぎ，エネルギーと環境を巡る両立を一層難しくしている．

エネルギー消費とそれに伴う環境汚染物質は，その発生原理や物理特性，管理手段などから問題の性格を明確にする必要がある．その性格により，環境汚染物質は以下の三つに分類される．

1） 物質そのものが汚染物質であり，いまの技術レベルでは対応不十分か管理上に問題がある場合（硫黄酸化物，窒素酸化物，核汚染物質，環境ホルモン，ダイオキシン，不法投棄など）

2） 物質そのものは非汚染物質であるが，地球の許容範囲を超えたため，汚染物質としての効果が現れる場合（CO_2，メタンなど）

3） 人工的に製造された化学物質が，科学的な認識不足，管理不十分により汚染物質として現れる場合（フロン，プラスチック製品，有機溶剤接着剤など）

なお，化石燃料による燃焼反応から生じる CO_2 は，燃焼の最終生成物であり燃焼反応を利用する限り必ず発生する．

研究 2.1 ゼロ・エミッション構想にあるように人間社会と自然システムが共生するさまざまな取組みが行われている．実例を調査し研究せよ．

2.3 エネルギーと社会システムを巡って

　日本におけるエネルギー資源の供給から需要に至るエネルギー消費形態の流れを**図 2.2** に示す[1]。

　エネルギー資源として供給される化石燃料および非化石燃料は，液体燃料

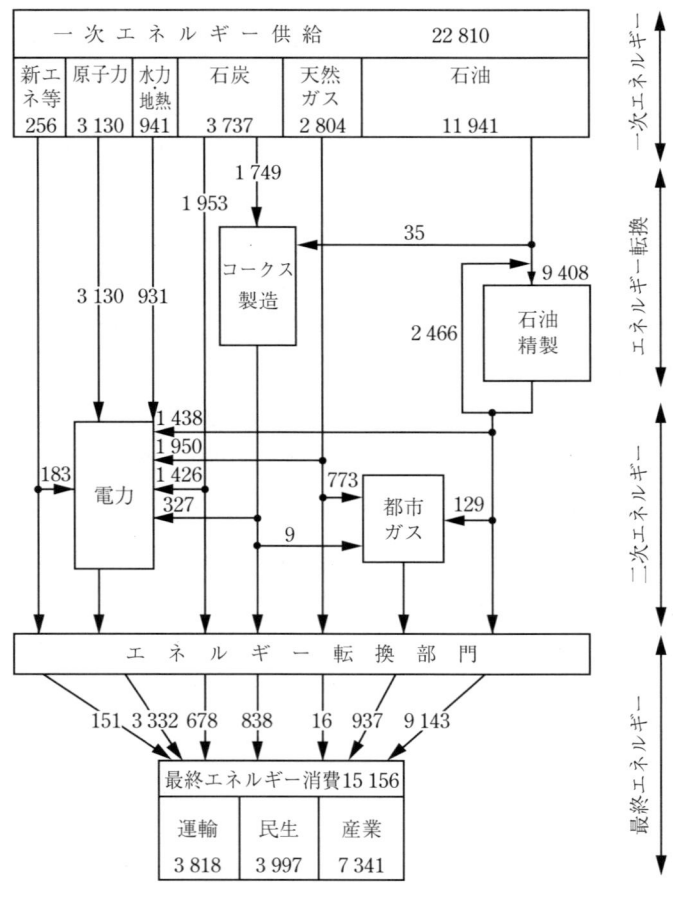

＊単位 PJ＝10^{15}J

図 2.2　国内のエネルギー消費形態の流れ

（石油精製），電力，都市ガスの形で最終エネルギーとして供給され消費されている。電力消費は，おもに化石燃料，非化石燃料から変換され約 40％を占めている。

このエネルギーの変換システムでは，エネルギー資源から取り出した熱エネルギーを電気エネルギーに変換して電力として消費する。通常電気エネルギーは，その特性として蓄電せず高圧高電線によって比較的長距離にわたり，直接消費地まで送電される。

図 2.3 に国内における部門別電力消費量の推移を示す[1]。国内の最終エネルギー消費量は，ほぼ電力消費量に比例している。電力消費量の年間推移は，30 年間で 5 倍も消費が増し，人口増加をはるかに上回り，国民 1 人当りの消費が急増している。部門別では，産業部門が年間 0.6％の省エネルギーを実現しているにもかかわらず，民生部門では逆に 0.6％の増加となっている。電気エネルギーは，人類に多大な恩恵をもたらしたが，家電製品の大型化や待機電力などの不要な電力消費が問題となっている。

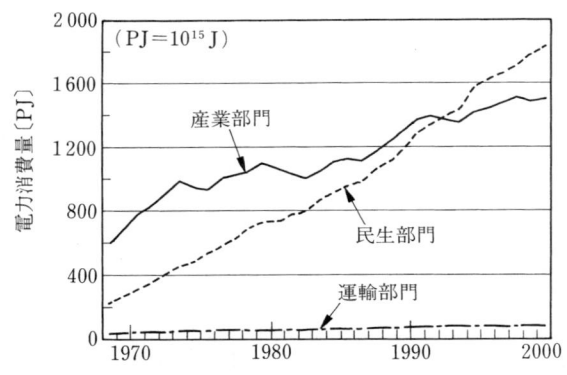

図 2.3　国内における部門別電力消費量の推移

環境保全の試みとして，地球に与える環境負荷を抑制した資源循環調和型都市やゼロ・エミッション型社会構築といった自然に調和させた社会システムが提案されている。このモデル都市構想は，自然循環作用を模した再生リサイクル機能を備え，生態系との共生を軸としたエネルギー循環型システムにより構

成されることを目指している[3]。

国内におけるエネルギー政策としては，1998年に総合エネルギー調査需給部会において21世紀に向けたエネルギー需給の審議が行われ，「長期エネルギー需給見通し」がまとめられた。主たる内容は，エネルギーの安定供給を確保しつつ，2％程度の経済成長と2010年のエネルギー起源CO_2を1990年と比較し安定化させ，両立させることを目標としている。掲げている柱は，つぎの三つである。

1) 需要構造の変革
2) 供給構造の変革
3) エネルギー産業の効率化

研究 2.2 「長期エネルギー需給の見通し」の三つの柱について具体的な内容を調べ，その効果を研究せよ。

国際的な取組みとしては，ISO（国際標準化機構）が脚光を浴びている。ISOは，スイスの民間企業が提唱する標準規格であり，先のISO 9000シリーズにみられるように国際標準化規格として定着しつつある。

図2.4に化石燃料を主体とした1870年からのエネルギー消費量と世界人口動態および2050年までの予測を示す[1]。まず，1950年付近を境に化石燃料の急激な消費が起こり，ほとんど同時に急激な人口増加が生じている。この時

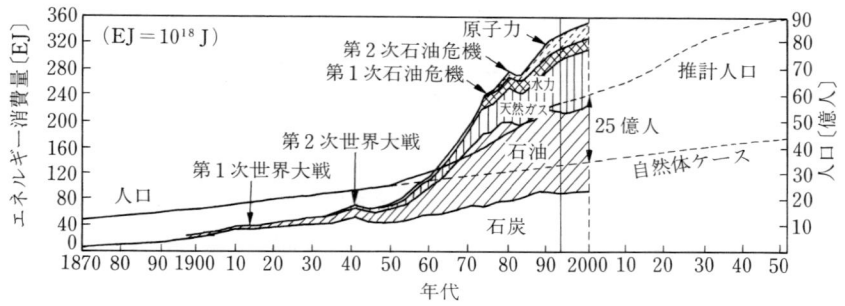

図2.4　従来型資源のエネルギー消費量と人口推移

代は，第2次世界大戦後の政治的不安定から解放され，高度成長期と呼ばれる産業成長の歴史的な転換点である。ここで重要なのは，先進国にエネルギー消費が集中している点で，2000年時点でみると，地球上のたかだか1/6（先進国人口約10億人/世界人口約60億人）の国民により，エネルギーが多量に消費されている。

一方，人口増加は，おもに開発途上国に集中しており，インドでは予測をはるかに上回る人口増加率を示している。将来的な開発途上国の工業化による多量のエネルギー消費を考えると，国境を越えたエネルギー対策を講じる必要にせまられている。

また，人口動態の推移で，注意すべき点は化石エネルギーの急激な利用に伴った社会的な人口増加とそれまでの緩やかで自然な人口増加との差である。その人口差は2000年時点で約25億人であり，年々増えるものと考えられる。これは，将来の食糧供給の問題と密接にかかわっている。すでにクローン技術や遺伝子組替え技術による食糧が供給されているが，その割合を今後増加しなけ

コーヒーブレイク

エネルギー教育[6]

国内でのエネルギー教育の取組みは，まだまだ問題があるのが現状である。エネルギー教育では，地球規模での環境保全や汚染あるいは地域での取組みが注目を集めているため，環境教育の側面に含まれる場合が多い。

日本では，小学校から大学までさまざまな取組みが行われているが，例えば高等教育までの教科で扱われる授業での電気エネルギーをとり上げると，電気エネルギーが熱エネルギーから作り出される資源とは学習しておらず，電気エネルギーの性質から原子・分子論的な原理の授業となっている。また，大学教育でもエネルギー資源の供給できる可採年数をほとんどの学生が知らない状況で，これほど石油エネルギーへの依存度が高い国の事情にしては，エネルギーへの意識が低いことがうかがえる。一方，海外での取組みはかなり積極的でありテキストの開発から違う。

エネルギー教育は，私たちの生活を支えていくエネルギー資源の扱い方を教わるものであり，その確立と意識，ライフスタイルの変化が望まれるところである。

れば対応できない状況にある。地上の既耕作地面積は1511億 m^2 で，60億人が食糧の供給を受けていると仮定すると，最大可能な耕作地面積が2400億 m^2 と推算されているので，約95億人分の食糧しか供給できない計算になる[4),5)]。すでに，遺伝子組替え食品は世界的にも流通しているが，各国の輸入政策では安全性と国民感情による規制が優先され実施されている。

2.4 持続可能な発展を巡って

Sustainable development と呼ばれる理念がある。Sustainable development とは，**持続可能な発展**を意味する。では，なにを持続し，発展させるのであろうか。

先に述べたように，日本は21世紀のエネルギー政策として，**エネルギー安定供給，地球環境保全**および**経済成長**を重点的に強化すべく，3Eの同時達成を基本原則として掲げているが，現実の政策として打ち出すのはたいへん難しい。例えば，「環境問題を解決するために多大なエネルギーが消費された」，「経済に刺激を与えるために公共投資を行い，エネルギーの消費を増したが，環境は汚染された」など，たがいにジレンマに陥りやすく，**トリレンマ**（トリは三重の意味）とも呼ばれている。

エネルギー安定供給については，資源エネルギー庁監修『省エネルギー便覧』（省エネルギーセンター，2000）でつぎのように定義されている[7)]。「エネルギーは社会経済活動を支える「基礎資源」であり，国の安全保障と大きく結びついていることから，エネルギーの安定的かつ合理的な需要と供給の達成が重要であるとする認識をエネルギー安定供給と言う」

エネルギーの専門家らによるアンケート調査では，約60％の人が2000年時点のエネルギー安定供給について不安要素があるとし，日本のエネルギー基盤の脆弱性を指摘している[8)]。エネルギー問題特別委員会 2000『提言エネルギーセキュリティーの確立と21世紀のエネルギー政策のあり方』（(財)社会経済生産性本部，2000）での専門家によるエネルギー安定供給のための新ビジョン

を以下に示す。

1) わが国におけるエネルギーセキュリティの重要性を再認識し，その位置づけを議論し，明確にすべきである
2) 多様なエネルギー源のベストミックスによる安定供給の確保
3) 電力自由化において，求められる原子力と新エネルギーへの対策
4) 省エネルギーを基本とした社会経済システムの構築
5) アジア地域における安定供給構築に向け，アジア諸国との協力の推進
6) 国としては戦略的意志の明確化と先端技術による交渉力の強化を図る
7) グローバル化へのリスク管理と，環境調和型社会構築に向けた総合エネルギー政策の立案
8) 現行の「長期エネルギー需給見通し」における政策目標は困難。急激な情勢変化を前提とした，柔軟かつ現実的な見直しが必要
9) エネルギー政策を積極的に国会でとり上げ，十分に審議を尽くす
10) エネルギー政策の基本的な方向性を示す，新しい法制度などの必要性について検討
11) 国，産業界，国民はエネルギー安定供給確保のために，それぞれの役割を認識し，そして担っていくべきである

これらの項目にタイムリーな答を出すことは，現時点では難しく，国，産業，民間レベルでのさまざまな議論が必要であろう。

工学的な観点からは，熱エネルギー技術が貢献するところは数多くある。これらのビジョンを満たすためには，環境に調和した熱エネルギー変換技術の開発はもちろんのこと，高効率でのエネルギー制御，エネルギーの運搬や貯蔵技術の発展が必要であろう。さらに，それらの技術には，省エネルギー技術や環境浄化機能などの技術革新も折り込まれる必要性があるなど多岐にわたり，21世紀の大きな課題といえる。

特に Sustainable development の理念は，地球温暖化現象についての国際的な枠組み「**気候変動枠組条約締結国会議**」（**COP**：Conference of Parties）でその役割を果たしている。

16　2．エネルギーを巡る諸問題

表2.2　COPの経緯と主要な内容

	開催日	場　　所	お も な 内 容
COP 1	1995年4月	ドイツ・ベルリン	温室効果ガスの発生源による人為的な排出および吸収源による除去に関する抑制および削減の目的を設定すること
COP 2	1996年7月	スイス・ジュネーブ	温室効果ガスの発生源による人為的な排出および吸収源による除去に関する抑制および削減の数量化された法的拘束力のある目的を設定すること
COP 3	1997年6月	日本・京都	国際的な約束として先進国において温室効果ガスの削減目標や具体的な取組みを地球温暖化防止京都会議として議定書を採択
COP 4	1997年10月	アルゼンチン・ブエノスアイレス	京都議定書の早期発効および実施のための課題，枠組条約の実施上の課題，途上国の取組みの強化を議論交渉
COP 5	1998年10月	ドイツ・ボン	京都メカニズムの遵守，気候変動の悪影響，対処能力の向上について議論交渉
COP 6	2000年12月	オランダ・ハーグ	先進国が京都議定書を締結できるよう詳細なルール策定と途上国への支援問題を議論
COP 6 再会合	2001年7月	ドイツ・ボン	京都議定書の中核的要素に関し基本的に合意（ボン合意）。京都議定書の最終的な2002年発効に向けた取組み
COP 7	2001年11月	モロッコ・マラケシュ	京都議定書の中核的要素に関する基本的合意（ボン合意）を法文化する文書が採択され，京都議定書の実施にかかわるルールが決定。2001年3月米国離脱
COP 8	2002年12月	インド・ニューデリー	マラケシュ合意を受けた各国の国内対策や京都メカニズムの実行
COP 9	2003年12月	イタリア・ミラノ	気候変動枠組条約等に定められた目的や約束がどの程度果たされているかを評価
COP 10	2004年12月	アルゼンチン・ブエノスアイレス	締約国は，条約発効後10年の地球温暖化に関する国際的な取組みに実質的な進展が見られていることを高く評価しつつ，地球温暖化対策の緊要性につき認識を共有。2004年11月　ロシア批准を受けて，2005年2月16日に京都議定書発効
COP 11　COP/MOP1（京都議定書第1回締約国会合）	2005年12月	カナダ・モントリオール	京都議定書を実施に移すために必要な決定を行うべきこと，2013年以降の次期枠組みに関してすべての国が参加する実効ある枠組みの構築が必要であることなどを主張
COP 12　COP/MOP 2	2006年11月	ケニア・ナイロビ	①気候変動への適応について具体的内容の議論を進めること②クリーン開発メカニズム（CDM）の公平性と利用性を改善すること③技術移転に関する専門家グループ（EGTT）のマンデート（委託事項）のレビュー④2013年以降の将来枠組みについての議論の勢いを維持することを議論
IPCC 第4次報告	2007年2月		平均気温の大部分が，人為的な温室効果ガスの増加によって引き起こされた可能性が高いと認める（90％以上）
COP 13　COP/MOP 3	2007年12月	インドネシア・バリ島	2013年以降の枠組みを巡って議論。2009年までに合意を得て採択すること等に合意

（2008年改訂）

表 2.2 に 2001 年 7 月までの COP の経緯と主要な内容を示す。1997 年に開催された**地球温暖化防止京都会議**（COP 3）は，じつに条約締結国 167 カ国，オブザーバ 20 カ国の計 187 カ国が参加した歴史的な会議となった。この会議では，2000 年以降の地球温暖化対策のあり方を規定する議定書が採択され，人類の未来を左右する会議として世界の注目を集めた。**京都議定書**（Kyoto protocol）（正式和文は，気候変動に関する国際連合枠組条約京都議定書）は 28 条にわたり，気候変動に対する究極的な目的を追求している[9]。

なかでも第 2 条では，IPCC 条約締結国の数値約束事項の履行に当たり，持続可能な開発を促進するための政策などを規定している。また第 3 条では，締結国は 2008 年から 2012 年までの約束期間において，締結国全体の CO_2 排出量を 1990 年の水準から 5％削減することを念頭において計算された割当量を超えてはならないと規定している。さらに，2005 年までにこの議定書に基づ

表 2.3　1990 年を 100 とするおもな国の排出抑制の割当量（COP 3）
〔環境庁編：京都議定書と私たちの挑戦，大蔵省印刷局（1998）〕

締結国名	割当量	締結国名	割当量
アイスランド	110	フランス	92
オーストラリア	108	ドイツ	92
ノルウェー	101	ギリシャ	92
ニュージーランド	100	アイルランド	92
ロシア	100	イタリア	92
ウクライナ	100	ラトビア	92
クロアチア	95	リヒテンシュタイン	92
カナダ	94	リトアニア	92
ハンガリー	94	ルクセンブルク	92
日　本	94	モナコ	92
ポーランド	94	オランダ	92
アメリカ	93	ポルトガル	92
オーストリア	92	ルーマニア	92
ベルギー	92	スロバキア	92
ブルガリア	92	スロベニア	92
チェコ	92	スペイン	92
デンマーク	92	スウェーデン	92
エストニア	92	スイス	92
欧州共同体	92	イギリス	92
フィンランド	92		

く約束の達成に当たって,明らかな進捗を実現していなければならないとの規定も盛り込まれている。

表 2.3 に 1990 年を 100 とするおもな国の排出抑制の割当量（COP 3）を示す[8]。この表より日本は,6％（100－94＝6）の CO_2 削減を議長国として約束した。これらの具体的な数値割当量は,容易に達成できる目標ではなく,その措置として**京都メカニズム**（Kyoto mechanism）と呼ばれる経済的手段を導入することが採択された。京都メカニズムでは,開発途上国でマイナスの抑制値が割り当てられており,先進国がその割当てを購入できる。すでに世界銀行ではこの炭素の商取引のために,2000 年に**炭素基金**（Prototype Carbon Fund）を発足している[10]。炭素基金は,各国政府・民間からの出資により設立されたもので,温室効果ガスに向けた市場を創設した初の試みであり,炭素の国際間での売買を可能にする。世界銀行では,炭素 1 トン当り 20 ドルで排出削減価格が協議され始めている。この炭素基金のメリットとしては,つぎの四つが挙げられる。

1) 開発途上国は,温室効果ガス削減量の売却により収益を得るとともに,温暖化対策技術開発への資金を得ることができる。
2) 炭素の売買により,京都議定書に基づく目標達成に役立てることができる。
3) 開発途上国に,よりクリーンな技術への転換に向けた資金を提供でき,環境改善が図られる。
4) 新しい市場により,新しい価値観が生まれ,その重要性と事業活動を学ぶことができる

炭素基金の取組みは,国際的な枠組み取決めの一例にすぎない。21 世紀を迎え 3 E を達成するには,一定の経済成長を確保し,国際的な協調の枠組みの中でエネルギーの需要と供給をバランスさせつつ,CO_2 排出を目標値以下に押さえる必要がある。実際には数多くの課題を抱えており,3 E の実現に対し国によって力点の置き方が異なるので,実際には国家間で紛争があるのも事実である。

3

従来型の熱エネルギーとその資源

　私たちは，地球上に存在するあらゆる資源を消費し続けている。私たちの生活を支えた最初の熱エネルギー資源は，木材や柴などのバイオマス (biomass) である。17世紀に入り，産業の振興により石炭資源が普及し始め，18世紀の産業革命では石炭が熱エネルギーの主役であった。これが20世紀半ばまで続く。

　1859年にアメリカで石油が掘り当てられてから，石油エネルギーを基盤とした社会が形成されるに至った。当初，石油エネルギーの豊富さや利便性から各種産業および日常生活に石油の多量消費が行われた。

　1973年の第1次オイルショック以後，その反省からエネルギー資源に関する調査や長期ビジョンが策定されるようになり，エネルギーの安定供給が重要な柱となったが，国内資源がほとんどない日本では，エネルギー資源の供給構成比率や対外依存度などに関して，現在きわめて偏った状況となっている。

　本章では，熱エネルギー源としての資源量や各国のエネルギー資源構成などを日本と比較しながら学習する。これに関連して，火力発電および原子力発電の原理およびシステム構成についても簡単に触れる。

3.1 エネルギー資源量と各国のエネルギー構成

　地球に存在するエネルギー資源の偏在のために，エネルギー事情は各国において大きく異なる。エネルギー資源の安定供給については，政治的および経済的な要素に強く左右され，かつ地理的な条件も加わって複雑さを増している。エネルギー資源の資源量とその供給構成は，エネルギー利用技術の開発動向に大きくかかわっている[1]。

世界で確認されているエネルギー資源埋蔵量は**表2.1**にすでに示した。おもなエネルギー資源は，石油，石炭，天然ガス，ウランの4種類である。これらの資源は，今後採掘されるであろう絶対量とその推移がポイントとなる。資源量は，世界中で確認され，かつ採掘が可能な埋蔵量 R（**確認可採埋蔵量**：recoverable reserves）と，それを実質の消費量に相当している年間生産量 P（年生産量：production per year）で除した値 R/P（**可採年数**：ratio of reserves to production）で評価される。**図3.1**にこのようにして求められた可採年数とエネルギー消費の推移との対比を示す[2]。おのおののエネルギー資源の可採年数は，少ない順から石油約40年，天然ガス約60年，ウラン約70年についで，石炭が最長で約200年である。これらの数値は，その推定残存量の少なさも問題であるが，算出方法にも問題が含まれている。

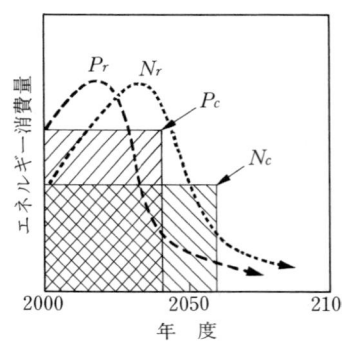

P_r：今後，予測される石油資源の推移

N_r：今後，予測される天然ガス資源の推移

P_c, N_c：現在，計算される可採年数による推移

図3.1 可採年数とエネルギー消費の推移〔佐野寛：JSME関西支部第76期定期総会講演会 FM-2, pp.7-37-7-44（2000）〕

まず，第1の不確定要素は，人口増加や経済発展によりエネルギー消費が増加したケースでは可採年数が短くなることである。第2に，この計算ではたがいの減産量に対して相関がない。例えば，石炭資源は，208年の可採年数を有しているが，石油，天然ガス，ウラン資源が枯渇した状態では，速度を増して消費が進むことが予想される。いずれにせよ私たちに残された化石燃料の資源量は有限であり，その枯渇が目前にせまっている状況にある。

つぎに日本におけるエネルギー資源の供給構成を主要国のそれと比較する。

表 3.1 に主要国におけるエネルギー供給構成を示す[1]。エネルギー供給構成における化石燃料の構成割合で比較的バランスが取れているのは，アメリカとイギリスである。反対に石油への依存度が高いのは，イタリアと日本で，50％を超える。また，各国とも30％程度の依存度を持っている。

表 3.1 主要国におけるエネルギー供給構成 (1998)

		OECD	日本	アメリカ	カナダ	イギリス	ドイツ	フランス	イタリア
一次エネルギー総供給量〔EJ〕		200.6	20.1	85.9	9.2	9.2	13.6	10.1	6.6
エネルギー源構成比〔％〕	石油	41.9	51.1	39.8	35.0	35.8	40.6	36.2	55.7
	石炭	20.5	16.6	23.6	12.4	17.5	24.2	6.6	7.0
	天然ガス	20.6	11.7	22.7	29.2	34.1	21.1	13.1	30.4
	原子力	10.7	17.0	8.5	8.0	11.2	12.2	39.5	－
	水力	3.9	2.0	1.2	12.2	0.2	0.4	2.1	3.6
	再生可能エネルギー	2.2	1.6	4.1	4.3	0.8	1.3	4.5	2.1
エネルギー輸入依存度〔％〕		25.6	78.4	22.3	－56.1	－17.8	61.8	50.9	82.7
石油の輸入依存度〔％〕		51.1	99.7	55.7	－52.5	－66.7	97.4	97.8	93.7
輸入原油の中東依存度〔％〕		39.0	85.3	25.2	13.2	3.9	12.5	40.7	35.9
人口〔千人〕(1997)			126 166	267 901	30 290	59 009	82 060	58 607	57 523

〔注〕　OECD：Organization for Economic Cooperation and Development
　　　輸入依存度のマイナスは輸出超過を表す
　　　輸入原油の中東依存度は1999年の数値

非化石燃料である原子力の供給割合は，フランスがほぼ40％，ついで日本が17％，ドイツが12％と続いている。これらの供給割合は，エネルギーの輸出入に大きくかかわっている。エネルギーの輸入依存度では，イタリアが83％，日本が78％でほとんどを輸入に依存しており，ついでドイツが62％と続いている。主要国でもアメリカ，イギリス，カナダは，エネルギー資源が豊富でエネルギー産出国である。

エネルギー資源の主力である石油資源の輸入依存度では，日本，ドイツ，フランス，イタリアが90％を超えている。日本では，石油輸入の**中東依存度** (dependence on the middle east) が85％にも達しており，主要国の中でも特異な状況となっている。

このように日本は，主要国の中でもエネルギー供給構成において，石油依存度が資源的にも地理的にも偏って集中している状況となっている。

研究 3.1 国内の一次資源とその資源量について調査せよ。特に自然エネルギー資源についての地域による特色を述べよ。

3.2 熱エネルギー資源とその特性

熱エネルギー資源は，そのほとんどが化学的エネルギーを燃焼反応により熱エネルギーに変換することによって利用される。**化石燃料**では，石油はほとんど液体燃料として利用され，石炭は固体燃料として，天然ガスは気体燃料として利用されている。一方，燃焼反応では，燃料となる C と H の化学的な結合を化学反応により O と結合させ，CO_2 と H_2O（水蒸気）を生成する過程で熱エネルギーを発生する。最終的には，液体，固体，気体ともに気相反応により燃焼反応が進行するので，気相反応に至るまでの過程が重要となる。固体燃焼では，揮発分（気相成分）が固体内からなくなってから，チャー燃焼と呼ばれる固体特有の燃焼も生じる。燃焼反応の各過程はいまだ解明されているとはいいがたく，各燃料の最適な燃焼技術を開発する必要がある。ここでは，エネルギー資源としての特性も合わせて述べる。

研究 3.2 石油資源の燃料種による利用形態を分類し，その用途を述べよ。

3.2.1 石油エネルギー

石油資源（petroleum resources）は，液体燃料としてのハンドリングの良さと比較的均質な成分である点が利便性にたけている。

20 世紀後半からエネルギー資源の主力となり，化石資源の中で私たちに最も高度な成長とさまざまな社会問題をもたらしているのは，**石油**（petroleum）であろう。石油を取り巻く現状はたいへん厳しく，人口増加や食糧不足と相まって加速度的に深刻化していくことが予測される。

石油エネルギーを取り巻く課題としては，つぎの事項が挙げられる。

1） 石油枯渇にかかわる対策と代替エネルギーへのビジョン
2） エネルギー安定確保のための対策と長期需給ビジョン
3） 地球環境保全への対策と具体的な技術開発

日本ではこれらの検討項目を基に，2010年をめどに最適なエネルギー供給の具体的な目標値を明示している．その一次エネルギー供給推移と石油代替エネルギー供給目標を**表3.2**に示す[1]．この計画では，化石エネルギーからの**代替エネルギー**（alternative energy）としては，CO_2の排出がない理由から，原子力エネルギーの推進が最大のポイントとなっている．

表3.2 一次エネルギー供給推移と石油代替エネルギー供給目標

エネルギーの種類	1985	1992	1995	1998	2010
石　油	205.9	261.6	269.6	260.8	−
石　炭	73.9	75.2	82.6	84.6	92.0
天然ガス	35.7	47.3	52.0	59.6	80.0
原子力	39.1	58.2	75.9	86.6	107.0
水　力	−	7.1	7.1	8.0	23.0
地　熱	−	1.5	2.9	3.3	4.0
新エネルギー	−	2.2	7.0	7.3	19.0
総供給量	375.6	453.1	497.0	510.1	325*

* 石油の消費量を除いた目標値である

（原油換算：百万トン，ここで 1 EJ＝22.4百万トン）

ここで原油から石油を蒸留する過程について簡単に説明する．原油は，それぞれ異なる分子構造，分子量を持った炭化水素分子（C_mH_n）の混合物である．特に，常温常圧で液体状のものを総称して**原油**（crude oil）と呼ぶ．原油は，通常地中に比較的高い圧力で埋蔵されている．このため，地上からボーリングすることにより，油層まで掘り下げると原油が地下圧力により噴出される．地下圧力が低い場合には，ガスを送り込んで圧力を上昇させ，ポンプで回収する．これを一次回収という．一次回収で取り残された原油は，油層の下にガスを送り込み，再び圧力を高め二次回収が行われる．さらに，三次回収するには，熱エネルギーや化学薬品，微生物などにより油層内の原油の粘性を低下させ流動性を高めて，回収を行う手法がとられている．これらの技術開発は，確認されている埋蔵量の可採年数を増やすものの，究極的な埋蔵量はゼロに近

づくことになる。原油の分離は，蒸留塔により含まれている組成の異なる化学的特性（沸点）の差をうまく利用して行われる。まず，常圧の蒸留塔により原油は，ガス，LPG，ナフサ，灯油，軽質軽油，重質軽油および残油に分けられる。さらに，残油を減圧して，軽油，潤滑油，重油，アスファルトに分ける[3,4]。

石油エネルギーは，そのほとんどが液体燃料として利用される。火力発電では，ボイラのような密閉された高温場に石油燃料を霧のように細かく粒子状に噴いた噴霧燃焼により高温の熱エネルギーを発生させ水蒸気を得る。生成された水蒸気は，多段の蒸気タービンに吹き込まれ，回転運動へと変換される。発生した回転運動を発電機と直結することにより，電気エネルギーへと変換するシステムである。

内燃機関では，おもに液体燃料を気化させ，酸化剤を含む空気と混合させて燃焼させる形態をとる。いずれにせよ燃焼反応は，液体状態から気体状態へ気化した状態で反応が進むため，例えば式（3.1）のような反応式により発熱反応が生じる。燃焼反応そのものは，気相反応で起こるので，気化させる方法と酸化剤との混合方式によりいくつかの方法がある。

$$2\,CH_2 + 3\,O_2 \longrightarrow 2\,H_2O + 2\,CO_2 \qquad (3.1)$$

石油エネルギーにかかわる経済成長のかぎは，安定した需要と供給のバランスおよび備蓄を含めた安定確保にある。

1973年の第1次オイルショックでは，メジャー系石油会社（国際石油資本）による石油価格引下げの防止を目的とする**OAPEC**（アラブ石油輸出国機構：Organization of Arab Petroleum Exporting Countries）加入国である湾岸6カ国（アブダビ，イラク，イラン，サウジアラビア，カタール，クウェート）が一方的に石油価格を引き上げ，減産と禁輸を目的とした「石油戦略」の発動を行ったことに端を発する。このことで，石油市場は，産油国が主導権を握り，世界各国は石油の輸入量の制限を余儀なくされた。続いて，1978年の第2次オイルショックでは，イランのパーレビ国王に対するストライキが突発的に敢行され，イラン石油の輸出全面禁止という事態に進展した。OAPEC各国

は石油価格を引き上げ，翌年にイラン革命が勃発するとともに石油は値上がりした。さらに，1980年からのイラン・イラク戦争が石油市場を不安定にさせた。石油価格は高騰を続け，史上最高の高値を記録することとなった。反対に，1979年から85年にかけての石油需給は，第2次オイルショックの価格高騰を背景にした政策の駆け引きがきっかけとなり，1986年より石油価格が暴落してしまう逆オイルショックが生じてしまった。

1990年にイラクが，突如クウェートに侵攻し，国連安全保障理事会によるイラクへの経済措置がすばやく行われたため，石油価格は供給量の不安から一挙に上昇した。アメリカを中心とした多国籍軍との間で湾岸戦争に突入したが，戦争は短期間で停戦したため，石油価格の上昇は一時的なものとして安定した。このように中東諸国の石油にまつわる歴史から，政治や宗教的状況により大きく影響を受けていることがわかる。特に，石油資源のほとんどを政治的に不安がある中東諸国に頼っている日本の現実を直視する必要がある。

将来的な展望としては，過去の経験から代替エネルギーへの移行とさまざまなエネルギー資源とのベストミックスおよび再生可能エネルギーの開発がこれからの焦点となる。

表2.1によると石炭資源以外の化石燃料の可採年数は約50年ほどであり，非化石エネルギーとしての原子力エネルギーへの移行が難しい現在，石油代替エネルギーを石炭エネルギーと新エネルギーに転換する必要性が差し迫っている。

21世紀へ向けた長期のエネルギー需給のあり方についての見通しでは，3Eの目標は，エネルギーの安定供給を確保しつつ，「2010年度のエネルギー起源CO_2を1990年と同じレベルに安定化させつつ，2％程度の経済成長と両立させること」としている。

代替エネルギーの論点は，より環境負荷の小さい資源への転換である。焦点となる原子力エネルギーの促進あるいは後退については，欧米諸国も含め政治的な判断にゆだねられるところが大きい。また，エネルギー消費の観点からは，CO_2削減目標に含まれる2001年現在からの削減量と，経済成長2％程度の目標から生じるエネルギー消費によるCO_2排出増加量との関連が明確にさ

れておらず，不透明なビジョンとなっている。

つぎに，エネルギーセキュリティに対するこれまでの成果としては
1) 石油依存度とエネルギー輸入依存度の低減
2) 石油備蓄の増加
3) 省エネルギーの推進
4) 原子力の導入

に対しての評価は高く，一方では
1) 輸入原油の中東依存度の低減
2) 新エネルギーの導入

については，十分な成果が得られておらず評価が低い[5]。

表 3.1 と **表 3.2** からもわかるように石油エネルギーの安定した確保の点から最も注意すべき点は，石油依存度とその中東諸国への依存度であろう。一次エネルギーの石油依存度は，減少しているものの，先に述べたように長期ビジョンが先送りされた形となっている。一方，輸入原油の中東諸国への石油依存度は，反対に高くなっており，より不安定な状況にさらされている。

エネルギーの**備蓄**（stockpiling）にかかわる石油備蓄問題に対しては，1973 年段階で**国家備蓄**（government stock holding）がゼロであった状況から 1998 年には 85 日にまで増加し，**民間備蓄**（company owned stockpiling）の 79 日と合わせると 164 日分の蓄えがあることになる。過去の経験から**石油危機**（oil crisis）により石油輸入ルートが突然に途絶える危険性を考え，また原子力発電所の建設が 10 年近くかかることを考慮に入れると，日本のエネルギーセキュリティへの課題がさらに深刻化していることは間違いない。

石油資源をエネルギーとして活用する場合の環境への影響としては，大気環境汚染と原油流出による海洋汚染などが挙げられる。

研究 3.3 内燃機関に利用される燃焼形態の違いから取り出される動力特性について調べよ。

3.2.2 石炭エネルギー

石炭資源（coal resources）は，その埋蔵量の豊富さが魅力的であるが，埋蔵場所でその成分はかなり偏り，多くの環境汚染物質を含んでいる。

18世紀の産業革命では，熱エネルギー源として工業社会の発展に大きな役割を果たし，文明社会へのスタートとなる原動力となった。それ以後，石油危機時や石油代替エネルギーとして注目を集め，日本はいま，年間1億4000万トンの石炭を消費している。私たち国民1人当りにすると，約1トンの石炭が消費されていることになり，イメージ的には軽トラックで山積み2台分の量となり，そのほとんどを海外からの輸入に頼っている。

石炭資源の特徴は，ほかの化石燃料に比べて豊富にあり，しかも地球上に広範囲に分布し，政治的にも安定した地域にあるためエネルギー供給の面から安定性が高い。一方では燃料として扱いが難しく，温暖化や酸性雨などの地球規模での環境汚染を引き起こす要因となっている。燃焼技術からは，環境と調和した技術開発と熱エネルギーの有効利用の同時解決が強く望まれる。そのため，**クリーンコールテクノロジー**（clean coal technology）（**6.4**節で詳述）として重点的に取り上げられ，精力的に開発が進められている。

図3.2に微粉炭による石炭火力発電の仕組みを示す[6]。石炭燃焼では，石

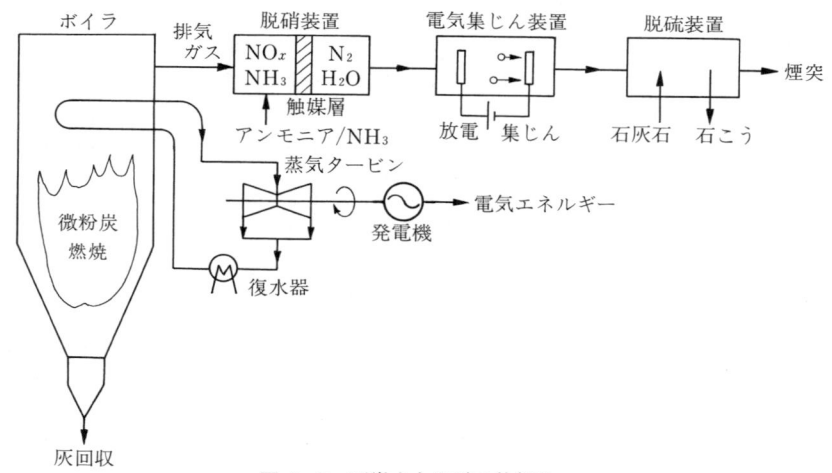

図3.2 石炭火力発電の仕組み

炭の燃焼過程から排出されるさまざまな環境汚染物質の処理装置が必要である。燃焼炉では，石炭灰の回収，排煙部分では脱硝酸，微粒子除去，脱硫酸装置などのばい煙処理装置を配備する必要がある。

1998年に改訂された**石油代替エネルギー**（oil alternative energy）の供給目標では，電力ベースロード用の石油火力発電所の新たな建設を原則として行わないことが明文化されており，**石炭エネルギー**（coal energy）への負担が将来的に大きくなる傾向にある。

資源としての石炭は，古代の樹木を原材料としているため燃焼反応にかかわってくるのは，C，H，O，N（窒素），S（硫黄）などの元素である。

表3.3に代表的な石炭性状の分析値を示す[3]。炭素分が多いため天然ガスに比べ，燃焼後のCO_2排出量はきわめて多くなる。また石炭燃焼では，燃料内にその生成過程から窒素分と硫黄分がすでに存在するため燃焼後には，必然的にこれらの燃料成分に起因した**窒素酸化物**（通称 Fuel NO_x）あるいは**硫黄酸化物**（通称 Fuel SO_x）が排出される。加えて**亜酸化窒素**（N_2O）が地球温暖化やオゾン層破壊に関与し，著しい環境汚染を引き起こしていることも指摘され，さまざまな環境保全の技術開発が推し進められている。

表3.3 代表的な石炭性状の分析値

原産国	構成分析〔%〕				元素分析〔%, dry〕				
	固定炭分	揮発分	灰分	水分	炭素	水素	酸素	窒素	硫黄
日本炭	37.6	42	14.9	5.5	65.4	5.47	12.5	0.79	0.21
中国炭	58.6	27.8	7.8	5.8	77.3	3.98	9	0.79	0.7
オーストラリア炭	59.4	26.1	10.1	4.4	73.6	4.08	9.8	1.6	0.35
南アフリカ炭	57.3	25.5	14.8	2.4	70.5	3.64	8.3	1.64	0.99
北アメリカ炭	46.6	38.6	9.5	5.3	71.4	5.3	10.9	1.5	0.74

石炭燃焼後に残る**灰分**（fly ash）は，樹木に含まれているミネラル分が土圧と地熱によって石炭化していく過程で取り込まれた土や岩石および採掘時に混入した土砂などからなっている。このため，灰分には地殻に存在するあらゆる元素が含まれることになる。主たる石炭の成分は，作られた場所と時代によって変わり，流動しないため，同一地域であっても層で性状が変わり，石油のよ

うに流動性が良く，かつ性状が均質化された化石燃料とは大きく異なる。

　炭化度の進んだ石炭には，構造が緻密で微細な亀裂も少なく，そのため燃焼に際して石炭内部にOが拡散できないこと，逆に石炭内部でガス化した揮発分が放出されにくいことなどが原因して，着火特性が悪く，難燃性のものが多い。技術的には，パルス放電などの比較的エネルギーのかからない方法で，石炭を局所的に加熱し，燃料に細かい亀裂を生じさせると，着火性・燃焼性の大幅な改善ができることが確認されている。具体的には，産炭地の未利用水力，そのほかの自然エネルギーを用いて発電し，その一部でこのような処理を施して，石炭の燃焼性を向上したものを輸入することは，産炭地の自然エネルギーを輸入することにも通じ，環境浄化のうえからこれらのエネルギーシステムとしての技術開発が期待される[7]。

　石炭は，古代植物を起源としているため，その時代における植物種，および植物の部位，炭化の過程における地圧，地熱の条件により，微細構造（マセラルと呼ばれる）に差がある。石炭に関しては，石油資源のような地底あるいは海底に蓄積された資源ではなく，露天掘り作業に見られるように地表面に近い部分に資源化されているため，大規模な自然破壊が表面化する。さらに，石炭を**微粒化**（pulverized）し燃焼させる**微粉炭燃焼**（pulverized coal combustion）では，体積当りの表面積が増加し燃焼特性が改善されるメリットを有するが，きわめて細かい灰粒子が空気中を飛散する大気汚染物質（エアロゾル）も発生し，肺などへの被害に対する警鐘が鳴らされている。

　国内では，最近の情勢に応じて石炭エネルギーの安定供給確保および環境と調和した石炭利用の拡大を図るため，つぎのような政策を実施している。

1）　海外炭の安定供給確保
2）　クリーン・コール・テクノロジーの開発
3）　クリーン・コール・テクノロジーの国際的な普及基盤整備
4）　炭鉱メタンガス対策の推進

　このように石炭燃焼は，環境に適合した高度な燃焼方法が研究開発され，世界でも最高の技術水準に達している。

研究 3.4 石炭資源の起源と社会発展とのかかわりについて調査せよ。

3.2.3 天然ガスエネルギー

天然ガス（natural gas）は，化石燃料の中で最もクリーンな資源で，地球環境への負荷が少ない。天然に地中から産出する可燃性ガスの総称で，主成分はメタン（CH_4）である。**表 3.4** に代表的な天然ガスの組成を示す[3]。天然ガスには，CO_2 や N_2 などの不活性ガス成分や硫化水素（H_2S）が比較的多く含まれている。誤解されやすいが，H_2 は地球上には天然で存在せず，二次的に生産しなければならない燃料である。

表 3.4 代表的な天然ガスの組成

産出国(地域)名	構成分析〔%〕								
	CH_4	C_2H_6	C_3H_8	C_4H_{10}	C_5^+	N_2	CO_2	H_2S	その他
リビア	98.3	–	–	–	–	0.5	0.1	0.0	–
フランス	83.2	8.4	4.0	1.9	2.0	–	–	–	–
アメリカ	99.6	0.1	–	–	–	0.3	–	–	–
アラスカ	99.8	0.1	–	–	–	–	–	–	0.1
マレーシア	91.8	4.0	2.7	–	–	–	–	–	1.5
日本（新潟）	96.4	2.4	0.4	0.3	0.1	–	0.4	–	–

天然ガスは，油田地帯で産出される油田ガスと炭田地帯で産出される炭田ガスと水に溶けて存在する水溶性ガス（メタンハイドレート）とに分類される。炭田ガスと水溶性ガスは，常温では加圧しても液化しないのでドライガスと呼ばれ，油田ガスは，加圧すると液化するのでウェットガスと呼ばれる。採掘時には，硫化水素などを含んでいるが，脱硫，脱炭素，脱湿を行い，超低温下（$-162\,°C$）で液化処理したものを **LNG**（liquefied natural gas）という。

式（3.2）に天然ガスの主成分であるメタンの燃焼反応式を示す。

$$CH_4 + 2O_2 \longrightarrow 2H_2O + CO_2 \qquad (3.2)$$

天然ガスはつぎの特徴を持っている。

1) 化石燃料の中でも CO_2 と窒素酸化物（NO_x）の発生量が最も少ない。
2) 硫黄酸化物（SO_x）がゼロである。

3) 気体として埋蔵されているため，比較的均質な成分である。

天然ガスの主要産出国と生産量を**表 3.5** に示す。アメリカ，ロシアに産出地域が集中しているが，政情が安定した地域で産出されているため，セキュリティのうえからメリットがある。天然ガスは，気体で長距離パイプラインにより輸送が可能である。日本では海上輸送に限定されるため，液化して LNG タンカで輸入される。種々の面で中長期的なエネルギービジョンが幅広く持てるため，高い評価を得ている。国内では，ガス事業の天然ガス化のための LNG 基地などの供給基盤を整備中であり，地方中小都市部でも IGF 計画（ガス種統一計画）に沿って 2010 年を目標に天然ガス化を推進している。

表 3.5 天然ガスの主要産出国と生産量〔資源エネルギー庁編：エネルギー 2001 (2001)〕

国　名	生産量	シェア〔%〕	日本の輸入量
ロシア	495.9	23.7	-
アメリカ	486.4	23.2	1.2
カナダ	146.1	7.0	-
イギリス	89.7	4.3	-
アルジェリア	74.0	3.5	-
インドネシア	59.8	2.9	18.2
オランダ	54.1	2.6	-
その他	690.8	32.9	32.7
世界計	2 096.8	100.0	52.1

（百万トン）

研究 3.5 固体燃料（石炭），液体燃料（石油），気体燃料（天然ガス）の熱エネルギーを取り出す際に生じる燃焼過程の違いを説明せよ。

3.2.4 原子力エネルギー

原子力エネルギー（nuclear power energy）とは，核反応を利用した熱エネルギーのことであり，**核分裂反応**（nuclear fission reaction）と**核融合反応**（nuclear fusion reaction）とに分けられる。エネルギー資源としての核燃料は，そのすべてを電気エネルギーへと変換される。

アインシュタインの特殊相対性理論によれば，質量 m，光の真空中の速さ C とエネルギー E とにはつぎの関係がある。

$$E = mC^2 \tag{3.3}$$

ここでなんらかの原因で生じた核反応の前後では，物質に質量の差（**質量欠損**）が生じ，式（3.3）による核の結合エネルギーの差が核エネルギーとして，そのほとんどが熱エネルギーに変換される。重い核を**核分裂**（fission）させることによりエネルギーが放出され，核分裂反応が生じ，反対に軽い核を**核融合**（fusion）させることによって，エネルギーが開放され核融合反応が起こる。いずれの場合も質量欠損により生じる。

真空中の光速は，$C \fallingdotseq 2.998 \times 10^8$ m/s であるから，質量欠損を m〔kg〕とし，発生するエネルギーを E〔kJ〕で表すと，式（3.3）は

$$E = 8.99 \times 10^{13} \text{ kJ} \tag{3.3'}$$

となり，膨大なエネルギーであることがわかる。

原子力発電（nuclear power generation）とは，原子炉内の制御棒でウラン燃料の核分裂連鎖反応を制御し，核分裂時に生じる熱エネルギーを蒸気の持つ熱エネルギーに変換し，蒸気タービンを回転させ発電機により電気エネルギーを発生させるシステムである。先の火力発電ではボイラでの燃焼反応により熱エネルギーが得られたが，原子力発電では燃焼炉の代わりに，原子炉で核分裂により発生する熱エネルギーを利用する点のみが異なる[8]。

図 **3.3** にウラン燃料の核分裂連鎖反応から熱エネルギーに変換されるまでの過程を示す[8]。原子力発電に用いられる**ウラン 235** は，**天然ウラン**の中に 0.7 ％程度しか含まれていないので，これを 2～3 ％に濃縮する必要性がある。天然のウランはウラン 238 が主体でこれは核分裂しない。

質量数 92，原子番号 235 のウラン 235（$_{92}U^{235}$）の核分裂反応は，この原子核に中性子（$_0n^1$）が外から飛び込むと，中性子と陽子を結び付けるエネルギー（**原子核の結合エネルギー**）が不安定になり，二つ以上の**核分裂生成物**（Z_1, Z_2）が発生し，同時に 2～3 個の中性子が放出する。化学反応に似た形で表すと

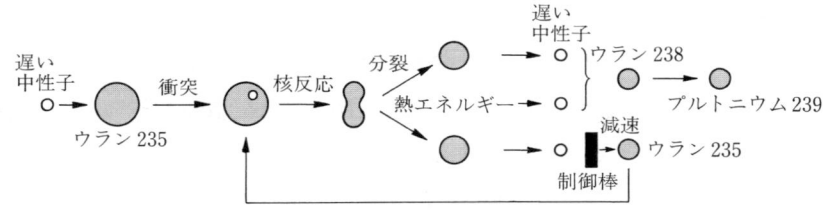

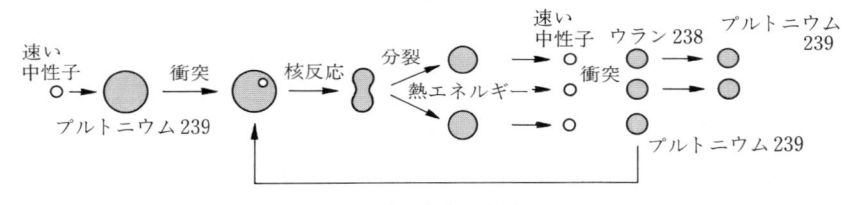

図 *3.3* ウラン燃料の核分裂連鎖反応

$$_{92}U^{235} + {}_0n^1 \rightarrow ({}_{92}U^{236}) \longrightarrow Z_1 + Z_2 + N \times {}_0n^1 + (放射線) + 熱エネルギー$$
$$(ただし,\ N=2〜3) \quad (3.4)$$

となる。核分裂生成物は中位の原子核と高い放射性を持っており，**核放射性物質**（radioactive waste）である。放出された中性子の一つは，つぎの $_{92}U^{235}$ の原子核に飛び込み，核分裂を誘起し，つぎつぎに核分裂反応を引き起こす**連鎖反応**（chain reaction）によって熱エネルギーを得ることができる。

核分裂連鎖反応を安全に定常的に制御するためには，核分裂連鎖反応を促進する工夫と抑制する工夫が必要で，つぎの構成要素が挙げられる。

1) 天然ウランから適度に濃縮加工されたウラン燃料
2) 核分裂反応のときに放出された中性子の速度を減速し，つぎの核分裂反応を起こしやすい状態にするための**減速材**
3) 炉内の水蒸気温度を制御するために熱エネルギーを炉心から外部へ取り出すための**冷却材**
4) 核分裂反応から放出された余剰の中性子を吸収し，核燃料から核分裂連鎖反応の量を制御する**減速棒**

これらの組合せにより種々の原子炉が開発されている。日本では，おもに軽

水炉型原子炉が使用されている。軽水炉は，炉内の冷却方法の違いから蒸気エネルギーを取り出す方法が異なり，**沸騰水型原子炉**（BWR：boiling water reactor）と**加圧水型原子炉**（PWR：pressurized water reactor）に分けられる。それぞれのシステム構成を図 **3.4**（a），（b）に示す[8]。沸騰水型は，原子炉内から直接熱エネルギーを水蒸気に変換し，蒸気タービンに送り込む構造になっている。また，加圧水型では加圧された一次冷却水で炉内を冷却し，蒸気発生器を通る二次冷却水に熱を伝えて沸騰させ，その水蒸気を蒸気タービンに送り込む構造になっている。

原子力発電システムは，得られた熱エネルギーを水蒸気に変換し，蒸気タービンにより発電機を回転させ，電気エネルギーを発生させる。この発電システ

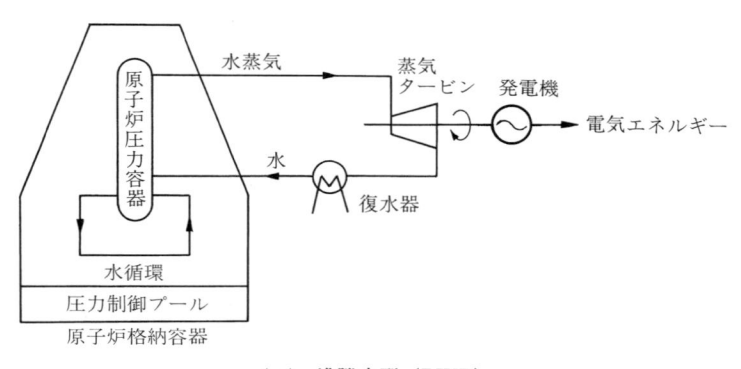

(a) 沸騰水型（BWR）

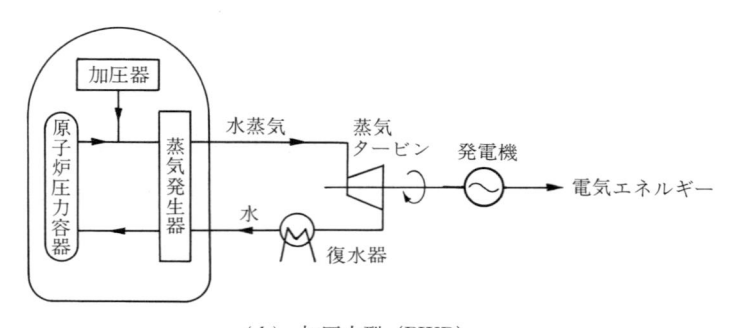

(b) 加圧水型（PWR）

図 **3.4** 原子力発電システム

ム自体は，火力発電システムと本質的に同等である．原子力発電システムの特徴は，核分裂反応の衝突回数を安定に制御しながら運転する必要があるため，炉内を冷却する役割を持ちつつ熱エネルギーが取り出されることである．

国内の原子力発電所は，2000年において51基の発電所が稼動，建設中であり，2010年までには約70基の運転を計画している．原子力エネルギーの論点は，エネルギー資源としての資源状況や立地場所，運転安全性，廃棄物処理など，化石燃料と比べて技術的な解決だけではない．放射性物質を取り扱うため多方面にわたり調査や配慮が必要とされる．特に，核分裂後の廃棄物処理については，地中への埋立てによる隔離あるいは燃料の再生化を行い，繰り返し発電を行う**プルサーマル計画**（pulthermal utilization plan）が検討されている．

図 3.5 にプルサーマル計画の仕組みを示す．生成加工工場では，使用済み核燃料から得られる**プルトニウム**（Pu）と天然ウランなどと混合して**MOX燃料**（mixed oxide fuel）が作られる．加工されたMOX燃料は，再び軽水炉型原子炉などで使用された後，再処理工場を経て，成型加工工場に戻り，**核燃**

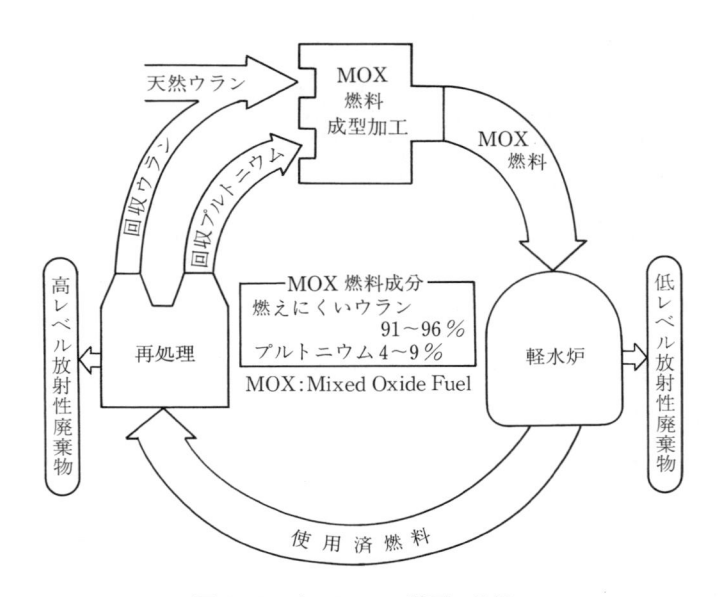

図 3.5　プルサーマル計画の仕組み

料サイクル（nuclear fuel cycle）を完結するシステムが開発されている。再生加工される**プルトニウム239**（$_{94}Pu^{239}$）は，ウラン235の核分裂過程で生じるウラン238からできている。この反応は，図 **3.3**(a)に示した遅い速度の中性子を利用している軽水炉型では生成割合が少ないが，図 **3.3**(b)に示した速い速度の中性子で反応を起こす**高速増殖炉**（fast breeder reactor）では，消費した以上の燃料を作り出すことができる。このように高速増殖炉は夢の原子炉であるが，安全性などに問題があり，各国とも現状では開発から手を引いている状況にある。

原子力エネルギーの特徴を以下に示す。

1） 供給安定性　　図 **3.6** にウラン資源の世界的分布と資源量を示す。確認可採埋蔵量は約440万トンU（トン・ウラン）あり，可採年数は約65年である。資源としては広範囲に分布しており，北米，アジア太平洋地域で全世界の約50％が確認されているので政治的にも安定した長期供給が期待できる。

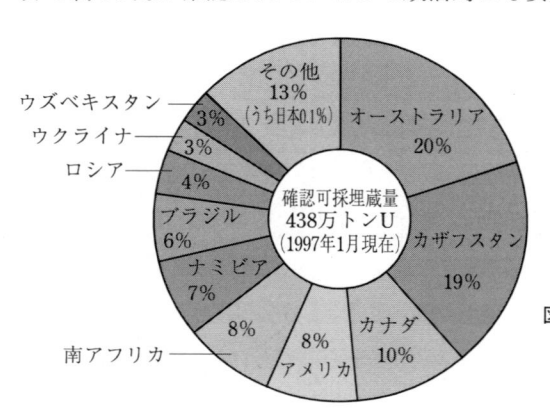

図 **3.6**　ウラン資源の世界的分布と資源量〔資源エネルギー庁編：原子力（2000）〕

2）　自然環境負荷への影響　　原子力エネルギーは，ウランの核分裂反応のみを熱源としているため，環境への影響が限定される。プラス面では，CO_2 や種々の酸化物による排出がないので（ただし，原子力発電所全体としては，建設時や運用時に CO_2 排出があり，まったくのゼロではない），酸性雨やオゾン層破壊などの自然環境への影響は少ない。マイナス面では，燃料そのものが核放射性物質へと変換されるので，取扱いを慎重にする必要があり，扱い方に

よっては人体への影響が懸念される。また，再利用されない核放射性物質は，格納場所も限定され地中深く埋設されることになる。

　原子力による平和利用は，電気エネルギーだけでなく，健康診断や特殊治療など，私たちの生活の中でも数多く見られる。さらに進んだ平和的な利用方法の拡大が期待される。

研究 3.6　国内の電力消費について，季節や時刻などをパラメータとしてその需要の変化と供給する資源別の電気エネルギーの構成を調べよ。特に，エネルギー平準化について調査せよ。

3.2.5　自然エネルギー

　自然エネルギーは，そのほとんどが**太陽エネルギー**（solar energy）を源としている。太陽エネルギーは，太陽からの輻射（放射）エネルギーである。太陽は，毎秒 3.85×10^{26} W のエネルギーを放出し，地球が大気圏外で太陽に正対する単位面積，単位時間当りに受ける太陽の輻射総量（太陽定数）は，1.37 kW/m^2 である[9]。太陽エネルギーは，快晴時に地上に到達する総量の約1時間分で世界が消費する総エネルギー量に匹敵するほど膨大なエネルギー量を受けている。しかし，地球はその70％が海面で覆われ，陸地は30％しかなく，そのほとんどが山林であるため，受け止めるのに利用できる土地面積が非常に狭い。また，太陽エネルギーは，緯度によって入射角度が異なるのでエネルギー量が変化し，さらに季節や一日の時間帯によっても変化するので，定常なエネルギー資源としては期待できないデメリットを持っている。

　図 3.7 に太陽エネルギーに直接あるいは間接的に影響を受けているエネルギー形態の分類を示す[10]。太陽エネルギーは，快晴時には約 1 kW/m^2 のエネルギーが地上に到達しているが，時間的な変動が激しいエネルギー源であるのでエネルギーへの変換効率が問題となる。太陽エネルギーを直接利用するものとしては，熱と光エネルギー利用が挙げられる。これらのエネルギーは，新材料開発などの技術によって変換される。

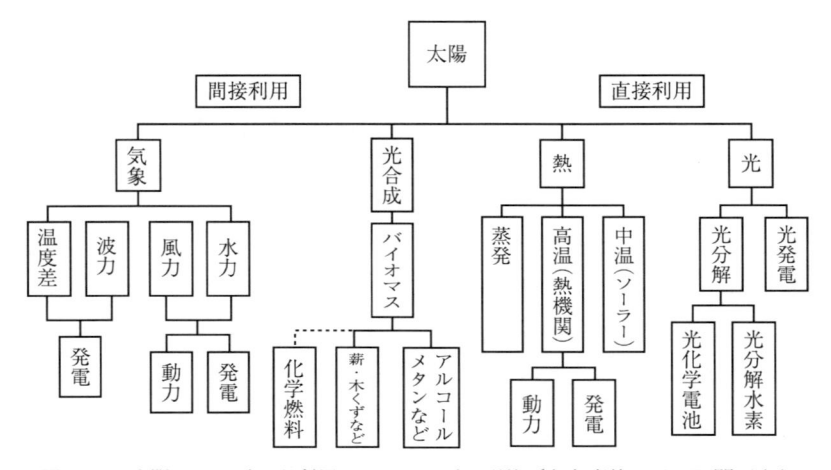

図 3.7 太陽エネルギーを利用したエネルギー形態〔久角喜徳：JSME 関西支部第 1 回省エネ・新エネ技術促進懇話会講演集（2001）〕

図 3.8 に**太陽光発電システム**（photovoltaic power generation system）の仕組みを示す。アモルファスシリコンなどの太陽光発電素子により直流の電気エネルギーを取り出すことができる。太陽光発電は，直接発電であるため可動部分がなく保守管理が少なく，発電時に排出物が生じないメリットを有する。しかし，太陽電池はそれ自体製造するのに多くの電気エネルギーを必要と

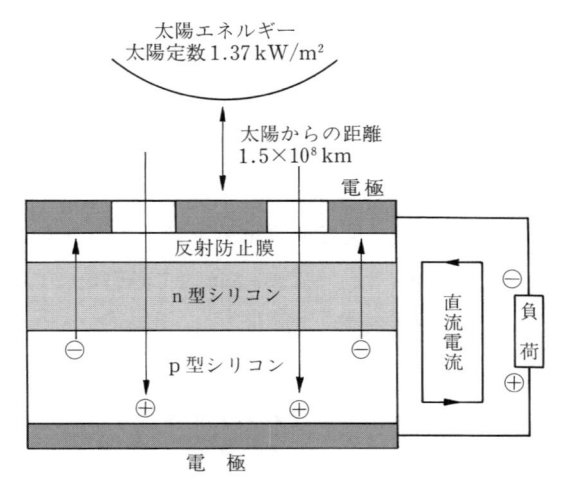

図 3.8 太陽光発電システムの仕組み

し，太陽電池によるエネルギー生産能力を式（3.5）によって評価している。

$$\text{エネルギー回収年数} = \frac{\text{太陽電池の製作にかかった電力量}}{\text{太陽電池の出力電力}} \quad (3.5)$$

エネルギー回収年数（energy payback time）の値は，太陽電池の種類によって変わり，アモルファスシリコン太陽電池では約2年，結晶系シリコン太陽電池では約6年と算定されている。太陽電池を製作するために使われた薬品の廃液処理にかかるエネルギー消費を加えるとさらに年数が増える。2000年時点で太陽電池の効率は，10％程度であるが，発電効率の向上が望まれる[11]。

太陽熱エネルギー（solar thermal energy）を利用する方法としては，**太陽熱温水器**（solar thermal water heater）と**太陽熱利用**（solar thermal utilization）などが挙げられる。太陽熱エネルギーを利用するシステムを一般に**ソーラーシステム**（solar system）と呼ぶ。太陽エネルギーは純国産のエネルギーであり，クリーンで供給安定性の高いエネルギーであるが，エネルギー密度が低く，既存のエネルギー源と比べて経済的に割高である。

ソーラーシステムは，太陽熱エネルギーを効率よくするための集光，蓄熱，輸送技術と熱変換器から構成されている。民生用では，住宅建築物の屋根部分に設置する場合が多くかなり普及している。産業用では，熱エネルギーの消費量が多いことや高度な熱管理技術を要することから実用化には至っていない。試験技術では，太陽熱エネルギーから冷熱エネルギーへ変換する技術開発が行われている。ケミカルヒートポンプ技術を用いた昇温技術や水素吸蔵合金と水素との反応熱を利用した冷凍技術などがある。

一方，間接利用では，気象を利用した自然エネルギーや植物の光合成による**バイオエネルギー**（bioenergy）が挙げられる。気象を利用したエネルギー源は，太陽と地球との位置関係から，時間的にも空間的にも偏りがあり，また地球上での地理的な要因にも大きく左右される不安定性を持っている。

風力発電（wind power generation）では，平均風速約5 m/sで約40％の電気エネルギーを直接変換できる。地理的には，大電力を得るためにはウィンドファームと呼ばれる広い建設地が必要で，国内では北海道で商業用ベースが

運用され始めている。

水力発電（hydro power generation）は，水の位置エネルギーを運動エネルギーに直接変換し電気エネルギーを得ている。このため，山間部にダムの建設が必要であるが，水容量としてエネルギーを備蓄することが可能であり，ほかの発電エネルギーと組み合わせることにより，そのメリットを発揮することができる。2001年には海洋水を利用した揚水型の海水力発電も開発され，**エネルギー備蓄**（energy stockpiling）としての役割が期待される。水力発電では，未利用の水資源を含め**マイクロ水力発電**（micro hydro power generation）に代表されるように，中小規模のさまざまな開発が試みられている。そのほか，**海洋エネルギー**（ocean energy）では，波力や潮流，温度差発電などの自然のメカニズムを利用した発電方法も開発研究されている[12]。

太陽エネルギーの資源開発は地上だけでなく，宇宙空間にも目を向けている。1968年に宇宙太陽光発電所が提案された。この計画は，太陽エネルギーのほぼ永久的なエネルギー供給と地球で受け止めることのできる陸地の狭さを克服した計画で **SPS**（solar power satellite）と呼ばれ，**太陽光発電衛星**（solar power generation satellite）を建設することを基本としている。この計画の最大の利点は，地球に到達する太陽エネルギーではなく，地球を素通りする太陽エネルギーを対象としていることにある。このため，24時間連続にエネルギー補給が可能であり，建設場所などの立地条件に左右されないメリットを有する。この計画は，大きくつぎの四つのミッションによって進められた[13]。

1) 宇宙基地利用研究計画
2) 太陽光発電研究開発計画
3) 宇宙空間での電力伝送実験計画
4) マイクロ波による地上への電力伝送試験計画

これらの計画は，宇宙ステーションの建設などに関係し，研究が推し進められている。エネルギー源の確保からみた最大の課題は，宇宙空間で得られたエネルギーの地上への伝送方法である。当初は，マイクロ波による伝送が提案されたが，生態系への影響などが指摘された。

研究 3.7 未利用自然エネルギーについて調査せよ.

3.2.6 その他の熱エネルギー

太陽エネルギーを直接的な源としない自然エネルギーでは,**地熱エネルギー**(geothermal energy)がある.また,家庭から廃棄される**ごみ**(waste,**廃棄物**)を活用した熱エネルギー利用がある.地熱エネルギーは,自然エネルギーの中では比較的,供給安定性の高いエネルギー源に位置する.環境への影響も小さく発電コストも安い利点を持つ.地熱には,地殻内部のマグマにより熱せられた高温蒸気を利用する方法と高温の岩体を熱源とした方法などが計画されている.国内でもすでに実用段階に達しており発電を始めている.

3.3 エネルギー消費の変化

3.3.1 最終エネルギー消費とエネルギー消費原単位

私たちの社会活動や日常生活で消費されるエネルギーの量や変化は,**最終エネルギー消費**(final energy consumption)と後のコーヒーブレイクで述べる**エネルギー消費原単位**(energy consumption)により知ることができる.

最終エネルギー消費とは,**産業部門**(industry sector)あるいは**民生部門**(residential and commercial sector),**運輸部門**(transportation sector)で消費される最終的な利用形態としてのエネルギー消費を表している.最終的なエネルギー形態としては,化石燃料や非化石燃料などの**一次エネルギー**(primary energy)から変換された液体燃料(重油など)および電力がそのほとんどを占めている.このエネルギー消費は,産業,民生,運輸の三つの部門に分けられる.さらに,産業部門は,鉄鋼,化学などの7部門に,民生部門は家庭と業務の二つの部門に,運輸部門は旅客と貨物部門にそれぞれ分類される.

図 2.2 に示したように最終エネルギー消費量は,一次エネルギー 22 EJ(エクサジュール,10^{18} J)の約 66 % の 15 EJ である.そのほとんどは重油な

どの液体燃料として60％を，つぎに電力として22％を供給している。最終エネルギー消費の1997年までの推移を**図3.9**に示す[1]。図（a）は最終エネルギー消費の推移を示し，図（b）は1973年を基準とする相対推移を示す。

最終エネルギー消費は，高度経済成長に伴いほぼ直線的に増加している。部門割合では，産業部門が50％で，運輸部門が25％，民生部門が25％で構成されている。年ごとの増加比率は，2回のオイルショックで一時期エネル

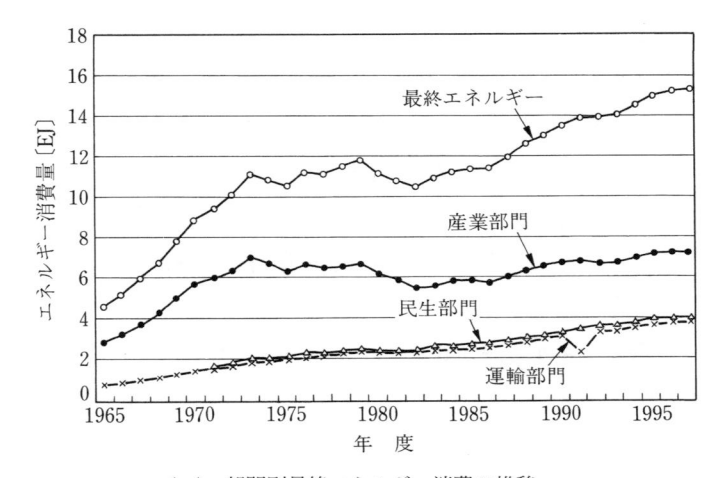

（a）　部門別最終エネルギー消費の推移

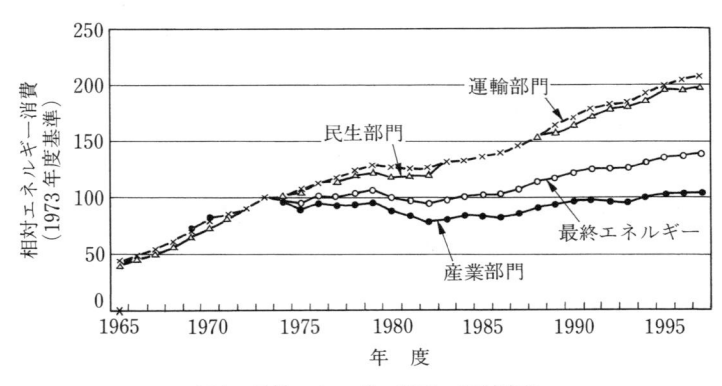

（b）　最終エネルギー消費の相対推移

図3.9　最終エネルギー消費の推移

3.3 エネルギー消費の変化

消費が減ってはいるが,その後回復し増加している.1973年を基準とする相対推移では,最終エネルギー消費は1980年後半まで横ばいで,1999年でも1.4倍にとどまっている.この傾向は,産業部門での省エネルギー化あるいは高効率化技術の開発が進んだ効果である一方,民生と運輸部門で2倍近いエネルギー消費の増加によるものである.

技術開発や生活変化によって増減するエネルギーの消費量については,省エネルギーの観点から単位生産量当りのエネルギー消費量が定義される.

製造や生活,運搬に投入されたエネルギー消費量を生産量やエネルギーに換算される物量や運搬量などで除することにより得られる値をエネルギー消費原単位と呼んでいる.エネルギー消費原単位は,その定義からエネルギーの効率化や省エネルギー化が評価できる尺度であり,年変化や部門間でのエネルギー消費量の大きさを比較することができる.**省エネルギー法令**では,製造業に対して前年度比で1％以上の改善を要求しており,産業部門での省エネルギー化が進められている.**図3.10**にエネルギー消費原単位の推移を示す[1].図(a)は年ごとの部門別でのエネルギー消費原単位の推移を,図(b)は1973年を基準とする相対推移を表している.

以下に,産業,運輸,民生部門におけるエネルギー消費原単位から見たエネ

コーヒーブレイク

エネルギー消費原単位

エネルギー消費原単位とは,省エネルギー目標達成の評価基準である.この値は,省エネルギー法に次式のように定義されている.

$$\text{エネルギー消費原単位} = \frac{\text{エネルギー消費量}}{\text{生産数量}}$$

ここでエネルギー消費量は原油換算された量〔kl〕で,生産数量の単位はkg,トン,個,円などで基準化される.

省エネルギー法では,エネルギー消費原単位が前年度より1％以上の省エネルギー改善ができない場合,その理由を定期報告するように義務付けている.

このほか,電力会社ではCO_2排出原単位を環境保全の評価基準にし,環境への負荷を低減する努力が数値目標として掲げられている.

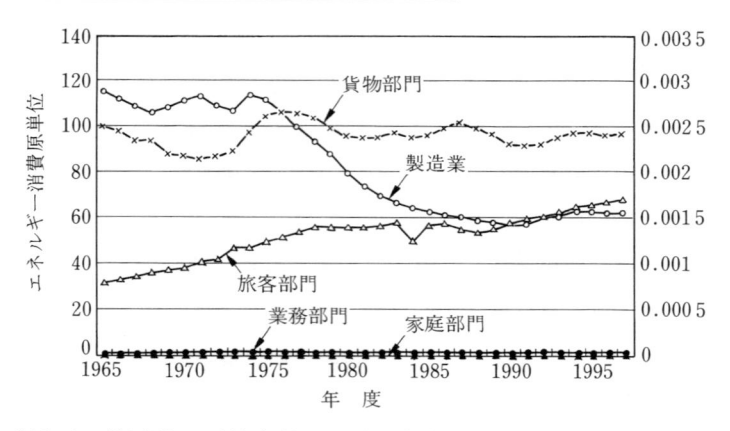

製造(PJ/製造等IIP付加価値ベース)・業務(PJ/千m²)・家庭(PJ/千世帯)部門は左側,貨物(PJ/百万トン・km)・旅客(PJ/百万人・km)部門は右側の軸

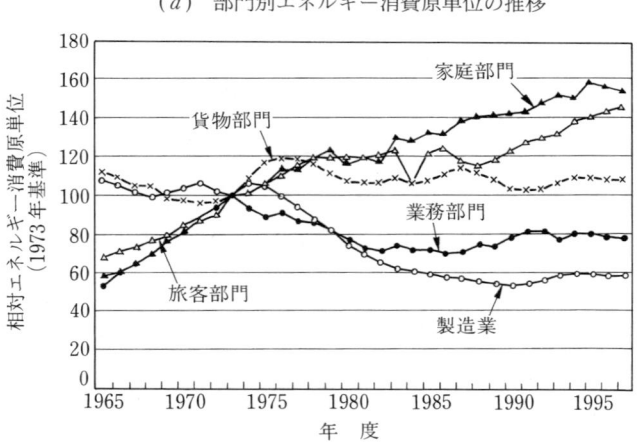

(*a*) 部門別エネルギー消費原単位の推移

(*b*) エネルギー消費原単位の相対推移

図 **3.10** エネルギー消費原単位の推移

ルギー消費動向を検討する。

研究 3.8 CO_2 排出原単位について述べよ。特に,電力会社においての取組みについて調査せよ。

3.3.2 産業部門によるエネルギー消費

日本では，1950年以降の高度成長期に鉄鋼，化学業を中心に約7EJ/年の多量のエネルギーが投入され，急速な経済成長を遂げた。そのエネルギー消費は，鉄鋼，化学業で全体の約50％を占め，主力産業となっている。このためエネルギーの安定供給が崩れたケースでは，その経済効果へのダメージが懸念される。通常，科学技術の発展に伴い最終エネルギー消費の増加が予測されるが，省エネルギー化，高効率化技術の開発により，エネルギー消費量はさほど変化していない。このことは，1975年から1985年の約10年間でのエネルギー消費原単位推移の急激な減少からも，その意欲的な開発動向を知ることができる。

省エネルギー法令では，行政指導による**トップ・ランナー方式**（コーヒーブレイクを参照）や業界ごとの自主的な省エネルギー目標である国際スタープログラムなどさまざまな目標が積み重ねられている。しかし，省エネルギー化や高効率化の到達度も1985年以降は飽和気味になっている[14]。

コーヒーブレイク

トップ・ランナー方式

省エネルギー法とは，エネルギー使用の合理化に関する法律である。平成10年度の省エネルギー法改正により「トップ・ランナー方式」が導入された。これは，マラソンレースの競争をもじったもので，トップ・ランナーにほかのランナーがついていったり，追い越したりという状況を省エネルギー競争に持ち込んだものである。特定の機種を対象にエネルギー効率が現在商品化されている製品の中で最も優れている機器を「トップ・ランナー」とし，達成目標期間中にそれ以上の省エネルギー機器を開発する方式である。初年度は，家電製品，OA機器の省エネルギー基準と自動車の燃費基準についてトップ・ランナー方式が導入された。続いて，ガス・石油燃料にかかわる消費機器をトップ・ランナー規制対象機器とした。省エネルギーセンターのURLは，http://www.eccj.or.jp である。

このほか，産業界では，国が定める環境保全の面から法律で改正リサイクル法や家電リサイクル法，グリーン購入法が定められている。また，自主的な取組み奨励活動として環境報告書，環境マネジメントシステム，国際エネルギースタープログラムなどが積極的に取り組まれている。

国別での産業部門のエネルギー消費原単位の違いを図 **3.11** に示す。縦軸は，産業に投入されたエネルギー消費を **GDP**（gross domestic product）（国内総生産）で除した値で比較している。省エネルギー化，高効率化が進んでいるのは，日本，フランス，ドイツと続き，中国が最もエネルギー効率の悪い結果となっている。

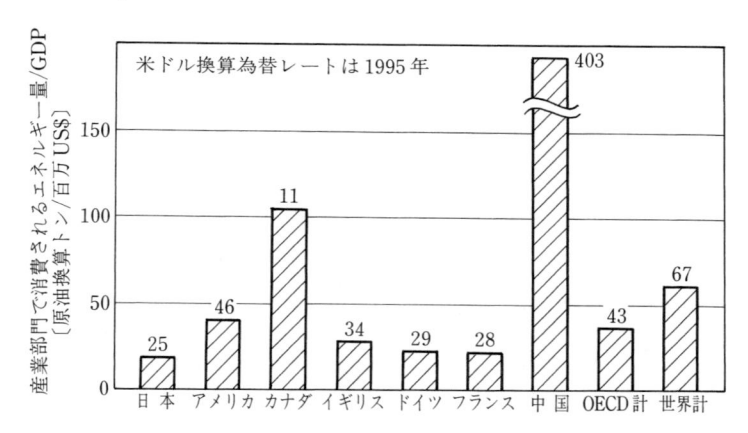

図 3.11 国別での産業部門のエネルギー消費原単位
〔省エネルギーセンター（http://www.eccj.or.jp）〕

3.3.3 運輸部門によるエネルギー消費

運輸部門の最終エネルギー消費量は，年々緩やかな増加を示しているが，1973 年にエネルギー消費の急激な増加が見られる。エネルギー消費原単位の変化から，省エネルギー化，高効率化も導入されエネルギー消費原単位の増加はさほど見受けられないが，1990 年以降に旅客部門において増加の兆しが見られる。航空輸送部門はエネルギー消費の絶対量が少ない。

運輸部門の最終エネルギー消費量の推移を図 **3.12** に示す[1]。旅客，貨物部門ともに技術的，経済的な発展に起因している。旅客部門では，最終エネルギー消費において輸送需要や保有台数の増加がそのまま反映されているが，図 **3.10** のエネルギー消費原単位の推移から高性能化や安全性，環境対策を向上させた反面，エネルギー効率が低くなっている傾向にある。一方，運輸需要の

3.3 エネルギー消費の変化

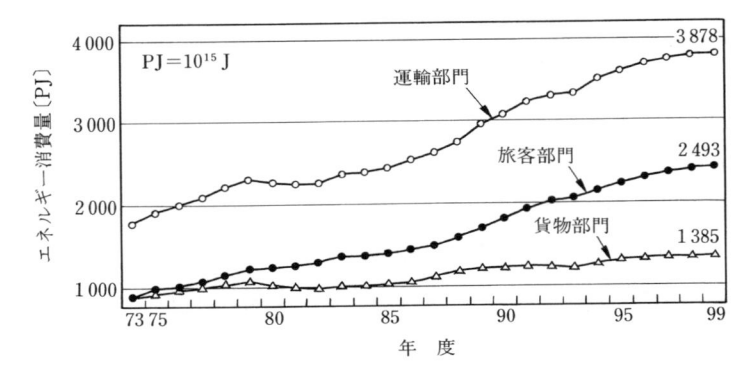

図 3.12 運輸部門の最終エネルギー消費量

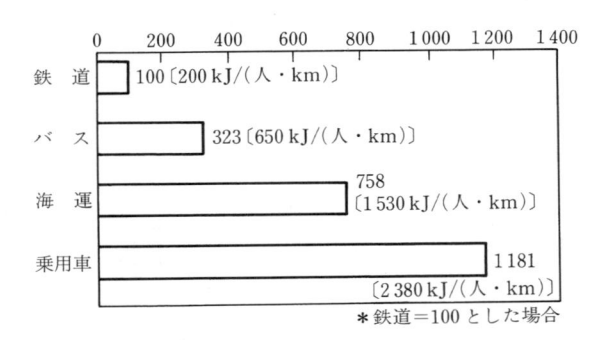

(a) 1人を1km運ぶのに消費するエネルギーの比較（旅客部門）

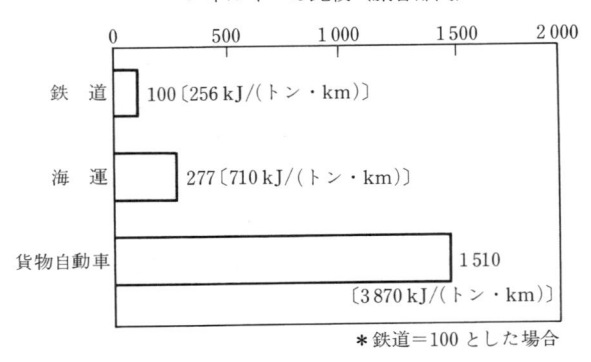

- 鉄道　100 〔200 kJ/(人・km)〕
- バス　323 〔650 kJ/(人・km)〕
- 海運　758 〔1530 kJ/(人・km)〕
- 乗用車　1181 〔2380 kJ/(人・km)〕

＊鉄道＝100とした場合

(b) 1トンの荷物を1km運ぶのに消費するエネルギーの比較（貨物部門）

- 鉄道　100 〔256 kJ/(トン・km)〕
- 海運　277 〔710 kJ/(トン・km)〕
- 貨物自動車　1510 〔3870 kJ/(トン・km)〕

＊鉄道＝100とした場合

図 3.13 輸送機関別のエネルギー消費原単位の比較

増加から，交通網の整備や道路状況の制御などの必要にせまられている。

貨物部門では，輸送量の増加と経済的なサービス向上によるシェア拡大の競争が激化しているため，エネルギー効率向上の企業努力が取り残されている。

運輸部門でのエネルギー消費の比較は，運輸する量と距離によって示される。旅客部門では，人数と運ぶ距離，貨物部門では荷重と運送距離で比較することができる。各輸送機関別の具体的なエネルギー消費を知るために，**図3.13**に輸送機別のエネルギー消費原単位の比較を示す[1]。旅客部門では，鉄道が最も効率がよく，バス，海運，乗用車と続いている。一方，貨物でも鉄道が最も効率がよく海運，貨物自動車と続いている。このことは，エネルギーの効率化だけでなく，CO_2 などの環境汚染物質の排出量にも関係しており，乗用車，海運でのさらなる省エネルギー化，高効率化が望まれる。

国別の乗用車部門でのエネルギー消費原単位の比較を**図3.14**に示す。縦軸は，運輸にかかるエネルギー消費量を乗用車保有台数で除した値である。

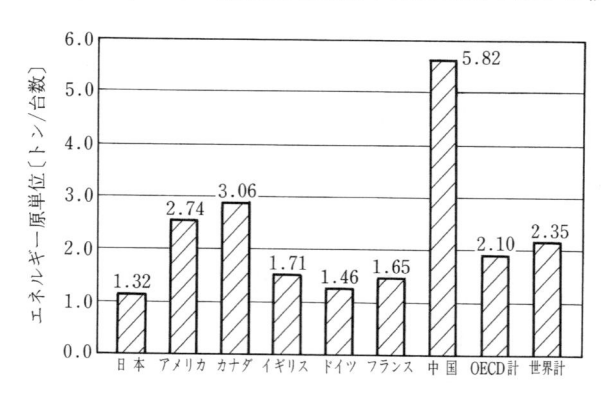

図3.14 国別の自動車部門でのエネルギー消費原単位の比較
〔省エネルギーセンター（http://www.eccj.or.jp）〕

乗用車のエネルギー消費原単位は，日本が最もよく，ドイツ，フランス，イギリスと続いており，中国が日本の4倍程度のエネルギー消費原単位となっている。これからの開発途上国，特に人口が多い国でのエネルギー消費原単位を減少させることは地球環境保全のうえからも重要である。

3.3.4 民生部門によるエネルギー消費

民生部門は，家庭部門と業務部門に分けられる．家庭部門でのエネルギー消費の種別構成は，電力，都市ガス，LPG，石炭などが挙げられ，用途別では暖房，冷房，給湯，照明，動力などで構成される．業務部門では，石炭，石油，ガス，電力，太陽熱のエネルギーで構成され，冷房，暖房，給湯，厨房，動力などに使用されている．民生部門のエネルギー消費原単位は絶対量では，産業部門よりはるかに小さいが，ライフスタイルなどの変化による急激な増加が見られる．

民生部門のエネルギー消費は，運輸部門と同様に増加傾向にあり，エネルギー消費量もほとんど変わらない．エネルギー消費原単位では，家庭部門の増加が見受けられるが，業務部門は省エネルギー化が進んでいることがわかる．家庭部門における家電製品などは，行政指導のトップ・ランナー方式の省エネルギー技術が導入されてはいるが，家電製品の多様化や大形化などによって電気エネルギー消費が増加しているのが原因である．家電製品では，ビデオや電話で待機電力が使用されるなど，少ない電力ではあるが，24時間使用されることも指摘されている．業務部門では，1973年以降の相対推移から省エネルギー化による改善が見られる．1990年ごろからは，オフィスの情報化やOA化，空調設備の需要増加によりエネルギー消費原単位の増加が見られる．

家庭，業務の両部門は，エネルギー種別が異なるがおもに暖房，給湯，照明，動力にエネルギーが消費されている．違いは，家庭部門では冷房にかかるエネルギー消費が暖房と比べて少ない．これは，冷暖房の対象となる延床面積の広さが異なることによっている．

家庭部門でのエネルギー消費の差は，地域でも現れる．北海道，北陸，東北では，灯油による暖房のエネルギー消費が多く，他の地域では電力による冷房の割合のほうが多くなる傾向にある．

研究 3.9 CO_2 排出原単位を計算するのに産業連関表が必要となる．この産業連関表とはなにか調査せよ．

4

冷熱技術と空気調和

物質の温度を常温(大気温度)よりも低い温度に冷却する操作を**冷凍**(refrigeration)と呼び,そのための技術を**冷熱技術**(technology of cold energy)と呼ぶ。自然の熱の流れとは逆に低温側から高温側に熱を移動させ,物質を連続的に冷却するには**冷凍サイクル**(refrigerating cycle)が必要で,この熱の移動装置が**冷凍機**(refrigerator)である。熱機関サイクルの作動流体と同様に,冷凍サイクルにおいても冷熱を伝える媒体が必要である。これを**冷媒**(refrigerant)と呼んでいる。一方,室内または特定の場所の温度,湿度,清浄度などをその使用目的に適した状態に保つ操作を**空気調和**(air conditioning)といい,工業用,民生用ともに近年特に重要になっている。本章では熱エネルギー変換の柱の一つである冷熱を作り出す技術について,基本的な事項を中心に述べる。

4.1 冷凍の方法

冷凍には,液体の蒸発を利用する方法,圧縮気体の断熱膨張を利用する方法,熱電対と逆の効果である**ペルチエ効果**(Peltier effect)を利用する**熱電冷却**(thermoelectronic refrigeration)の方法などが日常的によく利用される。温度範囲からすると,クーラが対象とする室内の冷房のための温度領域から,食品の冷凍,冷蔵に利用される,$-40\,°C$ぐらいまでの温度領域,さらに空気などの気体を液化する$-140\,°C$前後の低温領域がある。

また,ヘリウムの液化($-268\,°C=5\,K$)からさらに絶対零度($-273\,°C=0\,K$)まじかに向けての極低温を得るには**磁気冷却**(magnetic cooling)の方法もあり,それぞれの温度範囲に適した冷熱技術が用いられる。

4.2 蒸気圧縮式冷凍サイクルの構成と標準冷凍サイクル

冷凍サイクルの理想は周知のように逆カルノーサイクルであるが，この実現は不可能である．各種冷凍機，クーラ，冷蔵庫などで一般的に最もよく利用される冷凍サイクルは蒸気圧縮式冷凍機を使った冷凍サイクルである．

図 4.1 に蒸気圧縮式冷凍機 (vapor compression refrigerating machine) の標準的な構成を示す．蒸気圧縮式冷凍機は**蒸発器** (evaporator)，**圧縮機** (compressor)，**凝縮器** (condenser)，**膨張弁** (expansion valve) または**キャピラリチューブ** (capillary tube) の四つの要素からなる．**受液器** (receiver) は冷媒液をいったんためておくためのもので，熱力学的には特に意味はない．

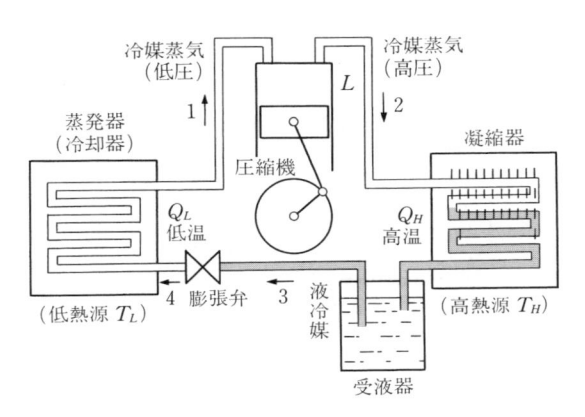

図 4.1　蒸気圧縮冷凍機の構成

蒸気圧縮式冷凍サイクルでは蒸発器，圧縮機，凝縮器，膨張弁の4要素の間を液相と気相の相変化を行いながら冷媒が循環している．相変化の様子をまとめて**図 4.2** に示す．**標準冷凍サイクル**は上記の過程で，冷媒の乾き飽和蒸気が圧縮機に入り一段の断熱圧縮をし，凝縮器では冷却されて飽和液となった冷媒が膨張弁で等エンタルピー膨張するものである．冷凍サイクルのサイクル計算などには，縦軸に圧力 p，横軸に比エンタルピー h をとった p-h 線図がよく用いられる．実際には 縦軸は $\log p$ でとられるので，$\log p$-h の線図にな

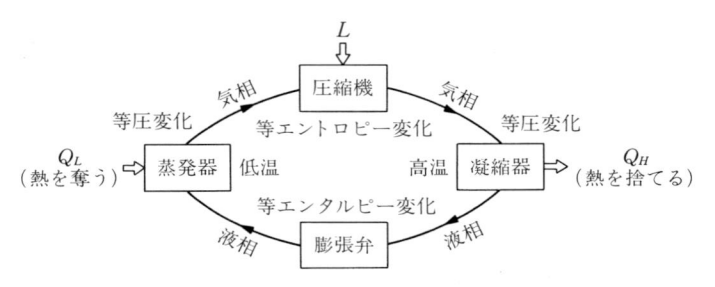

図 4.2 冷凍サイクルの相変化の様子

り，冷媒のモリエ線図ともいわれる。フロン22（HCFC-22），R-134a，アンモニアのモリエ線図例を付録に示す。

標準冷凍サイクルの p-h 線図（破線）と実際の一段圧縮冷凍サイクルの p-h 線図（実線）を図 4.3 に示す。標準冷凍サイクルの p-h 線図（破線 1 2 3 4 1）で，4→1 が蒸発過程（等圧変化），1→2 が圧縮過程（等エントロピー変化），2→3 が凝縮過程（等圧変化），3→4 が絞りによる膨張（等エンタルピー変化）である。

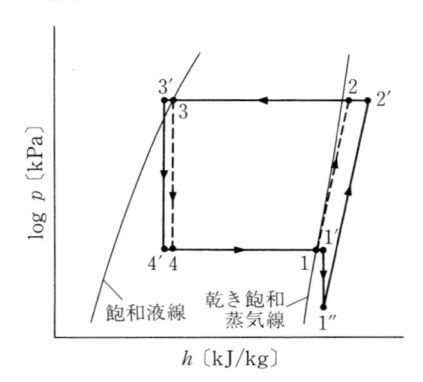

図 4.3 実際の一段圧縮冷凍サイクル

(1″ 2′ 2 3 3′ 4′ 4 1 1′ 1″)
1 2 3 4 1 は標準サイクル

冷媒1kg当り蒸発器内で吸収する熱量は，$q_L = h_1 - h_4$，圧縮に要した仕事は $l = h_2 - h_1$ であるから，**動作係数**（成績係数と呼ぶ場合もある）の **COP** (coefficient of performance) の理論値は冷凍の場合

$$\varepsilon_c = \frac{q_L}{l} = \frac{h_1 - h_4}{h_2 - h_1} \tag{4.1}$$

である。ここで，q_L を**冷凍効果**（refrigeration effect）と呼び，単位はkJ/kgである。単位時間当り冷媒の循環する質量流量を G とすると

$$G = \frac{\eta_v V_0}{v_1} \quad [\text{kg/h}] \tag{4.2}$$

ここで，V_0〔m³/s〕はピストン押しのけ量，v_1〔m³/kg〕は圧縮機入口の冷媒ガス比体積，η_v は体積効率である。したがって，単位時間当りの冷凍熱量は

$$R = G q_L \quad [\text{kJ/h}] \tag{4.3}$$

と書ける。R を**冷凍能力**（refrigerating capacity）と呼んでいる。

実用上の冷凍能力の単位としてよく使われているのは**冷凍トン**（ton of refrigeration）である。この熱量には一昼夜で1トン〔1 000 kg あるいは2 000 lb（ポンド）〕の水が氷になる冷凍能力がとられてきた。氷の融解潜熱は79.58 kcal/kgであるから

$$1\text{日本冷凍トン} = \frac{79.58 \times 1\,000}{24} = 3\,320 \; [\text{kcal/h}]$$
$$= 13\,864 \; [\text{kJ/h}] \tag{4.4}$$

である。なお，米式では融解潜熱を概略値 144 Btu/lb にとるので

$$1\text{米式冷凍トン} = \frac{144 \times 2\,000}{24} = 12\,000 \; [\text{Btu/h}] = 3\,024 \; [\text{kcal/h}]$$
$$= 12\,628 \; [\text{kJ/h}] = 0.911 \; [\text{日本冷凍トン}] \tag{4.5}$$

である。米式では小さくなるのでどちらの表示か注意が必要である。

一方，**ヒートポンプ**（heat pump）の場合には，動作係数 COP の理論値は

$$\varepsilon_h = \frac{q_H}{l} = \frac{h_2 - h_3}{h_2 - h_1} \tag{4.6}$$

で定義される。

実際の一段圧縮冷凍サイクルは標準サイクルといくつかの点で異なる。**図 4.3** の実線 1″ 2′ 2 3 3′ 4′ 4 1 1′ 1″ に示すように，圧縮始めの点1が乾き飽和蒸気ではなく，点1′と過熱蒸気になることである。圧縮に際して液体が混じることによる損失を防ぐのが目的で，過熱蒸気にすることによってそれを確実なものにしている。このときの過熱蒸気の温度とその圧力における飽和温度と

の温度差を**過熱度**（degree of superheat）と呼ぶ。同様に膨張に際しては点3が点3′と過冷却液（圧縮液）の領域に入り込んでいる。確実に液体にしておいて，蒸気が残っていた場合のその膨張による損失を防ぐためである。この場合，飽和温度との温度差を**過冷却度**（degree of supercooling）と呼ぶ。過熱度と過冷却度は通常5℃程度である。また，点1′が点1″と圧力が下がっているのは圧縮機側の仕様に合わせて，その入口圧力に一致させるためである。その結果，サイクルとしては1″2′2 3 3′4′4 1 1′1″となる。

圧縮機の圧縮効率を η_{ad}，機械効率を η_m とすると，圧縮機に必要な単位時間当りの仕事量（動力）L および実際の動作係数 ε_c' は次式で与えられる。

$$L = G\frac{h_2 - h_1}{\eta_{ad}\eta_m} = \frac{R}{\varepsilon_c \eta_{ad}\eta_m} \tag{4.7}$$

$$\varepsilon_c' = \frac{R}{L} = \varepsilon_c \eta_{ad}\eta_m = \frac{h_1 - h_4}{h_2 - h_1}\eta_{ad}\eta_m \tag{4.8}$$

4.3 多段圧縮サイクル

冷媒の蒸発温度が低くなり，凝縮圧力と蒸発圧力との比が大きくなるにつれて圧縮された冷媒蒸気の温度が高くなる。この温度上昇は圧縮機の体積効率を低くし，また潤滑油を変質させてしまう。**二段圧縮サイクル**（two-stage compression cycle）はこれらの欠点を避けるために低圧段で中間圧力まで圧縮後，**中間冷却器**（intercooler）で冷却し，その後高圧段でさらに凝縮圧力まで圧縮する。

図 4.4 に二段圧縮サイクルの例[1]を示す。受液器から来る高圧冷媒液の一部が高圧側の膨張弁で絞られて低温度になって中間冷却器に入る（7′→8）。これがさらに低圧側の膨張弁へ送られて液は過冷却される（1→2）。その結果，冷媒液の冷凍効果が増える一方，低圧圧縮機から来る冷媒蒸気の過熱度を下げる（3→4）。中間冷却器は蒸気と液の**分離器**（separator）を兼ねているので，高圧圧縮機へは乾き飽和蒸気で入ることになる（4→5(5′)）。このよ

4.3 多段圧縮サイクル

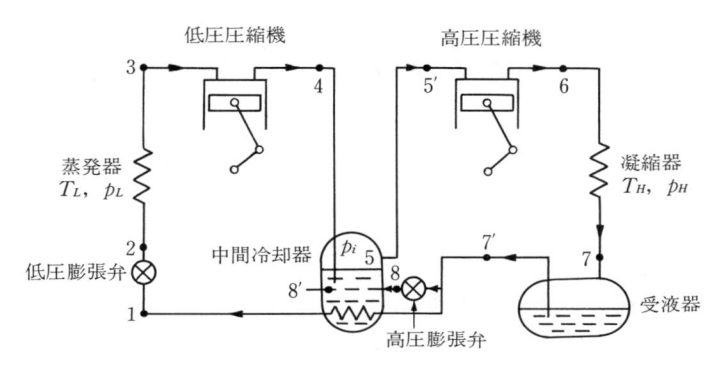

図 4.4 二段圧縮サイクルの例

うに，中間冷却器を設けることによって，蒸発器側の温度を下げるとともに，凝縮器側に入る冷媒ガス温度の過度の温度上昇が避けられる（5(5′)→6）。

この二段圧縮サイクルの p-h 線図を**図 4.5** に示す。各点は**図 4.4** に対応している。サイクルとしては1 2 3 4 5 6 7 1の主サイクル（→印）に中間冷却器を冷やすためのサイクル7 8 5 6 7（⇒印）が付加されたものになる。

このときの動作係数は以下で示される（演習問題4）。

$$\varepsilon_c = \frac{Q_L}{L} = \frac{(h_3-h_1)(h_5-h_7)}{(h_5-h_7)(h_4-h_3)+(h_4-h_1)(h_6-h_5)} \quad (4.9)$$

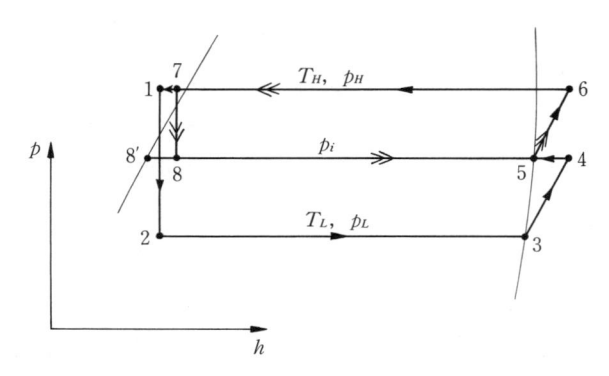

図 4.5 二段圧縮サイクルの p-h 線図

4.4 冷媒について

　蒸気圧縮式冷凍機の冷媒として理想的な条件は，蒸発圧力が大気圧よりもやや高く（大気圧より低いとなんらかの原因で蒸発器内に空気が混入し，冷媒蒸気と混じり合う恐れがある。逆に圧力が高すぎると圧縮動力が大きくなる），そのときの蒸発温度が低いことである。一方，凝縮するときには常温の水や空気で容易に液化し，凝縮圧力が高すぎないことと，蒸発潜熱が大きく，かつ物理的にも化学的にも安定で，毒性の低い物質が望ましい。オゾン層の破壊の問題が起こるまで，アンモニアや炭化水素系の自然冷媒の代わりに人工のフロン系冷媒が多く用いられたのはこれらの条件をよく満足し，安価であるからである。

　フロン類には水素原子のない**塩化フッ化炭素類**（CFC：chloro fluoro carbon，クロロフルオロカーボン），水素原子の付いた**塩化フッ化炭化水素類**（HCFC：hydro chloro fluoro carbon，ハイドロクロロフルオロカーボン）と塩素原子のない**フッ化炭化水素類**（HFC：hydro fluoro carbon，ハイドロフルオロカーボン），**フッ化炭素類**（FC：fluoro carbon，フルオロカーボン）の4種がある。従来 R-12，R-22 など R（refrigerant の頭文字）を冠して呼ばれてきたが，これらの分類記号をコード番号の前に付けて CFC-12，HCFC-22 のように呼ぶのが国際的な慣習になってきている。

　オゾン層の破壊（depression of ozone layer）と**地球温暖化**（global warming）という地球環境の保全とフロン系冷媒の問題は強くかかわっているので，本節ではフロン系冷媒と代替フロンについて，それらの冷媒の性能に焦点を絞って述べる。なお，フロンによるオゾン層破壊の問題については，8.2 節でその機構を含め詳しく述べることにする。

　表 4.1 に自然冷媒のアンモニア，メチルクロライドおよびプロパンと**特定フロン**の CFC-11，12，113 および**規制フロン**の HCFC-22 の特性を比較して示す。$-15\,°\mathrm{C}$ と $-30\,°\mathrm{C}$ の飽和圧力がメチルクロライドと CFC-12 ではよく似ており，一方，アンモニアと HCFC-22 でよく似ている。毒性，爆発性など

4.4 冷媒について

表 4.1 自然冷媒と特定フロン，規制フロンの特性

冷　媒	アンモニア	メチルクロライド	プロパン	CFC-11 (特)	CFC-12 (特)	HCFC-22 (規)	CFC-113 (特)
化　学　式	NH_3	CH_3Cl	C_3H_8	CCl_3F	CCl_2F_2	$CHClF_2$	CCl_2FCClF_2
分　子　量	17.03	50.49	44.09	137.41	120.92	86.48	187.38
標準大気圧下の沸点 [℃]	−33.4	−23.8	−42.6	23.7	−29.8	−40.8	47.7
飽和圧力 at −15℃ [MPa] at +30℃	0.236 / 1.167	0.146 / 0.653	0.289 / 1.081	0.020 / 0.127	0.183 / 0.743	0.297 / 1.202	0.007 / 0.054
圧力比 −15〜+30℃	4.94	4.47	3.74	6.26	4.07	4.04	7.86
臨　界　温　度 [℃]	133	143	96.8	198	112	96	214.1
凝　固　点 [℃]	−77.7	−97.7	−189.9	−111	−155	−160	−36.6
蒸　発　熱 [kJ/kg]*	1312	421	386	192	162	215	163
飽和蒸気の比体積 [m³/kg]*	0.509	0.28	0.155	0.772	0.093	0.078	1.65
冷凍能力 [kJ/kg]**	1102	350	288	157	118	161	121
圧縮仕事 [kJ/kg]**	230	71	67	31	26	35	25
動作係数 [COP]**	4.8	4.6	4.3	5.0	4.7	4.6	4.8
有　毒　性	毒性が高い	相当高い（麻酔性）	毒性が低い	毒性が低い	毒性が低い	毒性が低い	毒性が低い
に　お　い	臭いがはなはだしい	ほとんど無臭	無臭	無臭	無臭	無臭	無臭
燃焼性または爆発濃度限界 [体積%]	16.0〜25.0	8.1〜17.2	2.3〜7.3	不燃	不燃	不燃	不燃
金属に対する腐食性	銅および銅合金を侵す	水分がなければ腐食性はほとんどない	ほとんどない	CFC-12とほぼ同程度	ない。水分がある場合Mgと合金およびAl合金を侵す	ない。水分がある場合および2%以上のMgを含むAl合金を侵す	HCFC-22とほぼ同程度
オゾン破壊指数 [ODP]	0	0.02	0	1.0	0.9	0.05	0.8〜0.9
地球温暖化指数 [GWP]	0		3	1.0	2.8〜3.4	0.32〜0.37	1.3〜1.4
おもな用途	大形・中形冷凍機	小形冷凍機	大形・中形冷凍機	遠心冷凍機，発砲剤	カーエアコン，各種冷蔵庫	ルームエアコン，パッケージエアコン	小形遠心冷凍機，洗浄剤

［注］ * 蒸発温度 −15℃ での値　　** 蒸発温度 −15℃，凝縮温度 +30℃ の標準冷凍サイクルでの値
（特）特定フロン：1995 年生産全廃　（規）規制フロン：2020 年実質的生産全廃　ODP，GWP は CFC-11 に対する相対値

の点から，自然冷媒に代わってフロン系冷媒が利用されてきた事情がわかる。

ところで，CFCフロンは安定な物質のうえ，水に溶けにくいために，地球の対流圏（**7.1.1**項参照）に放出されたフロンは長期間存在し，分解されないまま対流圏から成層圏にまで上昇する。成層圏では太陽からの紫外線を受けてフロン中の塩素が光分解して活性な塩素を解離し，これがオゾンと反応してオゾン層の破壊が引き起こされると考えられている。

1987年9月に採択された**モントリオール議定書**において，オゾン層破壊の可能性の最も高い**CFC特定フロン**（CFC-11，12，113，114，115）がまず**フロン規制**（flourine regulation）の対象となり，1990年の第2回モントリオール議定書締結国会議では規制対象フロンがさらに拡大されることになった。この流れがさらに前倒しとなり，1992年の第4回締結国会議ではCFC特定フロンの生産に関して1995年末をもって原則全廃されることになった。

水素を含むフロンHCFCに関しては，ルームエアコンやパッケージエアコンの冷媒として使用されるHCFC-22が大部分を占める。分子構造に水素原子が入ると分解しやすく，分子の寿命も短くなることから，当初は規制の対象から外れていたが，オゾン層破壊の影響度合いを示す**オゾン破壊指数**（**ODP**：ozone depletion potential）がゼロでないことから，1992年の第4回締結国会議において，規制を順次強化し，2020年には実質的に生産を全廃することが取り決められた。これらは**規制フロン**と呼ばれている。

なお，フロンに関してはオゾン層破壊の問題以外にも地球温暖化への影響も考慮する必要がある。この影響度合いを示すのに**地球温暖化指数**（**GWP**：global warming potential）が用いられる。

表4.1にはCFC-11を1としたときのODPとGWPの相対値が付記されている。ODPはCFC特定フロンでは大きいことがわかる。なお，GWPはCFC-11そのものがCO_2を基準にしたときには約4 000倍の作用があることに注意しておく必要がある。

・**代替フロンと自然冷媒について**　すでに述べたようにCFCおよびHCFCのフロン類に関する規制の日程が国際的に取り決められているが，特

4.4 冷媒について

にヨーロッパ各国を中心に規制の前倒しが行われ世界的な流れになっている。そこで，CFC，HCFC に代わって塩素を含まないフロン系冷媒の HFC とその混合冷媒および FC の開発が急速に進められてきた。また，アンモニア，炭化水素系の自然冷媒もあらためて注目されることになった。CFC および HCFC の**代替冷媒**（alternative refrigerant）としての条件は，環境への負荷（ODP，GWP）が小さいこと，安全性への信頼，毒性に関しては無毒か低毒性，不燃性などの化学的条件を満足することはもちろんであるが，代替として利用するには特に元の冷媒と温度-飽和圧力の物理特性が類似している必要がある。

表 4.2 に代替フロンの特性を抜粋して示す。これは 1995 年現在のものである。カーエアコンの冷媒としてよく使われてきた CFC-12 の代替としては，いくつかのフロン系冷媒が候補に挙がってきたが，現在では HFC-134 a がよく利用される。これは冷蔵庫の冷媒としても使われている．

また，HCFC が新たに規制の対象となった結果，HCFC-22 と R-502（HCFC-22 と CFC-115 の混合冷媒）の代替冷媒を開発する必要が生じてきた。GWP 値が低く，熱的特性の近い単一組成の物質は少ないために，混合冷媒が開発されてきた。HCFC-22 の代替としては，HFC-134 a と HFC-125 が 50/50（重量混合比）の R-410 A をはじめ，HFC-134 a をベースとした各種の混合冷媒が用いられる。また，冷凍トラックなど大形業務用の冷凍庫の冷媒として使われてきた R-502 の代替としては R-507（HFC-125 と HFC-143 a の混合冷媒）が用いられる。混合冷媒の毒性評価に関しては時間がかかるため，今後その評価も含めて適切な代替フロンが開発されるであろう。

自然冷媒では，アンモニア，プロパン，冷蔵庫用にイソブタンなどが用いられつつある。**表 4.2** に示すように，代替フロンも GWP 値はゼロではない。それに対し自然冷媒では，**表 4.1** に示すように，ODP 値，GWP 値がゼロかきわめて小さいために再び脚光を浴び，急速に開発が進められている。

特にアンモニアの場合，ODP 値，GWP 値の両方ともゼロであることから，潤滑油に工夫を加えた製品が販売されている。**図 4.6** にアンモニアの充てん量を従来の満液式方式より数十分の一に減らし，フロン冷媒の場合と同じ直接

表 4.2 代替フロンの特性

冷媒	HCFC-123	HCFC-141b	HFC-134a	HCFC-225ca	HFC-125	R-410A	R-507
化学式	CF_3CHCl_2	CH_3CCl_2F	CH_2FCF_3	$CF_3CF_2CHCl_2$	CHF_2CF_3	混合冷媒	混合冷媒
分子量	152.93	116.95	102	202.94	120	86.48	187.47
標準大気圧下の沸点 t_b [℃]	27.6	32.2	-26.2	51.1	-48.5		
飽和圧力[MPa] at 温度[℃]	0.109(30)	0.078(25)	0.287(0)	0.023(25)	1.160(20)		
臨界温度[℃]	183.8	208.4	101.0	203.6	66.3		
臨界圧力[MPa]	3.68	4.54	4.1	2.95	3.63		
凝固点[℃]	-107	-103.5	-101	-94	-103		
蒸発熱[kJ/kg] at 温度[℃]	168.7(t_b)	221.9(t_b)	196.7(0)	168.0(25)	109.9(25)		
飽和蒸気の比体積 [m³/kg] at 温度[℃]	0.143(30)	0.261(25)	0.0267(30)	0.515(25)	0.154(t_b)		
可燃性	なし	あり	なし	なし	なし		
有毒性	低	低	低	検討中	検討中		
オゾン破壊指数(ODP)	0.02	0.1	0	0.02~0.04	0		
地球温暖化指数(GWP)	0.017~0.020	0.084~0.097	0.24~0.29	1.0	0.51~0.65		
おもな用途	CFC-11代替 エアロゾル 発泡剤	CFC-11代替 エアロゾル 発泡剤	CFC-12代替 エアロゾル カーエアコン	CFC-113代替	CFC-12代替 CFC-115代替	HCFC-22代替 エアコン用冷媒	R-502代替業務用 冷凍庫冷媒
その他	半減期1.7年	半減期8年	半減期21年		半減期30年	HFC134a/125 (50/50)	HFC125/143a (50/50)

〔注〕ODP, GWPはCFC-11に対する相対値

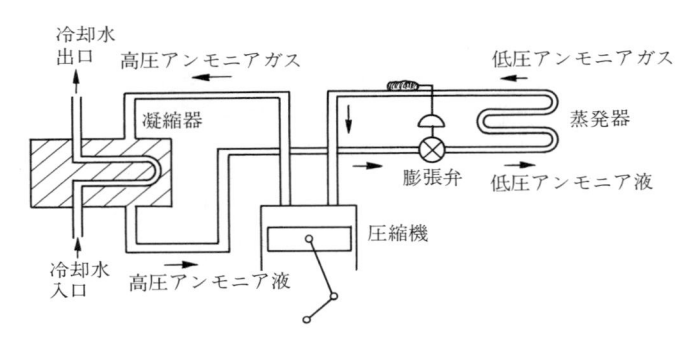

図 4.6 直接膨張式蒸気圧縮式アンモニア冷凍機の例

膨張式を取り入れた蒸気圧縮式アンモニア冷凍機の原理図[2]を示す。これにより，装置が従来のものよりコンパクトになり，安全性が向上するとされている。

4.5 吸収式冷凍機と太陽熱冷房

4.5.1 吸収式冷凍機の原理

4.2 節で述べた蒸気圧縮式冷凍機の特徴は圧縮機の入口側では冷媒蒸気を吸引することによって，冷媒の膨張による蒸発器内での圧力上昇を避け，出口側では加圧することによって冷媒蒸気をいったん加熱し，これを凝縮器で常温の水あるいは空気によって冷却し，元の冷媒液に戻すことにある。したがって，冷媒蒸気を吸引し，蒸気温度を高めて送り出す装置があれば必ずしも機械的圧縮にこだわる必要はない。**吸収式冷凍機**（absorption refrigerating machine）は機械的圧縮を熱的圧縮に置き換えたもので，**冷媒**（refrigerant）とその**吸収液**（absorbent）とからなる。低温用にはアンモニアを冷媒とし，水を吸収液とした冷凍機が，空調用には水を冷媒とし，臭化リチウムを吸収液とした冷凍機が一般に用いられる。

図 4.7(a) に蒸気圧縮式冷凍機の原理図を，図(b) にアンモニアを冷媒とし，水を吸収液とした吸収式冷凍機の原理図をそれぞれ比較して示す。吸収式

(a) 圧縮式　　　　　*(b)* 吸収式

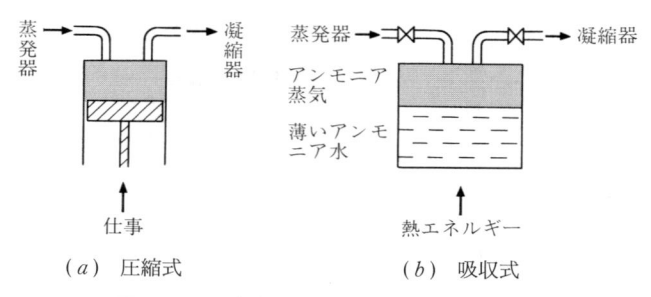

図 4.7 圧縮式冷凍機と吸収式冷凍機の原理

冷凍機の原理は温度によって物質の溶解濃度に差があることを利用したものである。

表 4.3 に水に溶解するアンモニアガス量（重量%）を示す。この表より，アンモニアは低温の水にはよく溶解するが，高温の水には溶解しにくいことがわかる。また，圧力が高いほど水に溶解しやすい。溶解するときに発熱（溶解熱）を伴う。例えば，大気圧 15 ℃ のもとでアンモニア 1 kg が水に溶解し，水溶液中の濃度が 30 % になる場合の溶解熱は約 1 730 kJ/kg（413 kcal/kg）である。

表 4.3 水に溶解するアンモニアガス量(重量%)

圧力 MPa〔kgf/cm²〕	20 ℃	30 ℃	40 ℃	50 ℃	60 ℃	70 ℃
0.098 (1.0)	34.0	28.6	23.7	18.3	13.7	9.5
0.147 (1.5)	40.0	34.3	28.8	23.7	18.8	14.3
0.196 (2.0)	44.8	38.7	33.2	28.0	23.0	18.2
0.245 (2.5)	48.8	42.4	36.7	31.5	26.3	21.5

動作は，**図 4.7**(*b*) の常温の水（薄いアンモニア水）が入った容器で，まず蒸発器に通じている左側のバルブを開け（右側の凝縮器へのバルブは閉），アンモニアを水に溶解させる。例えば**表 4.3** より，大気圧下の 30 ℃ では 28.6 % のアンモニアが水に溶解する。このとき，溶解熱により温度も上がる。十分にアンモニアが吸収されると，左側のバルブも閉じて（左右のバルブ閉）加熱する。例えば 70 ℃ まで加熱すると 9.5 % しかアンモニアは水に溶解しないので，残りのアンモニアは蒸発し圧力も上がる。この状態で右側のバルブ

を開けてアンモニアガスを凝縮器に送り,冷却すれば元のアンモニア水に戻る。この操作を繰り返せばよい。

以上が基本原理であるが,これではバルブの操作が断続的になるので,実際にはアンモニアの吸収と発生(再生)は別々の容器で行っている。

4.5.2 ガス冷蔵庫

図 4.8 にアンモニア吸収式冷凍機として**ガス冷蔵庫**(gas refrigerator,**拡散吸収式冷凍機**)の例を示す。この場合,溶液ポンプも減圧弁も使わず,加熱にガスバーナを用いる。水素を封入してあるのは自身の回路を絶えず自然循環させるためで,アンモニアの分圧を下げ,アンモニアの蒸発を助けるのと,気泡ポンプの原理で循環を容易にする。

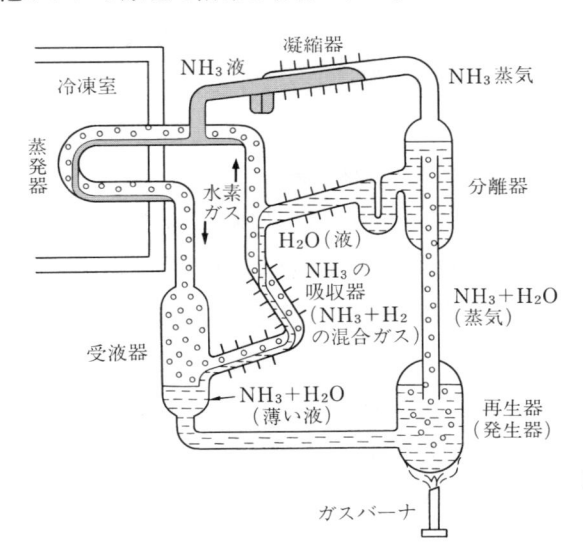

図 4.8 アンモニア吸収式冷凍機(ガス冷凍庫)

図でまず,**再生器** (regenerator)(発生器ともいう)でアンモニア水がガスバーナで加熱されて温度が上がり,アンモニアの溶解濃度が下がる(**表 4.3** 参照)。アンモニアはガスとして発生し,水蒸気とともに,気泡流(二相流)となって上昇する。これを**分離器** (separator) でアンモニアガスと水蒸気に分離する。水蒸気は空冷されて水となり,下側の受液器に戻る。

一方，分離されたアンモニアガスは上昇し，**凝縮器**で空冷されアンモニア液になる。アンモニア液は水素ガスの循環回路で水素と一緒になるが，全圧は一定であるためにアンモニアの分圧は蒸発器の前で減圧され，**蒸発器**の中で蒸発する。その際，蒸発熱を冷凍庫から奪う。その後，アンモニアガスは水素ガスに拡散し混合ガスを形成する。この混合ガスは水素循環回路右側の水素のみよりも重いから循環回路左側を自然落下する。混合ガスは受液器右上部を通って**吸収器**（absorber）に入る。吸収器に入った混合ガスのうち，アンモニアガスは循環回路右側を上から流下してくる水に溶解し，薄いアンモニア液を作る。アンモニア液は受液器を経て再生器に送られ元に戻るが，水素は水に溶解せず軽いので循環回路内を上昇していく。

この方式の特徴は機械的な駆動部分を一切持たず，流動が気泡ポンプの原理で，自然循環で行われている点にある。ガス冷蔵庫の原理で**拡散吸収式冷凍機**といわれ，1925年にスウェーデンで初めて作られ各国に広がった。

4.5.3　臭化リチウム吸収式冷凍機と太陽熱冷房

ガス冷房（gas cooling）としてよく利用されるのは**臭化リチウム**（LiBr, lithium bromine）の水溶液を吸収液とし，水を冷媒とした吸収式冷凍機である。臭化リチウムは吸湿性がきわめて高い塩で，この水溶液を水蒸気の吸収液に用いたものである。

図 4.9 に水および臭化リチウム水溶液の各濃度に対し，飽和蒸気圧線図（**デューリング線図**）を示す。この図より，飽和蒸気圧が一定であれば温度が低いほど臭化リチウム水溶液の濃度は低く水蒸気がよく吸収されることを示している。例えば，図より，20 mmHg（1 mmHg＝133.32 Pa）一定のもとでは臭化リチウム水溶液の溶解濃度が 25 ℃ で約 30 ％（水：約 70 ％）であるのに対し，70 ℃ では約 66 ％（水：約 34 ％）となる。

代表的な構成例を**図 4.10** に示す[3]。この吸収式冷凍機は吸収液（臭化リチウム，薄-濃）の回路と冷媒（水-水蒸気）の回路からなっている。

図 4.9 中に臭化リチウム水溶液の動作の一例を，サイクル 1 2 3 4 1 で表し

4.5 吸収式冷凍機と太陽熱冷房　65

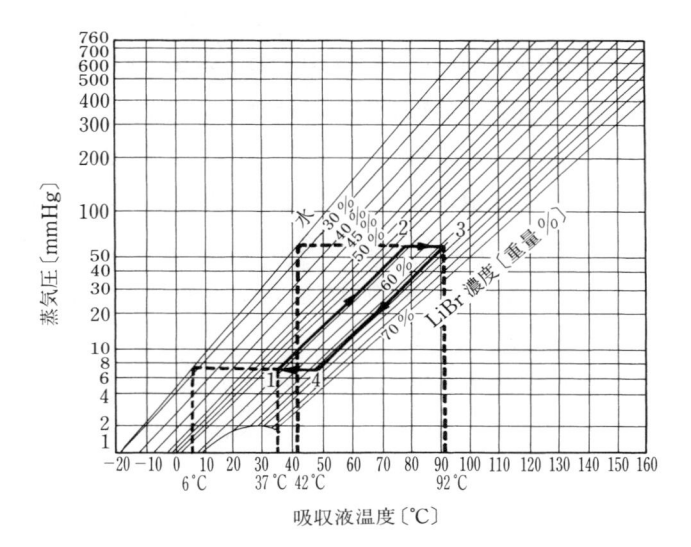

図 4.9　臭化リチウム水溶液の飽和蒸気圧縮図（デューリング線図）(1 2 3 4 1：臭化リチウムサイクル)

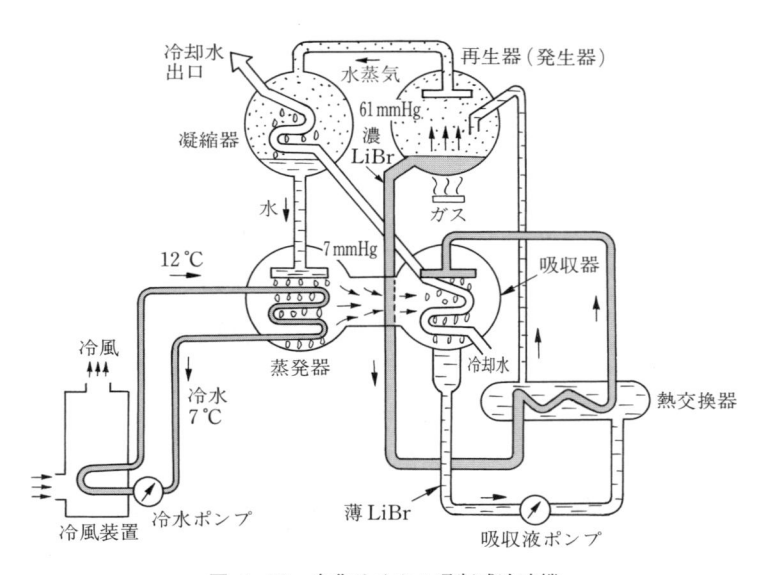

図 4.10　臭化リチウム吸収式冷凍機

ている。蒸発器と吸収器はつながっており，これらの容器は図中に示すように，大気圧の約 1/100（7 mmHg）まで減圧されている（1-4の等圧線）。

目的の冷風装置（左下）と蒸発器の間には冷水ポンプによって水が循環するパイプが設けてある。左上の凝縮器から落下してきた水滴は減圧下の蒸発器内で急速に蒸発するが，7 mmHg では水の飽和温度は 6 ℃ であるから，そのときに循環パイプ中の水（約 12 ℃）から蒸発潜熱を奪って水は冷却される。この冷却された水（約 7 ℃）が冷風装置に送られ，冷風装置を通過する空気と熱交換されて室内の冷房に利用される。

一方，減圧下で蒸発した水蒸気は蒸発器とつながった吸収器で，再生器から熱交換器を経て落下してきた濃い臭化リチウム水溶液（吸収液）と接触し，吸収される（点 4）。これによって，水蒸気の膨張に伴う圧力上昇は避けられ真空状態が保たれる。すなわち，吸収器は圧縮式冷凍機の圧縮機の入口側と同じ役割を果たしている。

吸収器で水蒸気を吸収して薄くなった臭化リチウム水溶液（濃度 57.4％，温度 37 ℃：点 1）は，吸収液ポンプによって熱交換器を経て再生器に送られる。再生器と凝縮器はつながっており，圧力は 61 mmHg に調節される（点 2）。ガス加熱により温度 92 ℃ まで等圧下で臭化リチウム水溶液の温度が上昇すると，水蒸気は蒸発分離し，残った臭化リチウム水溶液は濃い状態（濃度 63％）となって再生器を出ていく（点 3）。このようにして冷媒の水蒸気は再生器で分離，加熱されるので，再生器は圧縮式冷凍機の圧縮機出口側の役割を果たしている。

濃い水溶液は熱交換器を経て吸収器で液滴として落下し（点 4），蒸発器からの蒸気を吸収するのに利用される（点 1）。一方，再生器で分離された水蒸気は凝縮器に導かれる。凝縮器は再生器とつながっており，ここで冷却水により冷却され水の状態に戻る。飽和蒸気圧 61 mmHg では飽和温度は 42 ℃ であるから，この水が凝縮器から水滴として蒸発器中に落下し，蒸発するときに蒸発潜熱を循環水から奪って元の状態に戻る。

なお，熱交換器を用いることで内管を通る濃い臭化リチウム水溶液（加熱状

態）と外側を通る薄い臭化リチウム（冷却状態）水溶液との間で熱交換させ，消費エネルギーの節約を図っている。

以上でサイクルは完結するが，注意すべきことは用いるエネルギーとしては機械的エネルギーの代わりに直接熱エネルギーを使って温度による吸収液の吸収能力の差異を利用している点で，これが吸収式冷凍機と呼ばれるゆえんである。

また，熱源に太陽熱を利用した太陽熱冷房を行うこともできる。**図4.11**にその構成の一例を示すが，**図4.10**のガスバーナの代わりを太陽熱がしていることが確かめられる。

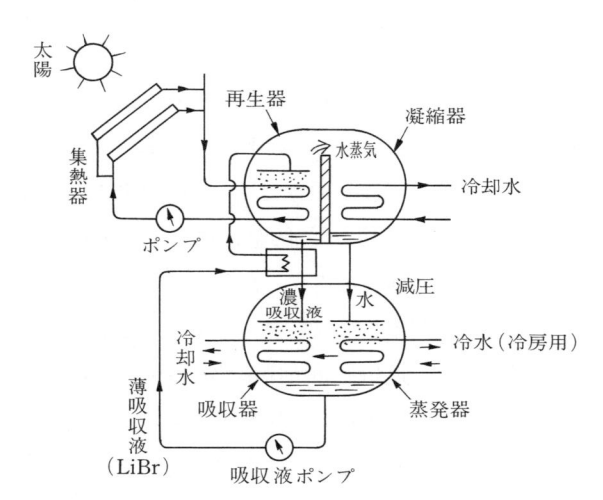

図4.11　太陽熱を利用した吸収式冷凍機

4.5.4　吸収式冷凍機の性能評価

吸収式冷凍機の各要素で出入りする熱量の釣合いは以下の式で示される。

$$Q_h + Q_0 + L_p = Q_a + Q_c \tag{4.10}$$

コーヒーブレイク

吸収液の代わりに吸着剤を用いる**吸着式冷凍機**がある。原理的には吸収式冷凍機と同じで，水あるいはアルコールを冷媒とし，吸着剤にはシリカゲル，ゼオライト，活性炭，活性アルミナなどの固体を用いる。吸湿したシリカゲルを再生利用するには熱して高温にすればよい。

左辺は入ってくる熱量〔kJ/h〕で，Q_h は再生器で吸収液に与えられる熱量，Q_0 は蒸発器で奪う熱量（冷凍熱量），L_p はポンプ類の仕事量である。

一方，右辺は出ていく熱量で，Q_a は吸収器で冷却水に捨てる熱量，Q_c は凝縮器で冷却水に捨てる熱量である。吸収式冷凍機の性能評価は蒸発器で奪う熱量（冷凍熱量）に対する加えられたエネルギー量の比で表されるが，ポンプ仕事は小さく無視できるので次式で近似できる。

$$\eta = \frac{Q_0}{Q_h + L_p} \doteqdot \frac{Q_0}{Q_h} \tag{4.11}$$

動作係数の η は圧縮式冷凍機の動作係数 ε に代わるものであるが，圧縮式冷凍機では ε の分母が圧縮機の仕事量であったのに対し，吸収式冷凍機の η の場合には再生器で必要な熱エネルギーになっている点が異なる。η は**熱量比**とも呼ばれる。η の実際の値は 0.7 程度と低く，小形の家庭冷蔵庫ではもっと低い。したがって，図 **4.10** のように熱交換器を設けて Q_h を節約することは必須の条件である。η は ε に比べて格段に低いが，低温の熱エネルギーが再生器で直接利用できることから圧縮式冷凍機とは異なった利点があり，例えばボイラからの排気ガス（排ガス）の熱を利用してコージェネレーションシステムの最終段として冷房に活用できるなど，近年その用途が拡がっている。

冷媒として使用される水とアンモニアはいずれも自然冷媒であることから，吸収式冷凍機の需要の伸びが期待されている。なお，再生器を二つ設け，第1再生器で発生した高温蒸気を第2再生器に入れ熱利用する二重効用の吸収式冷凍機が開発され，その熱量比は 1.1～1.3 と向上した。現在最も普及している吸収式冷凍機である。

4.6 熱電冷凍機

熱電対では二種の金属を接合して環状にし，接点間に温度差があると熱起電力を発生し，電流が流れるが（**ゼーベック効果**，Seebeck effect），ペルチエ効果はこの逆で二つの異なった導体をつなぎ，これに直流電流を流すと両接合

部で熱の吸収または発生がみられ，温度差が生じる現象である。

　熱電冷凍機（thermoelectric refrigerating machine）はペルチエ効果を利用した冷凍サイクルで，その原理図を**図 4.12**に示す。p形とn形の半導体（熱電素子間）に電流を流すと，nからpへ電流が流れる低温接合部で吸熱，pからnへ電流が流れる高温接合部で発熱がみられる。圧縮式冷凍機と比較すると，低温接合部が蒸発器に，高温接合部が凝縮器に，電流が冷媒に，発電機が圧縮機に対応する。また電流の流れを逆転すると，熱の吸収，発生も逆になる。

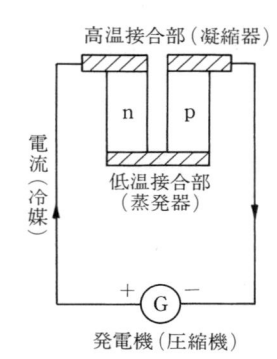

図 4.12 熱電冷凍機

　熱電冷凍機は運転部分がないこと，冷媒が不要であること，必要に応じて小形，小容量に作りうること，電流によって冷凍能力を任意に制御しうることなどの多くの特徴があり，熱電素子としての半導体の研究が近年急速に進展し，用途も広がりつつある。

4.7　空気調和の考え方と方法

4.7.1　空　気　調　和

　大気（空気）は水蒸気を含んでおり，乾き空気と水蒸気とからなる混合ガスの**湿り空気**（humid air, moist air）として扱う必要がある。冷暖房などの日常生活や工業的な種々の場では，この湿り空気の温度，湿度および清浄度をその場所に適した状態に保つ必要のある場合が多い。通常，このような操作を空

気調和と呼んでおり，目的によって2種類の空気調和がある。

その一つは人間を対象とし，居住者に快適で，健康的な居住空間を提供する**快感用空気調和**または**保健用空気調和**と呼ばれるものである。もう一つは物品を対象とする場合で，物品の生産や貯蔵にその目的に応じた空気調和を行う場合で**産業用空気調和**と呼ばれる。クリーンルームなどがその例である。

1) 快感用空気調和　　建築基準法による居室の環境基準値を**表 4.4**に示す。冷房（夏），暖房（冬）の**室内温湿度の設計条件**としては夏は26°C, 50％，冬は22°C, 40〜50％を用いる。冷房の場合には室温と吹出し空気の温度差が大きすぎると，在室者に不快感を与える。少なすぎると送風量が大きくなりすぎる。一般には7°C以下にするのが望ましい。

表 4.4　居室の環境基準値(建築基準法)

項　　　目	基　　準　　値
温　　　度	17°C 以上，28°C 以下
相 対 湿 度	40％ 以上，70％ 以下
気　　　流	0.5 m/s 以下
浮遊粉じん量	空気 1 m³ につき 0.15 mg 以下
一酸化炭素含有量	10 ppm 以下
炭酸ガス含有量	1 000 ppm 以下

2) 産業用空気調和　　産業用空気調和ではその目的によって適当な温湿度や空気清浄度を定める。例えば半導体製造においては，23°C, 40〜45％に設定される。

4.7.2　湿り空気の性質と湿り空気線図

空気調和が対象とする低温度では乾き空気も水蒸気も完全ガスとみなして差し支えないので，湿り空気も完全ガスとして扱ってよいとされている。

図 4.13 に示すように，湿り空気は乾き空気 1 kg と水蒸気 x〔kg〕の混合ガスで，全体の質量は $(1+x)$〔kg〕である。湿り空気の各状態量は乾き空気 1 kg 当り，すなわち，質量 $(1+x)$〔kg〕当りの湿り空気に対して定義される。この理由は湿り空気中に含まれる水蒸気量は温度，湿度によって変わ

図4.13 湿り空気

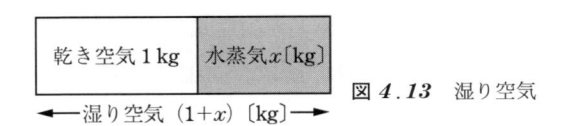

るが，多くの場合乾き空気の質量は状態変化の過程で変わらないので，湿り空気の質量を基準とするよりも，乾き空気1 kgを含む湿り空気で定義したほうが都合がよいからである．以下に湿り空気の性状を知るのに必要な各用語の定義について説明する．

〔1〕**乾球温度，湿球温度** **乾球温度**（dry bulb temperature）は感熱部が裸の通常の温度計で測った温度で，**湿球温度**（wet bulb temperature）は湿った布で感熱部を包んで微風速の気流中に置いたときの温度である．湿球温度では水分の蒸発により蒸発潜熱が奪われるため，その分だけ乾球温度よりも温度が下がり，水蒸気は飽和（飽和湿り空気）の状態にある．乾球温度と湿球温度とからそのときの湿度を知ることができる．

〔2〕**断熱飽和温度** 湿球温度は空気と接触する水分が空気の量に比べてわずかで，そのため空気温度が変化しない場合の温度である．一方，多量の水分と空気が断熱された容器中にある場合には，両者の熱交換により空気温度も下がり，時間がたつと平衡温度に達する．これを**断熱飽和温度**（adiabatic saturation temperature）という．

〔3〕**絶対湿度** 湿り空気の定義より，乾き空気1 kg当りの水蒸気の質量をx〔kg/kg（乾き空気）〕としたとき，xを**絶対湿度**（absolute humidity, specific humidity）と呼ぶ．なお，湿り空気の全質量のkgと区別するためにkg（乾き空気）を簡単に〔kg′〕あるいは〔kgDA〕と表示したりする．DAはdry airの略である．本書では以下〔kg′〕で統一して表示する．

温度T，体積Vの湿り空気に含まれる水蒸気と乾き空気の質量をそれぞれ，m_W, m_A，ガス定数をR_W, R_A，分圧をp_W, p_Aとすると，水蒸気と乾き空気の質量比，すなわち絶対湿度は完全ガスの状態式より

$$x = \frac{m_W}{m_A} = \frac{R_A}{R_W} \cdot \frac{p_W}{p_A} = \frac{M_W}{M_A} \cdot \frac{p_W}{p_A} = 0.622 \frac{p_W}{p_A} \quad [\text{kg/kg}'] \qquad (4.12)$$

で与えられる。ここで，M_W，M_A は水蒸気および乾き空気の分子量で，$M_W = 18.02$，$M_A = 28.96$ である。全圧を p とすると，ダルトンの法則より

$$p = p_A + p_W \quad [\text{kPa}] \qquad (4.13)$$

であるから，式 (4.12) はつぎのように書き換えられる。

$$x = 0.622 \frac{p_W}{p - p_W} \quad [\text{kg/kg}'] \qquad (4.14)$$

〔4〕**相対湿度** 湿り空気中の水蒸気の密度を ρ_W，圧力を p_W，その温度における乾き飽和蒸気の密度を ρ_s，圧力を p_s としたとき，**相対湿度** (relative humidity) ϕ を次式で定義する。

$$\phi = \frac{\rho_W}{\rho_s} = \frac{p_W}{p_s} \quad (\phi \leq 1) \qquad (4.15)$$

単に湿度と表示してある場合は相対湿度を指している。

〔5〕**露点温度** いま，温度 t の状態にある湿り空気を圧力（全圧）p が一定のまま冷却する場合を考えると，水蒸気量は変わらないから絶対湿度 x は一定で，式 (4.12) より p_W も変わらない。一方，式 (4.15) で p_s は温度の低下とともに急速に小さくなるから，ある温度で $p_W = p_s$（$\phi = 1$），すなわち，飽和湿り空気の状態になる。この温度を**露点温度** (dew point) と呼び，これ以下の温度では水蒸気は液化し，余分な水が露や霧として排出され，物体表面では結露を引き起こす。

〔6〕**飽 和 度** 相対湿度と絶対湿度の関係は，式 (4.15) の $p_W = \phi p_s$ を式 (4.14) に代入すると，次式のように求められる。

$$x = 0.622 \frac{\phi p_s}{p - \phi p_s} \quad [\text{kg/kg}'] \qquad (4.16)$$

式 (4.16) より，$\phi = 1$ とすれば飽和湿り空気の絶対湿度 x_s が得られる。x と x_s との比 ψ を湿り空気の**飽和度** (degree of saturation) と呼ぶ。したがって，飽和度は式 (4.16) より次式で定義される。

$$\psi = \phi \frac{p - p_s}{p - \phi p_s} \qquad (4.17)$$

〔7〕 **湿り空気の比体積**　湿り空気の比体積は乾き空気 1 kg 当りの体積として定義される。

$$v = \frac{V \text{(湿り空気の体積)}}{m_A \text{(乾き空気の質量)}} \quad [\text{m}^3/\text{kg}'] \tag{4.18}$$

ダルトンの法則と絶対湿度の定義より

$$pV = (p_w + p_A)V = (m_w R_w + m_A R_A)T = m_A(xR_w + R_A)T$$

であるから，これを式 (4.18) に代入すると

$$v = \frac{(xR_w + R_A)T}{p} = \frac{R_w(x + R_A/R_w)T}{p} = \frac{R_0(x + M_w/M_A)T}{pM_w}$$

となる。ここで，$R_0 = 8.315$ kJ/(kmol·K)（一般ガス定数）である。標準大気圧状態として，$p = 0.1013$ MPa を代入すると次式が得られる。

$$v = \frac{4.56(x + 0.622)T}{1\,000} \quad [\text{m}^3/\text{kg}'] \tag{4.19}$$

〔8〕 **湿り空気の比エンタルピー**　湿り空気の比エンタルピーを乾き空気 1 kg 当りで定義すると

$$h = \frac{m_A h_A + m_w h_w}{m_A} = h_A + x h_w \quad [\text{kJ/kg}'] \tag{4.20}$$

ここで，乾き空気に対しては，$h_A = c_{pA} t = 1.005\,t$ である。一方，h_w は温度 t で乾き飽和蒸気の状態にあると考えれば，飽和蒸気表より求めることができる。したがって，式 (4.20) は以下のようになる。

$$h = 1.005\,t + x h_t'' \quad [\text{kJ/kg}'] \tag{4.21}$$

あるいは，0 ℃で蒸発し，t [℃] では過熱蒸気になっていると考えてもよい。その場合は 0 ℃での蒸発潜熱 (2 500 kJ/kg) と t [℃] までの顕熱の和になるから，過熱蒸気の比熱を 1.86 kJ/(kg·K) として次式から求められる。

$$h = 1.005\,t + x(2\,500 + 1.86\,t) \quad [\text{kJ/kg}'] \tag{4.22}$$

湿り空気線図としては，比エンタルピーと絶対湿度を斜交軸にとった，h-x 線図が一般によく用いられる。

図 4.14 にその概略を示す。乾球温度 t は横軸に目盛られているが，t が一定の線は縦軸（垂線）よりは若干傾いている。これと斜め右下に走る湿球温度

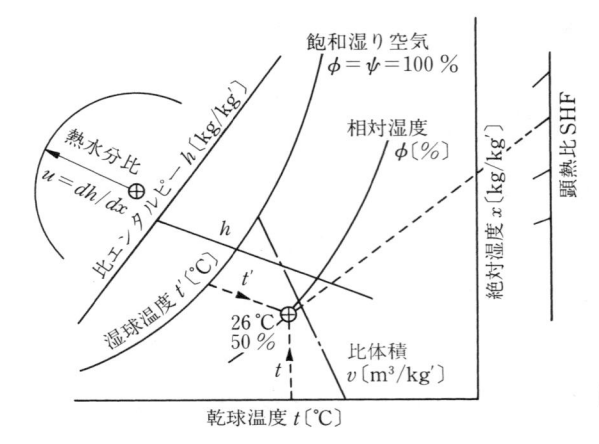

図 4.14 湿り空気線図

t' との交点から，標準大気圧下で，上述の関係を使って相対湿度，絶対湿度，飽和度，比体積，比エンタルピーなどの湿り空気の性状を読み取ることができる。左側の境界軸線は飽和湿り空気線（$\phi = \psi = 100\,\%$）で，右縦軸は絶対湿度 x である。付録に湿り空気線図を掲載する。

4.7.3　湿り空気の状態変化と湿り空気線図の使い方

湿り空気の状態変化を知るには湿り空気線図を用いると便利である。湿り空気線図上の代表的な状態変化を**図 4.15** に示し，以下に説明する。

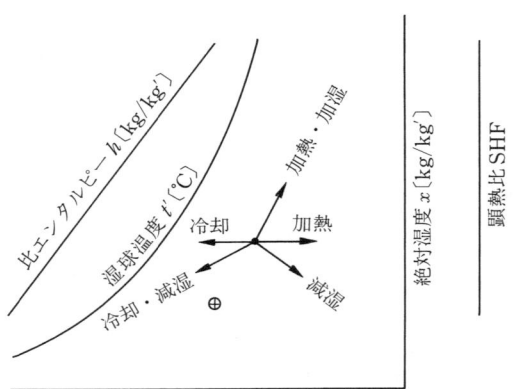

図 4.15　湿り空気の状態変化

〔**1**〕 **加熱または冷却**　電気ヒータで部屋を加熱したり，水分の凝縮がなく単に冷却される場合には，絶対湿度の変化がなく相対湿度のみ変化する。加熱の場合には湿り空気線図上を右側に平行に動くので相対湿度は低くなり，部屋は乾燥する。逆に冷却される場合には左側に動き，飽和湿り空気線（$\phi=100\%$）にぶつかり，露点温度となり水蒸気が凝縮する。加熱あるいは冷却の熱量（乾き空気 1 kg 当り）は比エンタルピーの差で読みとれる。

〔**2**〕 **温度，湿度が同時に変化する場合**（**加熱・加湿または冷却・減湿**）石油ヒータで暖房する場合には，水蒸気量は増すので，図 **4.15** で状態点は右上方向に動く。一方，クーラで部屋が冷却される場合には通常除湿も行われるので左下方向に動く。これらの場合は乾球温度の変化と絶対湿度の変化が同時に発生する。

例として，図 **4.16** において石油ヒータで加熱する場合を考えると，状態変化は 1 → 2 になる。点 1 からの水平線と点 2 からの垂線との交点を点 3 とすると，室内をある一定の温度，湿度に保つために必要な全熱量 Q_R は温度上昇に必要な熱量，すなわち顕熱の Q_{RS} と水蒸気分の増加，すなわち加湿に伴う熱量（潜熱）の Q_{RL} の和として表される。

ここで，**顕熱比**（**SHF**：sensible heat factor）を次式で定義する。

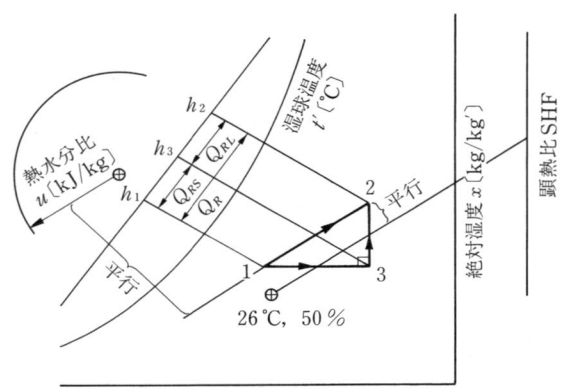

図 **4.16**　顕熱比（SHF）と熱水分比（u）

$$\mathrm{SHF} = \frac{顕熱量変化}{全熱量変化} = \frac{Q_{RS}}{Q_R} = \frac{h_3 - h_1}{h_2 - h_1} \tag{4.23}$$

湿り空気線図には空気調和の計算に便利なように顕熱比の値もわかるようになっている。図 **4.16** の 26 ℃, $\phi = 50$ ％（冷房の設計基準値）に記されたマーク ⊕ から線分 1 2 に平行に線を引き，SHF 軸との交点を読み取ると，SHF 値が直読できる。

つぎに，室内に送る調整空気質量流量を G_C〔kg′/h〕，室内で発生する水蒸気量（石油ヒータ，在室者，湯沸かし器など）を W〔kg/h〕とすると

$$Q_R = Q_{RS} + Q_{RL} = G_C(h_2 - h_1) \tag{4.24}$$

$$Q_{RL} = rW \quad (r は水の蒸発潜熱 = 2\,256.9 \text{ kJ/kg}) \tag{4.25}$$

$$W = G_C(x_2 - x_3) \tag{4.26}$$

の関係が成り立つ。ここで，x_2, x_3 は点 2 と点 3 の絶対湿度である。ここで，u を次式のように定義する。

$$u = \frac{全熱量変化}{水蒸気量変化} = \frac{Q_R}{W} = \frac{h_2 - h_1}{x_2 - x_3} \quad〔\text{kJ/kg}〕 \tag{4.27}$$

u は**熱水分比**と呼ばれ，式 (4.24) から負の場合もある。u ($= dh/dx$) は左側のマーク ⊕ から線分 1 2 に平行線を引くと，半円状の熱水分比の座標からその値を直読できる。

式 (4.24) ～式 (4.27) より顕熱比 (SHF) と熱水分比 u との間には

$$u = \frac{Q_R}{Q_{RL}/r} = \frac{Q_R}{(Q_R - Q_{RS})/r} = \frac{r}{1-\mathrm{SHF}} \quad〔\text{kJ/kg}〕 \tag{4.28}$$

の関係がある。なお，式 (4.24) を満足する状態点は無数にあり，軌跡は直線でその方向は式 (4.27) より定まる線分 1 2 の熱水分比 u，あるいは式 (4.23) で定まる顕熱比 SHF の方向にある。この線を**状態線** (condition line) と呼ぶ。送風空気の吹出しの状態点はこの線上にあり，吹出し空気の乾球温度を定めると，エンタルピーが求まり，式 (4.24) より風量 G_C，式 (4.26) より水分量の変化 W を計算することができる。

〔**3**〕　**湿り空気の混合**　　図 **4.17** において，乾球温度 t_1，絶対湿度 x_1 の点 1 で示される状態の空気と乾球温度 t_2，絶対湿度 x_2 の点 2 で示される状態

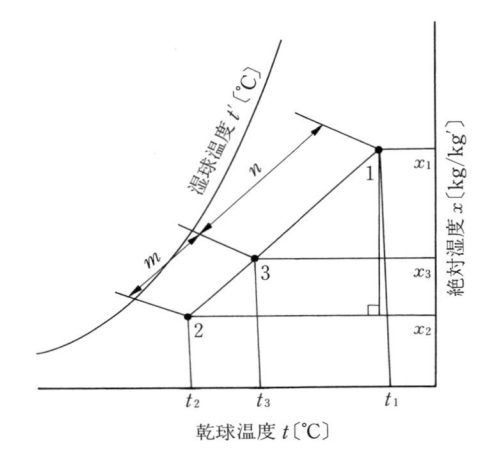

図 4.17 湿り空気の混合

の空気を質量比で $m:n$ の割合で混合したとき，混合後の状態3は線分12を $n:m$ で分割する点で示される。したがって，混合後の乾球温度と絶対湿度は次式で表せる。

$$t_3 = \frac{mt_1 + nt_2}{m+n}, \qquad x_3 = \frac{mx_1 + nx_2}{m+n} \tag{4.29}$$

研究 4.1 式 (4.29) を証明せよ。

---

〔4〕 **冷房の例－混合後の一部バイパス** 冷房室からの還気Rをそのまま循環すると，室内空気に臭気が発生したり，炭酸ガスが増加して汚れるので，少し大きな部屋では外気Fを新鮮空気として取り入れる。冷房の一例として，還気Rを外気Fと混合後，その一部をバイパスして，必要な温度，湿度の送風空気を得る例を図 4.18(a) に示す。還気R（質量流量 G_R）と外気F（質量流量 G_F）の混合点を点①とし，その一部は冷却コイルを通り（点②，質量流量 G_2），残りはバイパス（質量流量 G_M）を通って再び点Cで混合し，温度，湿度を調整された空気が冷房室に入る。この状態を湿り空気線図上に表すと，図(b)のようになる。

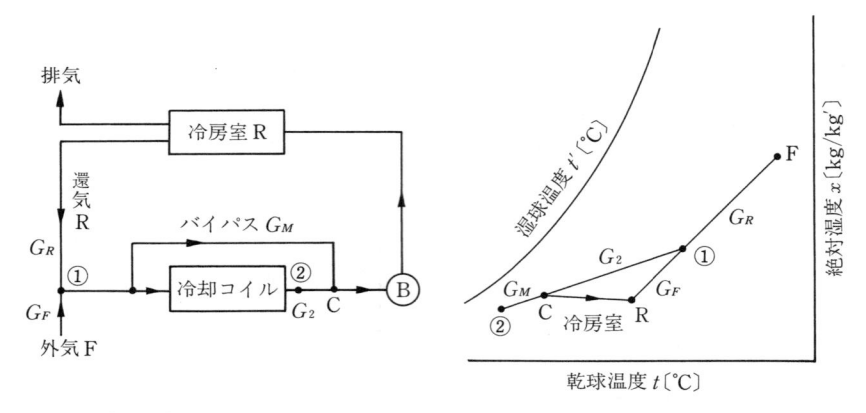

78　　4. 冷熱技術と空気調和

(a) 必要な温度，湿度の送風空気を得る例　　(b) 湿り空気線図上の変化

図 4.18　混合後の一部バイパス（冷房）

〔5〕 **暖 房 の 例**　　暖房時の状態変化の一例を図 4.19(a)に示す。還気 R（質量流量 G_R）と外気 F（質量流量 G_F）が点 M で混合し，空調器では蒸気加湿および再熱されて室内に入る。このときの湿り空気線図上の変化を図(b)に示す。

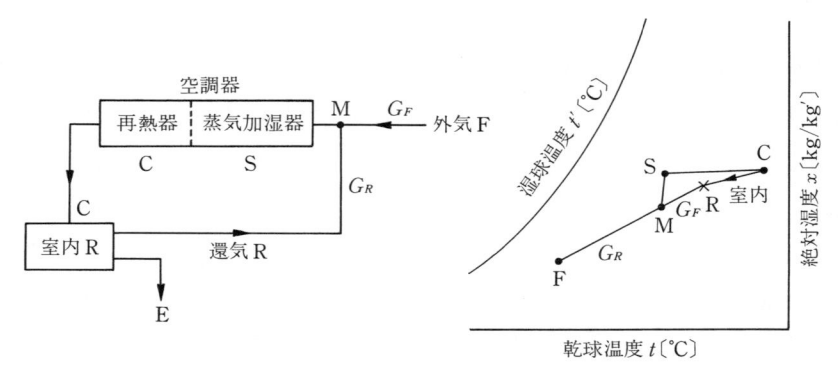

(a) 必要な温度，湿度の送風空気を得る例　　(b) 湿り空気線図上の変化

図 4.19　暖房時の状態変化の例

4.7.4 空気調和の熱負荷計算

室内をある温度，湿度に保っているときに，室外からその室内に入ってくる熱量と室内で発生する熱量の和を熱取得，室内から室外へ逃げていく熱量を熱損失と名付ける。室内温度および湿度をその温度，湿度に保つためには，熱取得に対しては室内から必要な熱量を取り除き（冷房），熱損失に対しては逆に供給する必要がある（暖房）。この熱量を一般に**熱負荷**（heat load）と呼ぶ。

表4.5に冷房時と暖房時の熱負荷をまとめている。冷房時の熱負荷計算では熱取得であるので正，暖房時には熱損失であるので負となる。暖房負荷として集計する必要のあるものをその欄に○印で示している。以下では，冷房負荷の種類について若干説明する。

表4.5 冷房負荷と暖房負荷〔日本機械学会編：機械工学便覧 B8（熱交換器，空気調和，冷凍），p.27 (1991) を元に作成〕

負荷の種類	冷房負荷	暖房負荷(負)	顕熱	潜熱
ガラス面からの日射による熱量	○		Q_G	
壁，屋根，窓，扉などからの伝熱量	○	○	Q_c	
室内で発生する熱によるもの	○		Q_{tS}	Q_{tL}
すきま風による熱量	○	○	Q_{FS}	Q_{FL}
送風機，ダクト類からの熱量	○	○	Q_{MS}	Q_{ML}
合計	○	○	Q_{RS}	Q_{RL}
室内熱負荷(合計)	○	○	$Q_R = Q_{RS} + Q_{RL}$	
新鮮空気負荷(取り入れ外気を室内温湿度にするための熱量)	○	○	$Q_0 = Q_{0S} + Q_{0R}$	
再熱負荷	○	○	Q_H	
	空調負荷(正)	空調負荷(負)	$Q = Q_R + Q_0 + Q_H$	

「ガラス面からの日射による熱量」は太陽からの熱放射によるもので，方位，時刻，地域に対する値とブラインドなどによる遮へい係数の資料が出されている。また，「壁，屋根，窓，扉などからの伝熱量」は建物の構造物を伝導・対流で通過する熱量で個々の熱通過率を試算して計算する。「室内で発生する熱によるもの」は人体および照明などによる発熱で，人体には顕熱と潜熱がある。「すきま風による熱量」と「新鮮空気負荷」は，いずれも室外空気が室内に入り込むときに室内空気との温・湿度の違いから発生する熱負荷である。ま

た，再熱負荷は調整空気の温度が低すぎる場合に再熱して，室内へ送り込む空気の温・湿度を整えるためのものである。

各熱負荷を計算するための詳しい資料は，例えば空気調和・衛生工学会から出されている空気調和・衛生工学便覧などに詳しい。これらを元にして計算表を作成して全熱負荷の見積もりを行う。参考に各地の冷房および暖房計算用の外気条件を**表 4.6** に示す。

表 4.6 冷房・暖房計算用外気条件〔日本機械学会編：機械工学便覧 B 8（熱交換器，空気調和，冷凍），p.27（1991）より抜粋〕

都市名	冷房(各地の夏期最高条件)		暖房(各地の 0～24 h)	
	乾球温度〔℃〕	湿球温度〔℃〕	乾球温度〔℃〕	湿球温度〔℃〕
札　幌	28.7	23.5	−12.0	−12.9
仙　台	30.0	25.5	− 4.4	− 6.0
東　京	32.5	26.5	− 1.7	− 4.8
名古屋	34.6	27.1	− 2.1	− 4.3
大　阪	33.9	26.7	− 0.6	− 3.0
福　岡	33.1	27.2	− 0.1	− 2.5

演 習 問 題

冷房・冷凍

【1】 つぎの条件を満たす冷凍サイクルを p-h（モリエ）線図上に描け。
- 冷媒：フロン 22（HCFC 22）
- 蒸発温度：−15 ℃ ・凝縮温度：30 ℃ ・過熱度：5 ℃
- 過冷却度：5 ℃（膨張弁直前では 25 ℃）

【2】 問題【1】で作成した線図から以下の値を求め計算せよ。
 (1) 冷媒 1 kg 当りの凝縮器での放熱量〔kJ/kg〕
 (2) 冷媒 1 kg 当りの蒸発器での吸熱量
 (3) 冷媒 1 kg 当りの圧縮に要した仕事
 (4) 1（日本）冷凍トン当り圧縮機が吸入すべき冷媒量〔kg/h，m³/h〕
 (5) 1（日本）冷凍トン当りの圧縮機の所用動力〔PS〕
    ただし，1 PS＝75 kgf・m/s＝632.5 kcal/h＝2 648 kJ/h
 (6) 動作係数（成績係数）はいくらか
 (7) 逆カルノーサイクルの動作係数（成績係数）はいくらか

（8）（6）と（7）の比はいくらか。また，その結果について考察せよ。
（9）このサイクルをヒートポンプとして動かしたときの動作係数を求めよ。

【3】 つぎの条件を満たす冷凍サイクルを p-h 線図上に描き，動作係数（成績係数）と1（日本）冷凍トン当りに圧縮機が吸入すべき冷媒量〔m³/h〕を求めよ。
・冷媒：R 134 a
・蒸発温度：5 ℃　　・凝縮温度：35 ℃　　・過熱度：5 ℃
・過冷却度：5 ℃（膨張弁直前では 30 ℃）

【4】 図 4.4，図 4.5 を使って式（4.9）を証明せよ。

【5】 冷凍能力が 90（日本）冷凍トンのアンモニア標準冷凍サイクルがある。蒸発温度を -35 ℃，凝縮温度を 30 ℃ とするとき，以下の問に答えよ
（1）理論的な動作係数，圧縮比および圧縮後の冷媒ガス温度を p-h 線図より求めよ。また，この場合には図 4.5 に示す二段圧縮サイクルにしたほうが良いことを考察せよ。
（2）必要な冷媒の循環量
（3）圧縮効率および機械効率をそれぞれ 85 ％ とするとき，実際に必要な仕事量（動力）はいくらか
（4）実際の動作係数はいくらか

【6】 問題【5】で蒸発温度と凝縮温度が同じ図 4.4，図 4.5 の二段圧縮サイクルを考える。凝縮器を出る冷媒液の温度は $t_7 = 25$ ℃ で，中間冷却器の圧力は $p_i = \sqrt{p_H p_L}$ にとる。蒸発器へ行く冷媒はここで $t_1 = 0$ ℃ まで過冷却されるとき，二段圧縮後の冷媒ガス温度と動作係数を求め，問題【5】（1）の動作係数と比較せよ。

【7】 蒸気機関で圧縮式冷凍機を動かす場合を考える。蒸気機関の熱効率を 0.2，圧縮機の機械効率を 0.8，冷凍機の動作係数を 5 とすると，その性能は吸収式冷凍機の動作係数（熱量比）とほぼ同程度になることを説明せよ。

湿り空気

【8】 乾，湿球温度計で乾球温度，湿球温度がそれぞれ 30 ℃，24 ℃ である。標準大気圧（760 mmHg）下のこの湿り空気について湿り空気線図より以下の問に答えよ。
（1）相対湿度はいくらか。
（2）絶対湿度，比体積，比エンタルピーを計算し，湿り空気線図で読み

取った値と比較せよ。
　（3） 露点温度はいくらか。

【9】 標準大気圧（760 mmHg）下の室温 12 ℃，相対湿度 70 % の室内空気を電気ヒータを用いて 22 ℃ にした。相対湿度はいくらになるか。

【10】 温度 34 ℃，相対湿度 70 % の湿り空気をクーラを用いて冷却し，温度 20 ℃ の飽和空気（相対湿度 100 %）にする。送風量が毎時 2 000 m³/h であれば取り去るべき熱量はいくらか。

【11】 冷却コイルへ入る乾球温度 30 ℃，相対湿度 60 % の空気の送風量が 12 500 m³/h である。この空気が乾球温度 16 ℃，相対湿度 95 % となって冷却コイルを離れるとき，この冷却コイルの冷凍能力〔kJ/h〕と空気から除去される水分量〔kg/h〕を求めよ。

【12】 クーラ吹出し空気の乾球温度が 15 ℃，相対湿度が 90 % である。室内に供給すると，乾球温度 25 ℃，相対湿度 60 % になった。顕熱比はいくらか。また，熱水分比はいくらか。計算で求め，線図から読み取った値と比較せよ。

【13】 負荷計算の結果，ある部屋の顕熱負荷が $q_S = 12.5 \times 10^4$ kJ/h，潜熱負荷が $q_L = 4.2 \times 10^4$ kJ/h となった。この部屋を乾球温度 26 ℃，相対湿度 50 % に保ちたい。クーラの送風出口の空気（乾球）温度を 16 ℃ とするとき，送風空気の相対湿度と送風量を求めよ。

【14】 温度 30 ℃，相対湿度 60 % の湿り空気 100 kg と温度 10 ℃，相対湿度 80 % の湿り空気 50 kg を混合する。混合後の湿り空気の比エンタルピーと絶対湿度を線図より求め，計算値と比較せよ。

【15】 温度 26 ℃，絶対湿度 0.012 の室内空気と温度 20 ℃，絶対湿度 0.002 の屋外空気を 2：1 の割合で混合する。混合後の湿り空気の乾球温度と絶対湿度を線図上で求め，計算値と比較せよ。

【16】 図 **4.18** (*a*) で外気の乾球温度 35 ℃，湿球温度が 25 ℃ である。還気は乾球温度 26 ℃，湿球温度が 18 ℃ である。外気 $G_F = 80$ m³/h が還気 $G_R = 160$ m³/h と混合し（**図 4.18** (*b*) の点①），この混合空気の 75 %（G_2）は冷却コイルを通り，残り（G_M）はバイパスを通る。冷却コイルを通った冷空気は乾球温度 15 ℃，湿球温度が 14 ℃ である（点②）。冷空気とバイパス空気の混合状態 C（乾球温度，湿球温度）を求めよ。

演習問題 83

【17】 大阪にある100人が入れる事務所の冷房装置を設計する。室外の設計条件は外気（F）が乾球33.9℃，湿球26.7℃（**表4.6**）で，これを室内設計条件である乾球26℃，相対湿度50％に保つ（R）。**表4.5**より計算された室内の熱負荷が120 000 kJ/h，発生水分量が12 kg/hである。これに外気（新鮮空気）を一人当り，25 m³/h取り入れる。吹出し口出口温度と室温との温度差を7℃（C）として設計するとき，以下の問に答えよ。

（1）送るべき外気量G_Fおよび調整された送風空気量G_C（G_R）を計算せよ。

（2）外気と還気の混合点Mを求め，上記の変化を湿り空気線図上に描け。

（3）実際には，外気と還気の混合気は相対湿度90％程度まで冷却され，点C'となり，その後再熱され点Cになる。実際の変化を湿り空気線図上に描き，全熱負荷を線図から計算される冷房装置の熱負荷と比較せよ。

【18】 問題【17】と同じ事務所の冬の暖房装置を設計する。室外の設計条件は外気が乾球−0.6℃，湿球−3.0℃（**表4.6**）で，これを室内設計条件である乾球22℃，相対湿度40％に保つ。**表4.5**より計算された室内の全熱負荷が$Q_R = -80 000$ kJ/h，発生水分量が$W = -5$ kg/hである。送風空気量および外気と還気の混合比は問題【17】と同じとして状態変化を湿り空気線図上に描け。

5

省エネルギー技術と高効率技術

　私たちの回りにはさまざまな形でエネルギー資源がある。限りある化石燃料，非化石燃料，自然エネルギーに加え，研究開発されつつあるバイオエネルギーやメタンハイドレート，再生可能エネルギーなどの開発途上の一次エネルギーが私たちの社会や生活を支え維持していくことは間違いない。

　これらのエネルギー資源を有効利用するためには，**省エネルギー** (energy conservation) と**高効率技術** (high efficiency development of technologies) の開発を進めていかなくてはならない。省エネルギーとは文字通りエネルギーの節約であるが，熱力学的にはエクセルギー概念の理解が必要である。

　本章ではまずエクセルギーについて説明したうえで，この概念に基づくコージェネレーションシステムの例をいくつか学習する。ついで各種のエネルギー資源の最適な組合せを目的とするエネルギーベストミックスとサイクルの組合せにより高効率を実現しようとする**複合発電システム** (hybrid combined system) についても述べる。

5.1 エクセルギー

5.1.1 エクセルギーとは

　エネルギー保存則では，すべてのエネルギーは形を変えることはあっても，全体として増えたり減ったりせず一定に保たれている。熱エネルギーと力学（機械的）エネルギーの間に適用される熱力学第一法則もエネルギー保存則の一つの形態であるから当然その制約を受ける。とすれば，エネルギーの節約（省エネルギー）とは一体なにを意味するのであろうか。

5.1 エクセルギー

周知のように,カルノーサイクルは可逆サイクルで,その熱効率はあらゆるサイクルの中で最大であり,高温熱源の有する熱エネルギーを最も理想的に仕事に変換しうるサイクルである。この熱エネルギーのうち,仕事に変換しうるエネルギーを**有効エネルギー**(available energy)あるいは**エクセルギー**(exergy)といい,仕事に変換しえないエネルギーを**無効エネルギー**(unavailable energy)あるいは**アネルギー**(anergy)という。すなわち,エネルギーの価値を仕事に変換できるエネルギーという観点からその有用性を評価したのがエクセルギーの概念である。

図 **5.1** はエクセルギーの説明図である。圧力 p_0,温度 T_0 の**外界**(environment,環境とも呼び以下 E で表す。温度は絶対温度)中に,これとは異なった圧力 p_1,温度 T_1 の気体が瓶にふたをされた状態で存在している。これを以下,**資源**(resource)と呼び,R で表す。したがって,資源と外界では熱力学的に平衡の状態にはない。もし,資源の圧力,温度がともに外界のそれより高い場合,瓶のふたを開けたとき,時間がたつと資源の圧力,温度は外界の圧力 p_0,温度 T_0 に一致し,平衡状態になるはずである。このとき,**エクセルギーとは資源(R)の圧力,温度が外界(E)の圧力,温度になるまでに最大限取り出しうる仕事として定義される**。この定義からわかるように,エクセルギーは最終的な平衡状態に至るまでの非平衡な状態を前提としている。

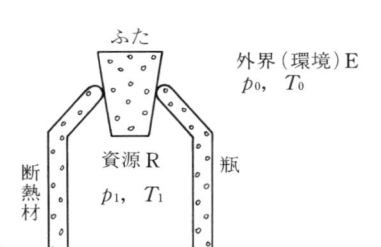

図 **5.1** エクセルギーの説明図(閉じた系)

5.1.2 熱源のエクセルギー

最もわかりやすい例は,圧力変化のない熱源のエクセルギーである。図 **5.2** に示すように,外界温度 T_0 中に高温熱源(温度 T_H)と低温熱源(温度

高温熱源 T_H

Q 外界 T_0

低温熱源 T_L

$T_H > T_L > T_0$

図 5.2 熱源のエクセルギー

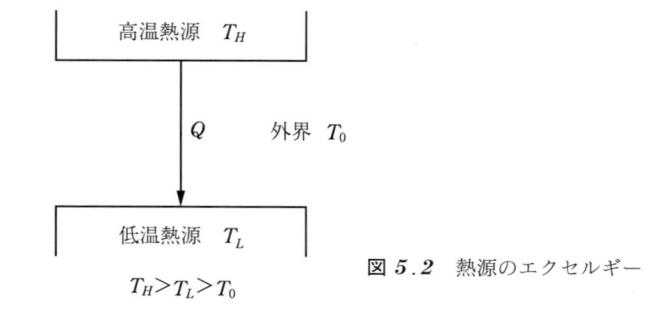

T_L) からなる系があり，両熱源間に熱移動 Q がある場合を考える。簡単のため，各熱源の熱容量は無限大（熱の出入りにかかわらず温度は一定）とし，$T_H > T_L > T_0$ と仮定する。

高温熱源のエクセルギーは，温度 T_H から外界温度 T_0 になるまでの最大仕事であるから，この間でのカルノー機関の仕事量に等しい。すなわち

$$E_1 = Q\left(1 - \frac{T_0}{T_H}\right) \tag{5.1}$$

である。同様に低温熱源では

$$E_2 = Q\left(1 - \frac{T_0}{T_L}\right) \tag{5.2}$$

となる。したがって，この熱移動に伴う**エクセルギー損失**（exergy loss）は

$$E_1 - E_2 = T_0\left(\frac{Q}{T_L} - \frac{Q}{T_H}\right) \tag{5.3}$$

である。一方，この熱移動は典型的な不可逆変化で，この間での系のエントロピー増加量（生成量）は次式に等しい。

$$\Delta S = \frac{Q}{T_L} - \frac{Q}{T_H} \tag{5.4}$$

したがって，エクセルギー損失を $L_W = E_1 - E_2$ とおくと，式 (5.3)，(5.4) より次式が得られる。

$$L_W = T_0 \Delta S \tag{5.5}$$

式 (5.5) の関係はエントロピー増加に対し，一般的に成り立つ関係式で，**グイ・ストドラの公式**（Gouy-Stodola theorem）と呼ばれている。すなわ

ち，この系では外界との熱交換がないので，熱量 Q そのものは保存されるが（熱力学第一法則），エクセルギーという観点からみると，それが高温熱源側にある場合と低温熱源側にある場合にはその価値が異なり，その間のエントロピー増加量に比例してエネルギーの価値が下がることを意味している。これより，省エネルギーとはじつは省エクセルギーであることがわかる。

つぎに，温度が変化する場合について考える。

いま，質量 m，定圧比熱 c_p，温度 T_1 の物質（熱源）から奪う熱量を dQ とし，それにより物質温度が $(T'+dT')$ から T' まで下がると

$$-dQ = -mc_p dT' \tag{5.6}$$

である。エクセルギーはこの熱量にカルノーサイクルの効率をかけたものに等しいから，外界温度を T_0 とすると

$$dE = -dQ\left(1-\frac{T_0}{T'}\right)$$

$$= -mc_p\left(1-\frac{T_0}{T'}\right)dT' \tag{5.7}$$

比熱が温度によらず一定の物質を考えると，式（5.7）は容易に積分できて次式のようになる。

$$E = \int_1^0 \left\{-mc_p\left(1-\frac{T_0}{T'}\right)\right\}dT'$$

$$= \int_0^1 mc_p\left(1-\frac{T_0}{T'}\right)dT'$$

$$= mc_p\left\{(T_1-T_0) - T_0 \ln\frac{T_1}{T_0}\right\} \tag{5.8}$$

第二項は熱移動に伴うエントロピー増加量であるから

$$E = mc_p(T_1-T_0) - T_0(S_1-S_0) \tag{5.8}'$$

とも書ける。第一項は熱源の物質から移動した熱量で，第二項は熱量のうち，仕事に変換できない無効熱（アネルギー）を意味する。したがって

$$\text{熱エクセルギー} = \text{熱量} - \text{無効熱（アネルギー）} \tag{5.9}$$

と表せる。式（5.9）より，熱量のうち，最大限どれだけ仕事に変わりうるか（熱エクセルギー）を比として示すと，それは熱エネルギーの価値を示すこと

になる。この比を**有効比**,E/Q(available ratio)と名付け,λで表すと,式 (5.8) より

$$\lambda = \frac{(T_1 - T_0) - T_0 \ln(T_1/T_0)}{T_1 - T_0} \tag{5.10}$$

外界温度 $t_0 = 0\,°\mathrm{C}$ と $25\,°\mathrm{C}$ の場合に熱源物質の温度を変えて,式 (5.10) より有効比 λ を計算したのを**表 5.1** に示す。

表 5.1 比熱一定の物質の有効比

資源温度〔°C〕	外界温度〔°C〕	
	0	25
1 200	0.616	0.595
1 000	0.580	0.556
800	0.533	0.507
600	0.471	0.443
400	0.384	0.353
200	0.250	0.213
100	0.148	0.108
75	0.116	0.076
50	0.082	0.040
25	0.043	0.000
0	0.000	−0.044
−25	−0.054	−0.095

表からわかるように,熱源温度が高いほうが有効比の値は大きく,同じ熱源温度であっても,外界温度が低いほうがエクセルギーの値は大きい。外界と等しくなるとその値はゼロで,外界より温度が低いと負の値になる。ただしこの場合,熱量も負になるので熱エクセルギーとしては正になる。

熱エクセルギーは近似的に熱源と外界との温度差の2乗に比例し,その差が大きくなるほど,エネルギーとしての価値は急激に増し,熱源温度が無限大で1になる。

ここで,熱エネルギーに対して,運動エネルギー,位置エネルギーを考えると,これらは外界に関係なく,全量を仕事に変換できるから,有効比は1でエネルギー量がそのままエクセルギーである。また,電気エネルギー,磁気エネルギーもモータなどで全量を仕事に変換できるので有効比は1である。すなわ

ち，これらのエネルギーは熱エネルギーに換算すると，無限大の温度の熱源が持つエネルギーに対応する。逆にいえば有限温度の熱エネルギーはほかのエネルギーよりエネルギーとしての価値が低いということである。

5.1.3 閉じた系のエクセルギー

図 5.1 は閉じた系でのエクセルギーの定義を示しており，ここからエクセルギーの一般式を求めることができる。まず熱エネルギー源としては，式 (5.9) の熱量の代わりに，閉じた系では下界との内部エネルギーの差をとるのが妥当であろう。また，式 (5.9) を導く際には圧力の変化はなかったが，この場合体積変化に伴なう圧力のエクセルギーを考慮する必要がある。

図 5.3 は圧力のエクセルギーの説明図で，資源がかりに温度が一定のまま，状態 (p_1, V_1) から (p_0, V_0) まで変化した場合の p-V 線図である。周知のように，資源が行いうる絶対仕事は $\int_1^0 p\,dV$ で表されるが，この中にはふたを開けたときに資源の流体が外界の流体を排除するために行う排除仕事も含まれている。圧力が p_1 から外界の圧力 p_0 まで下がると，有効な仕事としてはそこで行き止まりになるから，エクセルギーは $\int_1^0 (p-p_0)\,dV$ で，排除仕事は $p_0(V_0-V_1)$ で表される。

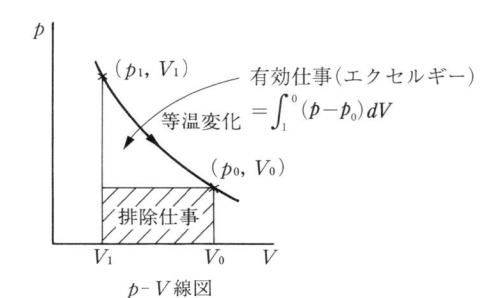

図 5.3 体積変化に伴う圧力のエクセルギー (p-V 線図)

式 (5.9) と以上の考察により閉じた系のエクセルギーは

$$E = (U_1 - U_0) - T_0(S_1 - S_0) + p_0(V_1 - V_0) \tag{5.11}$$

と表せる。ここで，第一項は資源が外界の状態に達するまでに放出する熱エネルギー量，第二項はそのうちの熱移動に伴う無効熱（アネルギー）で，第三項

は圧力（体積）変化に伴う排除仕事を表し負の値である。第二項と第三項は有効仕事としては利用できず，式（5.11）がエクセルギーの一般的な定義式である。

5.1.4 開いた系のエクセルギー

物質の出入りがある，開いた系では周知のように工業仕事の $\int_1^0 -Vdp$ が仕事量を与える。この場合には系に出入りする排除仕事もその中に含まれているから，式（5.11）の第三項を別途考慮する必要はなく，代わって第一項をエンタルピー差で置き換えればよい。すなわち，開いた系のエクセルギーは次式で示される。

$$E = (H_1 - H_0) - T_0(S_1 - S_0)$$
$$= G\{(h_1 - h_0) - T_0(s_1 - s_0)\} \tag{5.12}$$

G は質量流量〔kg/s〕で，h，s は比エンタルピーと比エントロピーである。第一項は断熱熱落差で，第二項に示す無効熱は有効な仕事に変わらない。

開いた系の比エクセルギー（単位質量当りのエクセルギー）e を図 **5.4** のモリエ線図（h-s 線図）で考えると，式（5.12）より

$$e = h_1 - h_0 - T_0(s_1 - s_0) \tag{5.13}$$

である。外界点 (s_0, h_0) を通る等圧線は湿り飽和蒸気内では等温線にも等しく（湿り飽和蒸気内では等圧線と等温線は一致），そのこう配は $T = dh/ds$ よ

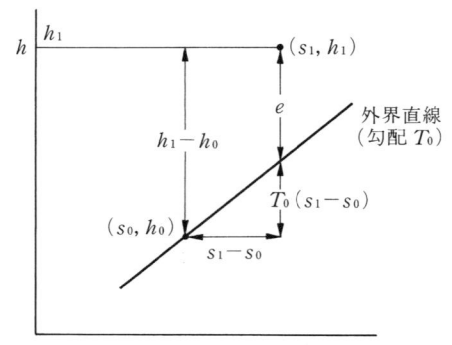

図 **5.4** 開いた系のエクセルギー

り，外界温度の T_0 に等しい。この直線を外界直線と呼んでいる。図に示すように，資源の状態点 (s_1, h_1) から外界直線に垂線を引けば，式 (5.13) よりその長さが直接比エクセルギー e を与えることになり便利である。

5.1.5 定常流動系のエクセルギー

すでに述べたように，運動エネルギーおよび位置エネルギーはそのままエクセルギーに等しいので，定常流動系のエクセルギーは次式で表せる。

$$E = G\left\{(h_1 - h_0) + \frac{w_1^2}{2} + g(z_1 - z_0) - T_0(s_1 - s_0)\right\} \tag{5.14}$$

以上のほか，化学反応に伴なうエクセルギー（化学エクセルギー）もあるが，本書では省略する。

5.1.6 熱効率とエクセルギー効率

熱機関サイクルの熱効率は高温熱源から得た熱量を Q，そのうち仕事に変わった分を L とすると，$\eta = L/Q$ であるが，**5.1.2**項で述べたように，Q にはもともと仕事に変換できない部分が含まれているから，η は1にはなりえない。有効比は $\lambda = E/Q$ であったから，熱効率 η は

$$\eta = \frac{L}{Q} = \frac{E}{Q} \cdot \frac{L}{E} = \lambda \zeta \tag{5.15}$$

とも書ける。$\zeta = L/E$ は，仕事に変換できる部分（エクセルギー E）に対して実際に何割が仕事 L に変換されたかを考えたもので，これをサイクルの**エクセルギー効率**（exergy efficiency）と呼んでいる。

カルノーサイクルでは，$L = L_c = E$ であるから，エクセルギー効率は1である。一般のサイクルは不可逆過程でエクセルギー損失が生じるのでエクセルギー効率は1より小さい。すなわち，エクセルギー効率はその機関に存在する不可逆過程の大きさの度合いを示し，サイクルの不可逆過程を改善する有効な指標となる。外界温度が T_0 の場合に，熱源温度が T_1 の熱量を使用する不可逆サイクルのエクセルギー効率は次式で表せる。

$$\xi = \frac{L}{E} = \frac{L}{Q(1-T_0/T_1)} = \frac{\eta}{\eta_c} \qquad (5.16)$$

ここで, η および η_c は熱源温度が T_1 と T_0 の間で動作する一般の機関の熱効率とカルノー機関の熱効率である。例えば, 作動流体がカルノーサイクルと同じ状態変化をするが, その熱の授受過程において, 作動流体と熱源との間に温度差がある場合を図 5.5 に示す。高温熱源の温度 T_1 は作動流体の高温温度 T_F よりも高く, 低温熱源の温度は作動流体の低温温度に等しくそれらを外界温度 T_0 にとると, エクセルギー効率は次式で表せる。

$$\xi = \frac{L}{E} = \frac{1-T_0/T_F}{1-T_0/T_1} \qquad (5.17)$$

T_F が T_1 に近づくほど ξ も 1 に近づくことがわかる。

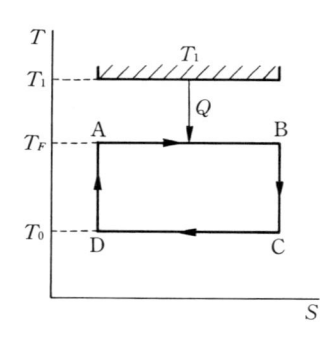

図 5.5 作動流体と熱源との間に温度差がある場合のエクセルギー効率

5.2 コージェネレーションシステム

5.2.1 コージェネレーションとは

エクセルギーの考えでは, 熱エネルギーを高温状態から低温状態まで無駄なく使う工夫が必要である。ここで, 無駄としているのは, 高温から低温に単に熱移動のみが行われることを指しており, 熱力学第二法則によるエントロピー増加(不可逆変化)に伴う無駄である。

コージェネレーション(熱電供給:cogeneration)とは, 一つの熱源から二

つ以上の有効なエネルギー変換を行うトータルエネルギーシステムである。エクセルギーの考えでは高温の熱源を持つ熱は熱エネルギーの中でも上質であるので，高温ではまず機械的エネルギーに変換し，残りを熱利用すべきである[1]。

図 **5.6** に一例を示す。例えば，ガスタービン（タービン入口温度1300℃

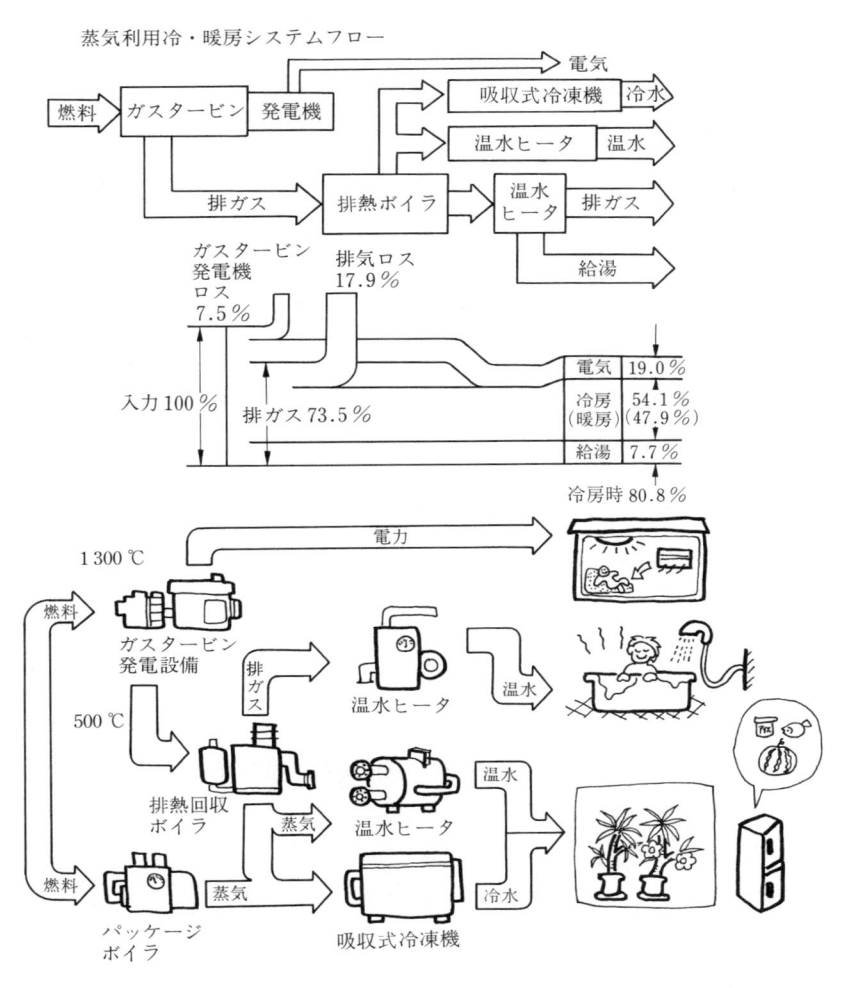

図 **5.6** ガスタービン発電によるコージェネレーションシステムの例

程度）による発電を行い，温度の下がった排ガス（500℃程度）を排熱回収ボイラに入れて蒸気を作り，その蒸気（180℃程度）を熱源として，**4**章で述べた吸収式冷凍機により冷房し，さらにボイラ排熱（150℃程度）を給水と熱交換し，事業所の給湯として利用する。この例では，発電効率は約35％，熱効率は45％程度で総合の熱利用率（以下，総合効率と呼ぶ）はじつに80％を超える。

コージェネレーションでは，異なるエネルギー源を含む種々の原動機から電気エネルギーと熱エネルギーを取り出すため，その性能を以下のように表す。

まず，原動機出力から発電機により取り出される電気エネルギーの**発電効率**（generating efficiency）η_e を式（5.18）に示す。

$$\eta_e = \frac{発電出力〔kW \cdot h〕 \times 3.6〔MJ/(kW \cdot h)〕}{燃料入力熱量〔MJ〕} \quad (5.18)$$

さらに，排熱を利用することによる**総合効率**（total efficiency）η_t を式（5.19）で定義する。

$$\eta_t = \frac{発電出力〔kW \cdot h〕 \times 3.6〔MJ/(kW \cdot h)〕 + 回収熱出力〔MJ〕}{燃料入力熱量〔MJ〕} \quad (5.19)$$

また，電気エネルギーの発電出力と回収熱量の比を**熱電比**（H）と呼ぶ。これはコージェネレーションの性能評価の指標となる。

$$H = \frac{回収熱出力〔MJ〕}{発電出力〔kW \cdot h〕 \times 3.6〔MJ/(kW \cdot h)〕} \quad (5.20)$$

このように，コージェネレーションシステムとは，おもに電気エネルギーと熱エネルギーの変換の組合せから総合効率を高める省エネルギー技術である。その特性から，分散型エネルギーシステムを組む場合に特に都合が良い。例えば，オフィスビルや病院，ホテルで天然ガスによりガスエンジンなどの動力機関を運転し，その軸出力により発電機を回転させ電気エネルギーを発生し，排熱や機関の冷却水から熱回収を行い，熱エネルギーを取り出し，利用するシステムである。

5.2.2 各種のコージェネレーションシステム

コージェネレーションシステムは，各種の小形動力源を主動力源として利用できるのでさまざまな組合せが考えられる。マイクロガスタービン（**5.2.3**項で詳述）や燃料電池，ディーゼル機関，太陽光発電などの動力源と氷熱貯蔵やレドックスフロー電池（コーヒーブレイク参照），ヒートポンプなどのエネルギー貯蔵システムとの組合せにより多様な熱電供給システムが可能となり，目的に応じた高効率エネルギーシステムが構築できる。欧米諸国では，かなり普及しており，アメリカで全電力供給の7％ほど，ドイツ産業界の自社発電では60％以上が熱電供給で行われている。日本では3％程度で，生活スタイルの変化が求められるところである。

国内で開発が進んでいるコージェネレーションは，単独タイプではセラミックス天然ガスエンジンシステムや固体電解質型燃料電池システム，さらにハイ

コーヒーブレイク

レドックスフロー電池

レドックスフロー電池とは，Fe^{3+}/Fe^{2+}やV^{5+}/V^{4+}のように異なる酸化還元状態をとる溶液を流通型電解槽に送り込み充電・放電を行う二次電池である。

レドックスフロー電池は，大容量電力の負荷平準化を目的とした電力貯蔵用二次電池として開発されつつある。その特性より，オフィスビルなどの昼夜の電力格差が大きいところに，負荷平準を目的とした電力貯蔵システムとして期待されている。

レドックスフロー電池のおもな特徴を以下に述べる。
1) 電池原理が単純で長時間の使用に耐えることができる。
2) 電池出力と電池容量が分離でき設置場所のレイアウトが容易である。
3) 起動が早く，待機損失がなく電力貯蔵が可能である。

電池は，化学電池と物理電池，生物電池に大別できる。化学電池は，一次電池と二次電池（充電式），燃料電池に分類される。物理電池には，太陽電池や熱起電力電池などがあり，生物電池には酸素電池や微生物電池が開発されている。なかでも二次電池は，自動車や携帯電話，電気かみそり，電卓，防犯機器，携帯電灯，太陽電池時計，人工心臓の生命維持装置など，さまざまな分野で身近に利用されている。

ブリッドタイプでは 天然ガスエンジン＋燃料電池 あるいは マイクロガスタービン＋燃料電池 が研究開発されている．さらに，これらに追いだき用ボイラや吸収式冷凍機などを加える技術開発も進んでいる．

　北欧では，すでに森林系のバイオマスを燃料とするガス化タービン発電（B-IGCC）によるハイブリッド・コージェネレーションシステムが開発されつつある．図 5.7 にそのシステムの概要を示す．このシステムでは，ガスタービン発電に蒸気タービン発電を加え，排熱回収により熱供給を行い，発電効率 45 ％で総合効率 90 ％，発電と熱利用の熱電比 1.0 を達成している[2]．

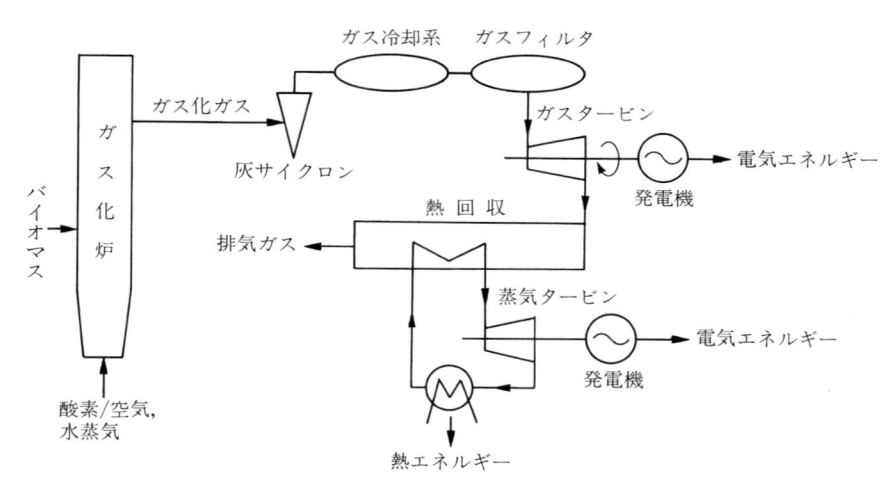

図 5.7　バイオマスによるガス化ハイブリッド・コージェネレーションシステム

　北欧諸国では，緯度が高いため外気温度が低いので，暖房設備が不可欠である．2 万人規模の市街地には，土中に循環型の温水パイプの配管設備が敷かれている．このため，家庭やスーパ，工場に温水を 24 時間体制で配給し，熱交換器によって熱エネルギーを利用している．

研究 5.1　国内でコージェネレーションが普及した際に期待される効果やライフスタイルの変化を述べよ．

5.2.3 マイクロガスタービン

　分散型のエネルギーシステムを目指したのがマイクロガスタービンシステムである。エネルギーシステムを分散型にするメリットは，発電に伴う大規模な送電設備が不要になることと，熱利用が併用できるコージェネレーションシステムと組み合わせることができる点にある。従来のガスタービンは，発電所に設備されるような大規模なシステムであったが，自動車用のターボチャージャの小形高性能化技術などにより，30〜300 kW・hが発電できる小形のマイクロガスタービンが開発されるに至った。

　マイクロガスタービンは，空気軸受により発電機と直結され，発電が行われる。排気ガスは，一部圧縮空気を予熱するのと，排熱回収装置で熱エネルギーを回収し，残りを大気中へ放出する。発電効率は25％程度で排熱利用（45％）により総合効率70％程度が確保できるとしている。

　マイクロガスタービンによる分散型エネルギーシステムを構成する場合，メリットはタービン自体への冷却水が不要であることと，構造がシンプルなため部品点数が少なく，メンテナンスが容易でコンパクト化が可能となる点である。環境保全の面からは，排気ガスの窒素酸化物も比較的少ない。デメリットは，タービンブレードが高速で回転しているため，騒音や振動対策が不可欠であり発電効率が低い。このため病院やホテル，集合住宅の地下などに隔離した場所が確保でき，排熱利用をしたコージェネレーションシステムでの稼動が必要となる。すでにディーゼル機関や燃料電池などのコージェネレーションシステムが先行しているため，分散型エネルギーシステムの市場拡大がこれからの焦点である。

研究 5.2　今後，マイクロガスタービン，天然ガスエンジンやディーゼルエンジンなどによるコージェネレーションシステムの競合が予想されるが，そのおのおのの特徴を調査し比較せよ。

5.3 エネルギーベストミックス

エネルギー資源を有効利用するためには,おのおののエネルギー資源の特性を生かした組合せを構築する必要がある。これを**エネルギーベストミックス**(energy best mix)という。特に日本では,エネルギー資源の80％を海外に依存し,エネルギー基盤がぜい弱であるので,地熱,水力などの自然エネルギーも生かしたエネルギー資源の安定供給を確保することが必須である。

エネルギーベストミックスには,発電資源の構成比率の最適化を目的とするだけでなく,さらに資源相互の弱点部分を補完しあう組合せ効果および相乗効果により資源の有効活用を図るなどの広義の意味も含まれる。

エネルギー資源の40％を発電に利用している日本では,化石燃料,非化石燃料,自然エネルギーの組合せによる最適な電源開発を行う必要がある。

各エネルギー源についての特徴と課題を**表 5.2** に示す[3]。特に,日本は環太平洋火山地帯に位置する地熱資源や森林率67％と世界2位であるバイオマス資源に恵まれた国であり,自然エネルギーによる発電比率を将来に向け向上させることが期待される。

エネルギー資源の時間的な特性を生かした組合せとしては原子力と水力発電とがある。原子力エネルギーは,すべてを電力に変換しているため,ベースロード用に24時間体制で電力供給を行っている。このため,夜間の余剰電力が発生するので,これを水力発電所に送電し,その電力によって下流にたまった水をダム上部へと再度持ち上げ,位置エネルギーとして蓄える。すなわち,電気エネルギーを位置エネルギーに変換する。このような施設を**揚水発電所**(pumped storage power station)と呼び,電力エネルギーを貯蔵する機能を持つ。また,新しい揚水発電システムとして,海水を利用する海水揚水発電方式(コーヒーブレイク参照)と地下深部空洞を利用する地下揚水発電方式とが開発されている[4]。これらの貯蔵施設は,山間部に建設される水力揚水発電所よりも地理的制約が少なく山間地に限らず,海周辺でも揚水発電が可能とな

表 5.2 各エネルギー源についての特徴と課題

エネルギー資源名	特徴と課題
石　油	原油輸入において中東諸国からの依存度が高く，安定供給の確保が今後とも必要である。さらに石油化学用の原料や輸送用の燃料については，代替燃料となる資源が望めないので，今後も相当の石油依存度が続くことが見込まれる
石　炭	化石資源の中では，最大の資源量であり，広範囲に分布しているため安定確保が見込まれる。しかし地球環境への負荷が非常に大きいので，クリーン化技術の開発が急務となっている
天然ガス	資源の供給面からは，周辺諸国での安定した確保が可能である。また地球環境への負荷が少ないので，代替エネルギーとしての導入促進が図られるところである
原子力	原子力燃料は，供給面や価格の安定性に優れたエネルギーであるため，ベース電力としての中核を担っている。地球環境保全の面では，発電過程で CO_2 を排出しないが，核廃棄物の安全な処理や有効利用が望まれる
水力・地熱	地球の自然エネルギーを活用しているため，再生可能エネルギーに位置付けられる。このため運転時には，電力の安定した供給やエネルギー貯蔵，地球環境への負荷の点で優位であるが，建設時に環境変化や破壊を招く恐れがあるため，制約条件の克服が課題である
新エネルギー	太陽や風力エネルギーは，地球上に膨大なエネルギーとして絶え間なく存在している。エネルギー密度が低いため，高度なエネルギー変換技術の開発が期待される。運転時には，地球環境への負荷は少ないが，製造過程からのトータルな資源量としては問題が残るため実用化には課題が残る。再生可能エネルギーではあるが，自然の条件に左右される可能性が大きい

る。このほか，夜間の余剰電力を利用して氷熱貯蔵し，昼間に氷熱からの冷熱利用する組合せも図られている。

水力発電は，ダム水の位置エネルギーを利用しているためエネルギー貯蔵や断続的な発電に対応が可能である。自然条件や環境などを利用して，太陽光マイクロ水力ハイブリッドシステムが考案されている[5]。

発電の面からは，大規模集中発電システムと小規模分散型発電システムとに分けられる。環境保全の点からは，火力発電などの大規模集中発電では，環境保全技術や CO_2 回収技術などの導入が容易である。一方，ディーゼル機関などによる小規模分散型発電では，熱利用も可能となり総合効率が高いなどの特徴を持つ。国内の民生用太陽光発電システムでは，昼間の余剰電力を電力会社

へ売電し,夜間の不足電力を買電するなど集中型(大規模)と分散型(小規模)の発電システムの併用も進められている。CO_2排出削減の点からは,マイクロガスタービンを用いた小形分散型エネルギーシステムが開発され,燃料電池などと組み合わせたハイブリッドシステムや排熱利用をしたコージェネレーションとのベストミックスが注目されている。

将来的には,バイオマス発電などに用いられる廃棄物資源に林産廃棄物の木

コーヒーブレイク

海水揚水発電所

揚水型発電所は,エネルギーベストミックスの考えによる昼夜の電力格差をなくす負荷平準化,および系統安定化のための重要な大規模エネルギー貯蔵が可能な設備である。しかし,現有の水力発電所は立地条件として河川上流にダムを築造し調整池が必要なため,地形や地質に大きく左右される。

このため,新しい発想の揚水型発電システムが開発されつつある。海水揚水発電方式と地下揚水発電方式である。これらの発電システムは,海洋あるいは地下深部空洞を調整池として利用し,山間部を利用する従来型システムの制約から外れるだけでなく,自然環境問題や適地確保の枯渇問題を低減化する可能性を持っている。

海水揚水発電所の実証プラントとして,沖縄県北部,標高150 mに「沖縄やんばる海水揚水発電所」が実施されている(1999年～2003年)。その次世代の貯蔵型発電所としての海水揚水発電システムの概念を**図 1**に示す。原理的には,通常の淡水を利用した揚水発電所と同じであるが,調整池として海水を利用するため,自然環境への影響を著しく小さくすることが可能である。

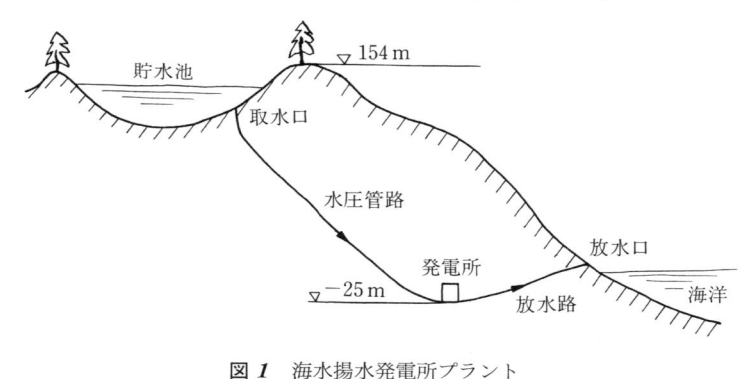

図 1 海水揚水発電所プラント

質バイオマスを混入することによる着火特性などの向上を図る技術開発，石油によるコージェネレーションシステムに夜間電力蓄熱槽とガスボイラを組み合わせた石油，電力，ガスのエネルギーベストミックスも試行されている。

研究 5.3 上記に挙げたものとは別のエネルギーベストミックスを提案し，その特徴を述べよ。

5.4 複合発電システム

コンバインドサイクル（combined cycle）による**複合発電システム**（combined cycle power generation）は，ガスタービンと蒸気タービンの両者による発電を組み合わせた集中型の発電方式で，従来の蒸気タービン発電単独では，熱効率はせいぜい44％ほどで頭打ちであるので，この限界をサイクル上の工夫で打ち破ろうとしたものである。すなわち，高温燃焼ガスによる発電の部分はガスタービンのサイクル（ブレイトンサイクル）で，その後，ガスタービンの排ガスの熱を利用して**排熱回収ボイラ**（heat recovery steam generation）により蒸気を作り，蒸気タービンによる発電（ランキンサイクル）を行い，熱効率の飛躍的な向上を図るものである。

図 5.8 に液化天然ガスを用いた多軸型複合発電システムの模式図を示す。ガスタービンによる発電は，複数台を並列につないだ多軸型により発電機を直結して行っている。最新のものでは，タービン入口温度が1 530 ℃，タービン出口排ガスの排熱回収ボイラ入口温度が600 ℃のシステムが開発されている。発生する蒸気により多段式蒸気タービンを動かし，これにより発電機を回転させる。

図 5.9 に発電方式の違いによる発電効率の比較を示す[6]。LNG を燃料とする従来までの蒸気タービン発電システムでは，発電効率44％に対して，複合発電システムでは，ガスタービン発電で34％を，蒸気タービン発電で20％を発電し，総合の発電効率が54％にも達する。

102　5．省エネルギー技術と高効率技術

図 5.8 複合発電システム

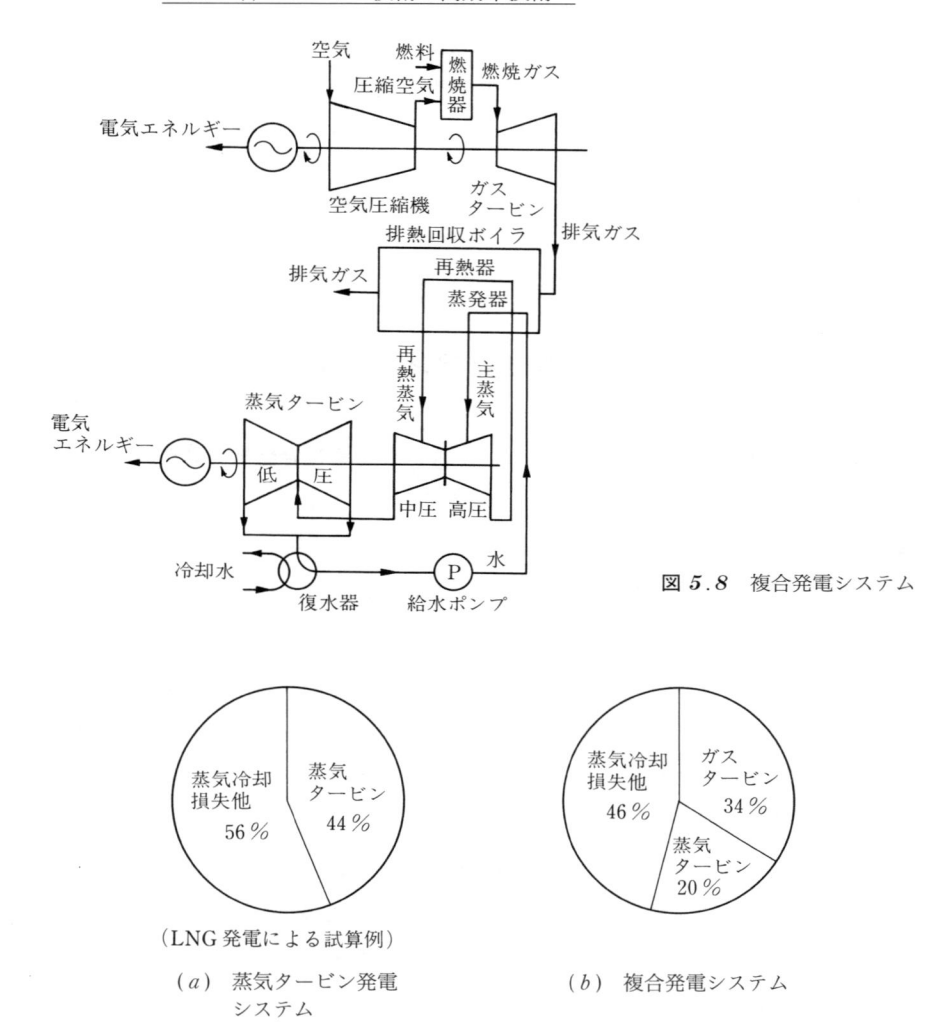

（LNG 発電による試算例）

(a) 蒸気タービン発電システム
- 蒸気冷却損失他 56%
- 蒸気タービン 44%

(b) 複合発電システム
- 蒸気冷却損失他 46%
- ガスタービン 34%
- 蒸気タービン 20%

図 5.9 発電方式の違いによる発電効率の比較

演 習 問 題

【1】 太陽熱温水器を用いて 60 ℃ の温水 8 m³ を得る。周囲温度を 25 ℃ として，温水のエクセルギーを求めよ。また，有効比はいくらか。ただし，比熱は 4.187 kJ/(kg·K) としてよい。

【2】 図 5.5 の不可逆サイクルのモデルとして乾き飽和蒸気サイクル ABCDA を蒸気 1 kg 当りで考える。AB は飽和水から乾き飽和蒸気への等圧（等温）変化で蒸気圧力は 3.98 MPa（飽和温度は $t_F = 250\,°C$）とする。加熱源は燃焼ガスとし，その温度は $t_H = t_1 = 1\,000\,°C$ で，蒸気 1 kg 当り $Q = 4\,000$ kJ の加熱をすると仮定する。BC は蒸気タービンでの可逆断熱膨張である。CD は蒸気から飽和水に戻る等圧（等温）変化で真空ポンプにて 0.005 MPa（飽和温度 $t_0 = 33\,°C$）に減圧する。DA はポンプで可逆断熱圧縮をすると仮定し，低温熱源温度 t_L は t_0 に等しいとする。このとき，以下の値を求めよ。

(1) このサイクルの熱効率と仕事量
(2) 高温熱源温度 t_H（$= t_1$）と低温熱源温度 t_L（$= t_0$）との間で働くカルノーサイクルの熱効率と熱源のエクセルギー
(3) エクセルギー効率
(4) 高温熱源（温度 t_H）から作動流体（温度 t_F）への伝熱に伴うエントロピーの増加量
(5) グイ・ストドラの公式が成り立つことを示せ。

【3】 問図 5.1 にオットーサイクルの p-V 線図（サイクル 1 2 3 4 1）を示す。比熱比を κ，圧縮比を $\varepsilon = V_1/V_2$，最高温度と吸入温度の比（サイクル温度比）を $\theta = T_3/T_1$ とする。熱源温度は最高温度に，吸入温度は外界温度に等しいとして，オットーサイクルのエクセルギー効率を，κ，ε，θ で表せ。

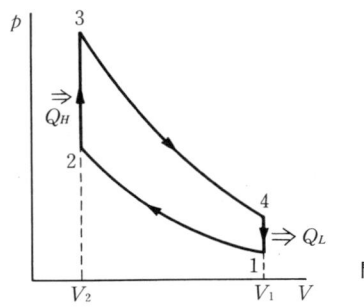

問図 5.1

【4】 熱エネルギーの有効利用を促進する目的で，個人住宅に温水源が配給されたと仮定し，エネルギーカスケード的な（質の高いほうから低いほうへと活用水準を変えながら有効利用すること）利用経路を提案せよ。

【5】 天然ガスエンジンによるコージェネレーションで，以下のような仕様である

ときの発電効率，総合効率，熱電比と一人当り一日 6 kW の電力が消費されるときの供給できる人数を計算せよ．仕様は，一日の天然ガス燃料消費は 150 kg で発電出力が 200 kW·h，機関効率 30 ％ とする．回収された温水は，40 ℃ で 15.5 トン/h が有効利用され 15 ℃ で排水されたとする．天然ガスの発熱量は，40 000 kJ/kg で温水の比熱は 1.86 kJ/(kg·K) とする．

【6】 原子力発電による夜間の余剰電力を水力エネルギーとして，蓄積するベストミックスを想定する場合，以下の設定でダム上流に蓄えられる全水量を計算せよ．原子力発電の発電出力は，20 MW で午前 0 時から 6 時までの全電力が余剰であったとする．揚水発電所の仕様は，揚力高さ 200 m で運転効率 30 ％ とする．

【7】 社会的な省エネルギー活動としてデイライト・セービング・タイム（国内では通称，サマータイム制度）が行われている．この制度の内容について述べ，世界的な実施状況を調べよ．

【8】 A Carnot engine using air as a working fluid develops 10 kW. The engine operates between two thermal reservoirs at 1 000 K and 300 K.
What is the mass flow rate of the air ?
The volume doubles during the heat transfer to the engine. And explain each thermodynamic process of the working fluid in the Carnot cycle.

6

将来型の熱エネルギーとそのシステム

　将来型熱エネルギーシステムを作るには，いままでのエネルギー消費を振り返り地球環境保全の考えを取り入れたエネルギー資源あるいはシステムの技術開発が望まれる。新エネルギーには，以下の内容を含むことが期待される。
　1）　**持続可能なエネルギー資源であること**（sustainable energy）
　2）　**エネルギーリサイクルが可能であること**（renewable energy）
　3）　**地球環境に調和したクリーンなエネルギー資源であること**（clean energy）

　さらにエネルギーシステムとして最終廃棄物とその処理に至るまでのトータルな地球環境保全を視野に入れた開発設計も同時に行う必要がある。
　本章では，将来に向けたエネルギー資源の動向とその技術開発について述べ，将来型エネルギーシステムに要求されるいくつかの事項について学習する。

6.1　再生可能エネルギー

　再生可能エネルギーとは，持続可能な循環型のエネルギー資源を意味する。*5.1*節で述べたエクセルギーの概念により，熱エネルギーは仕事をするときに，無効エネルギー（アネルギー）を生成するので，エネルギーサイクルを維持し，持続するにはつねに新しい一次エネルギーの投入が必要となる。
　では，持続可能な新しい一次エネルギーの投入は可能であろうか。再生可能な循環型エネルギーの源は，太陽エネルギーが最も期待されることはいうまでもない。この場合，太陽エネルギーを地球環境と調和した許容量が無限大の永

久に持続可能なクリーンエネルギー源と考えていることになる。このような考えが組み込まれたエネルギーやそのシステムからできるエネルギーを再生可能エネルギーと呼んでいる。

6.1.1 再生可能エネルギーとは

再生可能エネルギーには，2通りの考え方が存在する。一つは純粋な自然エネルギーである。水力や風力，バイオマスなどの太陽エネルギーを起源とした地球環境を作っている機構や循環の一部をうまく利用した一次エネルギーである。これらは地球の物質循環を利用しているため，循環する資源量（フロー資源と呼ぶ）が許容範囲内であれば再生可能エネルギーとなる。

もう一つの考えは，自然エネルギーを組み込んだシステムから生まれる人工的なエネルギー資源である。このエネルギーシステムは，再生可能な水素燃料や合成燃料の開発とその供給システムの構築を意味する[1]。

人工的な再生可能エネルギーの理想的なエネルギーサイクルの一例を図6.1に示す。図のように燃焼過程の最終生成物である H_2O と CO_2 を太陽エネルギーを源にすることにより，環境と調和を図りつつ再生可能なエネルギー資源とするシステムである。H_2O（蒸気）は地球の大半を占めている物質であるから回収する必要がなく，身近にある水を電気分解などにより H_2 を分離

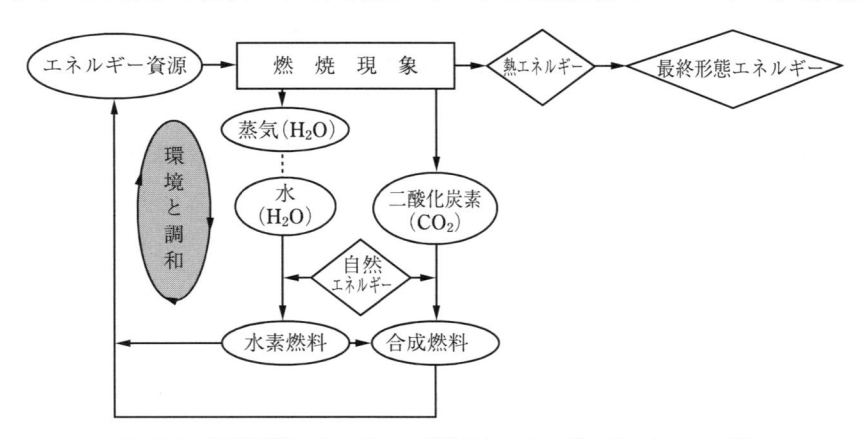

図 **6.1** 再生可能エネルギーの理想的なエネルギーサイクルの一例

し燃料とする。またCO₂は，炭素源となりうるので分離，回収し，H₂との組合せにより，新しい燃料を合成する。これらのシステムが構築されれば，エネルギー資源確保と地球環境保全を同時解決できる可能性が高まる。特に，CO_2を炭素源とするエネルギーシステムは，1990年に日本で考案されRITEを中心に技術開発が行われたアイディアである[2]。

図 **6.2** に上記の代表的なグローバルエネルギーシステムを示す[1]。中核的な技術は燃料となるメタノールなどの燃料合成技術である。燃料の合成は，H_2とCO_2から製造される総括反応の式 (6.1) による**メタノール合成**，あるいは式 (6.2) の**DME（ジメチルエーテル）合成**によって，CO_2そのものが新しい燃料を作り出すのに利用される[3]。

$$3\,H_2 + CO_2 \longrightarrow CH_3OH + H_2O \qquad (6.1)$$

$$6\,H_2 + 2\,CO_2 \longrightarrow CH_3OCH_3 + 3\,H_2O \qquad (6.2)$$

この再生可能なエネルギーシステムには，つぎの技術開発が必要である。

1) 再合成させるために必要なエネルギー源の開発

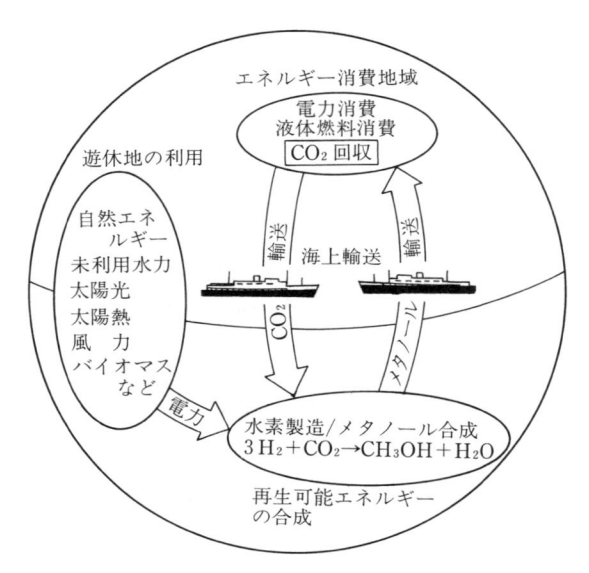

図 **6.2** 代表的なグローバルエネルギーシステム

108　　6．将来型の熱エネルギーとそのシステム

2） 化学的エネルギーとしての再合成燃料の決定とその合成技術の開発
3） 合成ガスとしての H_2 生成技術の開発
4） 炭素源となる CO_2 の分離回収や改質あるいは製造技術の開発
5） 合成燃料の輸送および供給システムの開発

また技術開発の前提として，エネルギー源が従来型のエネルギー源を活用したシステムでは意味をなさないので，上述の太陽エネルギーによる一次エネルギーの投入によりその運転を図る必要がある。

これらのエネルギー資源開発や技術開発についての課題を以下に述べる。

6.1.2 再合成燃料を作るために必要な一次エネルギー源の開発

合成燃料を製造するためのエネルギー源であるが，2通りの考え方がある。一つ目は**太陽光**および**太陽熱発電**（solar thermal power generation）による太陽エネルギーからの直接変換と，二つ目は自然エネルギーを活用した間接的な方法である。

太陽光や太陽熱発電による太陽電力では二つの課題がある。

1） 太陽エネルギー変換効率とLCA（ライフサイクルアセスメント）
2） 太陽発電システムの設置場所

太陽光発電（solar photovoltaic power generation）は2000年時点で変換効率が10％程度である。エネルギー収支をとるためには20％以上の高効率の技術開発が必要で，太陽熱発電では30％以上の高効率の技術開発が望まれる。保守管理の面からは，太陽熱利用のほうが自然環境の変化や設備故障などのトラブルに対処しやすい。また，設置場所の候補地としては，太陽光の入射エネルギー総量が関係するため，広大な立地面積が必要で，国内では候補地がないのが現状である。確保できる場所の候補地としては，オーストラリアのサンディー砂漠などの遊休地が挙げられる。

自然エネルギーを利用する方法としては，水力エネルギーが最有力候補として挙げられる。アジア地域での未利用の水力発電の開発が期待でき，インドネシア・イリアンジャヤが想定されている。

6.1.3 再合成燃料の技術開発

合成燃料は，合成ガスより直接あるいは間接的に製造される．合成ガスの原料としては炭化水素系ガスなどの一次エネルギーから水までのさまざまな資源が使われる．天然ガスや炭田層からのメタンガスは改質技術により合成ガスに転換され，石炭や石油残渣分，バイオマス，廃棄物などはガス化技術により転換される．また，H_2 は太陽電力により H_2O などから水電解（水の電気分解）作用により直接製造される．合成ガスとして必要な条件は，原料からの転換効率が高く，かつ経済性に優れていることである．また，合成燃料を製造するためのハンドリング性や輸送性，人体への安全性なども優れているものが望まれる．

合成燃料としては，メタノールやエタノール，DME（ジメチルエーテル）などのアルコール類が製造され，炭化水素系燃料としてプロパンやブタン，FT油（パラフィン系油で混合物）などが製造される．燃料の合成には，おもに触媒反応が用いられる．触媒には，水蒸気改質触媒や固体触媒，金属触媒などが開発されている．特にメタノール合成プロセスには，固体触媒による接触水素化触媒反応が有望視されている．この反応プロセスでは，CO_2 はまったく生成されない．

6.1.4 合成ガス（H_2，CO_2）の技術開発

H_2 は先に述べたように天然には存在しない二次エネルギーである．そのため各種原料から製造しなければならない．また，合成ガスを作る原料としても高効率で大量の H_2 製造技術が必要とされている．以下に示す各種の H_2 製造法がある[4]（**6.5**節 参照）．

1） 化石燃料からの H_2 製造
・炭化水素系燃料からの触媒を利用した製造（水蒸気改質を利用）
・天然ガスから製造されたメタノールからの分解

2） 水の電気分解
・水の電気分解（固体触媒などを利用）

- 太陽電力との組合せ

3） 水の直接分解

- 光触媒を用いた方法
- 微生物による水の分解

4） 熱化学サイクルによる分解

5） バイオマスや有機性廃棄物からの製造

- 熱分解，水蒸気分解による方法
- 微生物による分解

ここでは，実用化されている固体高分子電解質（SPE）を用いた水素製造の原理とセル構造を図 **6.3** に示す[4]。水の電気分解では，純水に直流電流を印加することによって陰極側に H_2 を発生する。セル構成は，フレーム内に白金系貴金属触媒より製作された陽極および陰極が組み込まれている。フレームとのすき間に純水が供給され，電極間には薄いフィルム状の電解質膜が組み込まれている。陽極反応を式（6.3）に，陰極反応を式（6.4）に示す。発生した H_2 と O_2 は粘性の低い純水中に生じるので，滞留による通電不良が生じないなどの特徴がある。

$$陽極反応 \quad H_2O \longrightarrow 2H^+ + \frac{1}{2}O_2 + 2e^- \tag{6.3}$$

$$陰極反応 \quad 2H^+ + 2e^- \longrightarrow H_2 \tag{6.4}$$

このほか，環境に調和した光触媒や微生物による水素製造法の研究開発が推

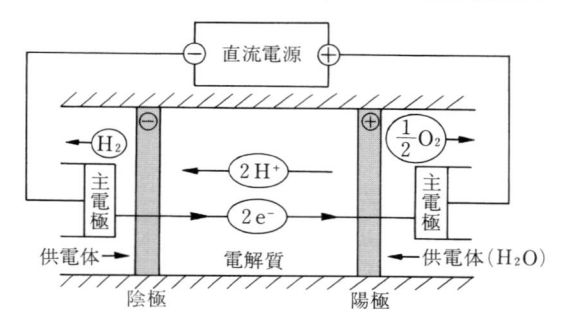

図 **6.3** 固体高分子電解質（SPE）を用いた水素製造の原理とセル構造

進されており，クリーンな合成ガスの製造が期待される。

一方，炭素源となる CO_2 は，原料となる炭素源の開発とその回収，あるいは製造方法が研究開発されている。CO_2 を分離・回収する方法を以下に示す[4]。

1) メタノール合成燃料の燃焼によって生じた CO_2 の分離・回収
2) 既存の化石燃料採掘現場から取り出される天然ガスから分離・回収
3) 既存の火力発電所から排出される CO_2 の分離・回収
4) バイオマスからの直接合成

特に CO_2 回収効率を高める方法として，大気に放散されると希薄になるために，煙道や採掘現場において高濃度のままで CO_2 を回収することを想定している。また，現実的には燃焼による CO_2 だけでなく，エネルギー有効利用の観点から CO_2 を含む天然ガス田などから分離，回収する方法，既存の石炭火力発電所などから排出される煙道内の CO_2 の分離，回収する方法などとバイオエネルギーとのハイブリッドな組合せも考えることができる。

このような CO_2 の炭素源に対する回収あるいは製造技術としては，高分子膜を利用した CO_2 分離膜が開発されている。CO_2 分離膜は，カルド型ポリマー膜，プラズマ処理膜，促進輸送膜などが考案されている。透過原理は混合ガス中に含まれるガス分圧の違いを利用して分離する方法で，CO_2 だけを選択的に分離することができる。

また，バイオマスを炭素源とする合成方法には，太陽電池で水の電気分解によって得られる水素燃料との合成方法〔式（6.5）〕が考案されている。このようなメタノールをグローバル・バイオメタノールと呼んでいる。

$$4.5\,C + 7.5\,H_2 \longrightarrow 4.5\,CH_3OH \tag{6.5}$$

6.1.5 合成燃料のエネルギーシステム

前項までの要素技術により図 **6.2** に示したグローバルなエネルギーシステムが考えられる。エネルギー消費地から離れ，さまざまな炭素源から回収，製造した CO_2 と自然エネルギーを使って水の電気分解などにより製造された水

素燃料よりメタノールを合成し，タンカで消費地へ発電用燃料，化学原料，自動車燃料として送る。そして，燃焼によって発生したCO_2を分離・回収し，再び合成燃料の原料として利用してサイクルを完結するシステムである。

社会的観点からは，メタノール発電による電気エネルギーの供給や燃料電池用燃料としてハイブリッド自動車への搭載は，環境調和型社会構築のための重要な選択肢となりうる。

エネルギー供給の観点からは，海上輸送としてLNGタンカなどが液化メタノールを搬送するのに転用でき，備蓄も既存の石油燃料設備が転用可能であるのでおもな**インフラストラクチャー**[†]が転用できる。

このようなグローバルなエネルギーサイクルを運転するためには，総合的なエネルギー効率を確保し，ほかのエネルギー源に比べて経済的収支が優位に立つ必要がある。また，導入には化石燃料の諸問題や政策的な取組み，国際的な協力体制などに大きく左右されるが，国土が狭いため遊休地がほとんどなく，自然エネルギーの有効利用に乏しいわが国では，太陽エネルギーの利用増加とCO_2による地球温暖化防止を同時解決できる方法として注目される。

研究 6.1 自然エネルギーの利用形態を発電原理から分類し，その特徴を比較せよ。

研究 6.2 メタノール発電の将来展望とその特徴を調べよ。

6.2 バイオエネルギー

6.2.1 バイオエネルギーとは

バイオマス（biomass）を資源とするエネルギーを**バイオエネルギー**（bioenergy）と呼んでいる。バイオエネルギーは，自然な再生可能エネルギーであると同時に，最も身近に感じることができる唯一の有機資源である。

[†] インフラストラクチャーとは，国あるいは地方自治体，企業によって社会的に必要な法令や供給ルートなどを整備することを指す。

6.2 バイオエネルギー

炭素源としてのエネルギー蓄積量は，海洋に無機炭酸塩として 40 000 Gt-C（ギガトン-カーボン：1 年間に固定される炭素量），陸上に 2 190 Gt-C が，大気中には 730 Gt-C が蓄積（ストック）されていると推算される。陸上での植物中には 610 Gt-C 蓄積され，そのうち化石燃料の形で 100 Gt-C が埋蔵されている計算になる。地球上の炭素源は，その 84 ％ が陸上で森林や植物の形で，残り 16 ％ が大気中の CO_2 として存在している。再生エネルギーとして重要な固定炭素源（フロー炭素源）としては，陸上で 50 Gt-C/年，海中で 25 Gt-C/年，合わせて約 75 Gt-C/年 が年間固定炭素量として推算され，ストック炭素量に比してフロー炭素量が 0.18 ％ と少ない。このため，信頼性の高い炭素量分布を把握するには，陸海空における自然のメカニズムから発生する炭素量を詳細に調査する必要がある。この不明な炭素量を**ミッシングシンク**（missing sink）と呼んでいる[5]。

資源としてのバイオマスには，農業や林業，水産系などから得られる有機資源だけでなく，都市ゴミや廃棄物までを含んでいる。またバイオマスの循環機能が働く場合には，植物の光合成などを介して**カーボンリサイクル**（carbon recycle）が組み込まれることになる。

一方バイオマスの活用面からは，**ウェットバイオマス**（wet-biomass）と**ドライバイオマス**（dry-biomass）に大別される。エネルギー資源としては，バイオマスに含まれる水分量が重要な因子となる。水分は潜熱として熱エネルギーを損失させる働きがあり，熱変換効率を低下させる。ドライバイオマスは，水分＜50 ％ で直接燃焼やガス化，液化技術の開発により輸送性の向上や発電への高い変換効率も期待できる。ウェットバイオマスは，水分＞70 ％ でメタン発酵技術などを開発することにより，エネルギー回収を図ることが可能となる。また，その存在形態から森林系（47 ％），農業系（6 ％），廃棄物系（13 ％），海洋系バイオマス（34 ％）に分けられる。今後バイオエネルギーとして見直され期待されるのは，地域潜在型のバイオマスである。

6.2.2 森林系のバイオエネルギー

ここでは森林系のバイオエネルギーの特徴を以下に述べる。

・メリット

1) 光合成などを活用しているので，炭素循環フロー量における量的な時間制約を守れば，持続可能な再生可能エネルギーとなる。
2) 73 Gt-C/年 の膨大な炭素の純生産量を有し，世界の一次エネルギー消費量の約7倍を生産している（フロー資源量）。
3) 自然エネルギーの中でも比較的，気象や地理的条件に左右されず資源確保が可能なクリーンな資源である。
4) 燃焼により CO_2 を発生しても光合成により CO_2 を固定するので，50年くらいの時間差はあるものの炭素収支がゼロとなり，**カーボン・ニュートラル**（carbon neutrality）となりうるエネルギー物質となる。
5) 地域的な偏在が少ない資源である。

・デメリット

1) 単位質量当りの発熱量が約 18 800 kJ/kg（4 500 kcal/kg）でかつ生産量が低い。
2) 生産地からの搬出や収集に課題がある。
3) 緯度によっては，光合成効率の変化によりフロー量が季節に左右される。
4) 光合成などによる炭素固定に50年ほどの時間を要する。
5) 食糧生産との競合が心配される。
6) フロー量を超えれば，森林生態系のバランスを崩す影響が懸念される。

最大のメリットは，従来までの化石エネルギー資源と異なり，森林バイオマスを燃焼によって熱エネルギーとして活用しても，CO_2 フローとしてはゼロとなりうる。このことは，森林などのバイオマスとの共生が実現できれば，バイオマスはその循環においてカーボン・ニュートラルになることを意味している。このような森林の成長を心得たうえで行われる伐採は**なすび伐り**（コーヒーブレイク参照）と呼ばれている[6]。一方石炭は，すでに植物などが堆積して

石化し半永久的に炭素固定している物質なので，燃焼させなければCO_2発生源にはならない。他方，石炭を燃焼させて熱エネルギーを取り出し，CO_2を排出すると，石炭資源へは短い時間では二度と還らないので，カーボン・ニュートラルにはならない資源として区別される。

6.2.3 光合成

光合成は，太陽エネルギーの$0.4 \sim 0.7 \mu m$の可視光線を利用して，全長$5 \mu m$の葉緑体が光合成することに特徴がある。その有機体は，水と大気中のCO_2を吸収して炭水化物を作りO_2を排気する機能を持っている。光合成の過程は，CにHとOからなる三つの原子の組合せで成立し，式(6.6)で表すことができる。

$$6 CO_2 + 6 H_2O \longrightarrow C_6H_{12}O_6 + 6 O_2 \qquad (6.6)$$

コーヒーブレイク

なすび伐り

なすび伐りとは，複層林を形成し，植林から伐採まで永続的に森林を守りつつ間伐をかねて伐採する方法である。複層林とは，樹種や大きさが異なる樹木を重なるように育成し，木々の共生により作られた森林である。なすび伐りで共生された森林では，5～10年は伐採を行わず一番早く成長した大きな木を伐採する特徴も持つ。なすび伐りの由来は，野菜のなすびの収穫に例え，太く実ったものから収穫するところから来ている。

なすび伐りのメリットは，つぎの点にある。
1) 林地の地力が減退しない。
2) 優良材が生産できる。
3) 育林のための経費が少なくてすむ。

一方，デメリットは，つぎの点にある。
1) 材木の成長が悪い。
2) 伐採，搬出が容易でない。
3) 作業道の整備が不可欠である。

一長一短はあるものの再生可能エネルギーの一つであるバイオエネルギーの中核をなす林業も自然に適した循環型の産業への復活が必要ではなかろうか。

よって光合成は，6モルの CO_2 と6モルの H_2O によって，1モルのブドウ糖（グルコース）と6モルの O_2 が生成されることになる。この結果，吸引炭素と排出酸素が等量なので，気相でのモル収支はつねにゼロである。

将来的には，エネルギー源としてのバイオマスの活用に，地域産業潜在型の廃棄バイオマス → 民生廃棄物 → 森林や植物からの廃棄バイオマス → 森林バイオマス まで，直接利用からエネルギープランテーションといったエネルギーを作物として生産する必要性が提案されている。エネルギープランテーション構想は，陸上作物と海中作物に分けられるが，食糧やえさなどの需要と重ならない工夫が必要である。

このように自然エネルギーを資源としたバイオエネルギーの活用は，廃棄物を活用したバイオマス発電として利用するだけでなく，広義のバイオマスによる発電と熱供給のコージェネレーションによって運営されるのがベストミックスである。北欧諸国では，自国の森林を利用した森林発電により電気エネルギー供給とともに2万軒ほどの家庭や主要産業に熱水配給を行う町の整備が行われており，自然エネルギーによる地域エネルギー政策が積極的に進められている。

研究 6.3 自分の地域におけるバイオマスとして有効利用できる資源を調査せよ。資源の種類とサイズ，その量と活用方法を提案せよ。

6.3 メタンハイドレート

6.3.1 メタンハイドレートとは

メタンハイドレート (methane hydrate) は，深海域あるいは永久凍土地帯に存在する水和性の天然ガスである。一般的には，非在来型の一次エネルギー資源としてみなされている。おもな非在来型の天然ガス資源の種類と性状を**表 6.1** に示す[7]。

特にメタンハイドレートは，資源量の豊富さと日本周辺の近海にも豊富に存

表 6.1 おもな非在来型の天然ガス資源の種類と性状

種　類	性　状
深層天然ガス（フリーメタン）	地球創生時に地球深部に閉じ込められたと仮定される非生物起源のメタンガス
メタンハイドレート	深海底やシベリアの永久凍土地帯などの特定の温度，圧力条件を満たす場所で氷状のガス水和物の形で存在するメタンガス
コールベットメタン	石炭に吸着し，あるいは石炭の孔隙や割れ目を満たす状態で石炭層中に存在する石炭ガス
タイトサンドガス	硬質（タイト）な砂岩層の中に存在するガス
シェールガス	有機物に含まれる頁岩層に存在するガス

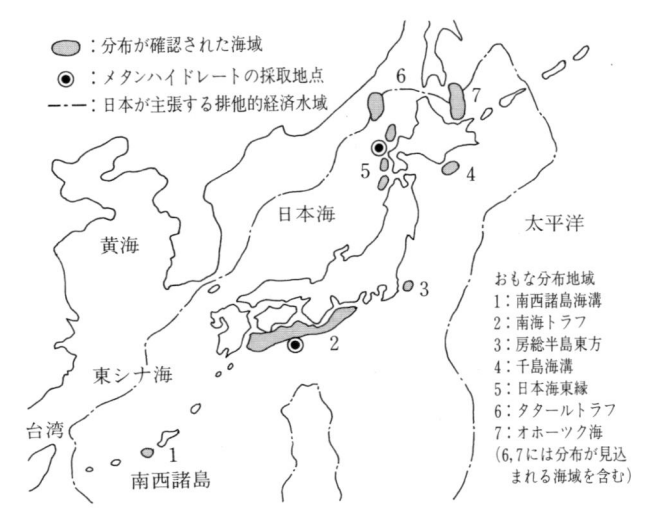

図 6.4　日本近海でのメタンハイドレートの分布〔兼子弘：クリーンエネルギー，7，pp.51-58（1998）〕

在している点に期待がかかっている．図 6.4 に日本近海でのメタンハイドレートの分布を示す[8]．

メタンハイドレートは，水分子とメタンガス分子からなる氷状の固体結晶である．水分子は，かご状の空孔を持つ立体網目状構造を作り，その空孔にメタン分子が包み込まれる（工学的には，**包接**されるという）．このような立体網状構造を**クラスレート**（clathrate）と総称し，かごが水分子からなるものを

ハイドレートと呼んでいる。包接されるガスがメタンの場合にメタンハイドレートと呼ばれる。

図 6.5 に基本的なかごの種類とハイドレートの構造を示す。多面内部の空孔の大きさは，半径 0.39〜47 nm もあり，空のままではやがて分子間引力により崩壊してしまうが，メタンなどの分子が充てんされることで安定する。このようなメタンハイドレートの能力は，結晶構造 I 型で理論上，水 1 l（リットル）で約 217 l のメタンガスを取り込み，常温常圧で自己保存能力にたけている[9]。

図 6.5 基本的なカゴの種類とハイドレートの構造〔大垣一成：JSME 関西支部 第 76 期定時総会講演会 FM-2, pp.7-33-7-36（2000）〕

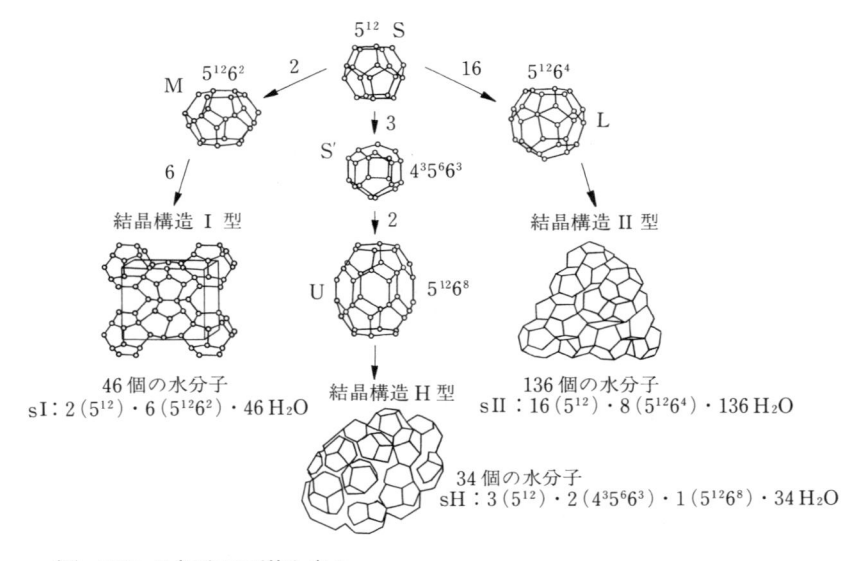

例） 5^{12}：5 角形 12 面体を表す

さらにメタンハイドレートは，20 ℃ で 4 MPa の条件から −10 ℃ まで冷却し，圧力を下げると，表面のメタンハイドレートが分解し，そのとき生じた水が凍り保護層ができるため，内部のハイドレートが安定条件から外れても表面の氷層に守られてメタンハイドレートであり続けるという現象が生じる。このことは，低温高圧で安定することを意味しており，水深が増すほどメタンハイ

ドレート層は厚くなり安定性を増す。メタンハイドレート層の厚さが増すことは、その下のフリーガス[†]をよりしっかり閉じ込める能力が増すことを意味しており、深海底ほど良質のメタンハイドレート層が存在することになる。

6.3.2 メタンハイドレートの熱特性

資源としてメタンハイドレートを利用する場合、メタンガスは、地球温暖化指数（GWP）がCO_2の約50倍で、大気中での増加率もCO_2を超えている。特に、深海に存在するメタンガスの自然分解による海面からの放散が問題視されている。このため深海底に存在するメタンハイドレートをCO_2ハイドレートと置換し、深海底に長期安定して貯留する手法が提案されている。その貯留法と置換プロセスを図 **6.6** に示す[9]。

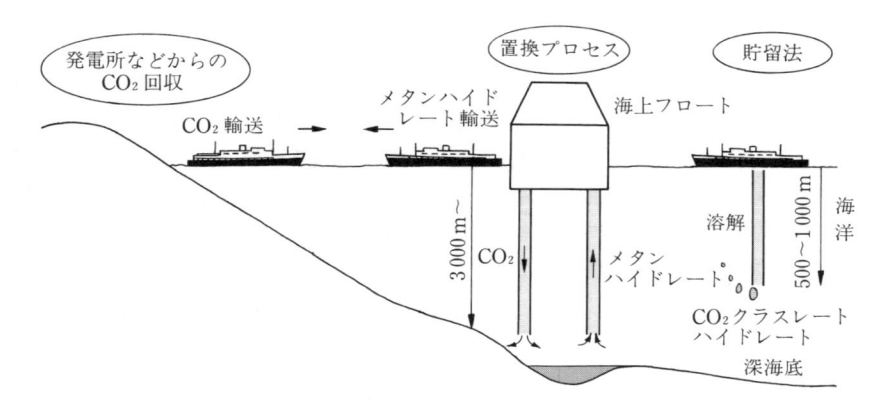

図 6.6 深海底を利用したCO_2の貯留法と置換プロセス

このプロセスでは、導入したCO_2とメタンは炭素分が1対1の物質量比で置換すれば物理的にバランスするので、CO_2の大気中濃度を増加させることなく水素エネルギーを利用するプロセスとみなすことができる。

熱エネルギーとしてのメタンハイドレートの特性は未知である。その利用方法は、いったんガス化させて気相燃焼させるか、直接燃焼によって熱エネルギ

[†] フリーガスとは地層孔隙に蓄えられたメタンガスを指す。性質は、従来型の天然ガス田より水溶性天然ガス田に近い。

ーを取り出すかによって分かれる。ガス化燃焼では，良質のメタンガスすなわち天然ガスが取り出せるので，既存のガス燃焼技術が応用できる可能性が高い。一方，直接燃焼では水分子のかごの中に包接されているメタンガスが大気中に噴出され，気体燃焼が進行するので，新しい研究分野として取り組む必要がある。

メタンハイドレートを熱エネルギー資源として利用する場合には，つぎのような基礎的な研究を必要とする。

1） 採掘時の事故などの危険性

コーヒーブレイク

炭 素 隔 離[10]

化石燃料による大気中へのCO_2の増加は，地球規模での深刻な温暖化問題として国際舞台で議論が進められている。大気中のCO_2濃度を抑制し，安定化させることは地球環境保全のうえから重要な課題である。ではどのような手段でCO_2を抑制することが可能であろうか。気候変動に関する政府間パネル（IPCC）の第三次評価報告書では，生物による炭素隔離量を増加，維持，管理することの可能性について述べ，森林生態系が吸収源として重要な役割を果たすことを予測している。そこで第1に必要なのは，大気中からCO_2を分離し回収することである。第2に長期にわたって大気中へ戻ることのないような隔離技術が必要となる。

ここでは，アメリカで行われているおもな炭素隔離の柱となる技術開発分野の取組みを紹介する。

1） エネルギーシステムからのCO_2の分離・回収
2） 海洋への隔離
3） 陸上生態系への隔離
4） 土壌中への隔離
5） 新しい生物プロセスによる隔離
6） 新しい化学的アプローチによる隔離

これらの技術開発の持つ側面としては，地球温暖化を防止するだけでなく，省エネルギー化や高効率化技術の水準向上および新しい技術開発などの二次的な効果を期待している。さらに，CO_2を抑制しつつ，これからも化石燃料を大規模に利用することを前提に取り組んでいる。

2) スラリー化などの輸送方法と安全性
3) 火災や爆発などに水による消化の有効性
4) 燃焼現象そのものの安定性

アメリカでは，すでにメタンハイドレート自動車の研究開発が取り組まれている。エンジン本体は，天然ガス自動車の技術を転用できるので，搭載するための燃料貯蔵装置（研究開発では39℃で3.8MPaで貯蔵）などの周辺技術の開発が焦点となる。負荷に応じて燃料を供給するために，メタンハイドレートを急速合成したり，急速ガス化したりする技術開発が必要である。また事故などによる破損や異常環境での安全性の確保や社会的な燃料供給システムの整備も普及の条件である。

6.4 クリーンコールテクノロジー

6.4.1 クリーンコールテクノロジーとは

石炭資源は，200年を超える埋蔵量がある。またエネルギー問題は地球規模での資源量の問題を抱えながらも，国ごとにエネルギー資源量やエネルギー需要が異なるため，各国の事情が複雑に関連する。例えばスウェーデンでは，自然エネルギーによって一次エネルギーの約20％をすでに賄っているが，他国でまねができるであろうか。また，開発途上国における爆発的な人口増加や経済成長によるエネルギー消費は避けられない状況にあるが，エネルギー資源をどうするかの問題がある。石炭資源の豊富さが，結果的には各国でのエネルギー資源確保の時間的な猶予を与えることにつながっている。

国内でも年間1億4000万トンの石炭を消費しており，安定確保や経済性などの点から石油代替エネルギーとして期待されている。このようにエネルギー資源の安定確保による経済成長や国民生活の安定向上は国により異なるが，それに伴う環境汚染は地球規模での問題であり，先端技術の交流がますます重要度を増してくる。特に石炭燃焼による熱エネルギー利用は，CO_2や微小エアロゾル粒子の排出，硫黄酸化物および窒素酸化物（SO_x，NO_x）の排出，さら

に微量重金属の放散など自然環境や人体への影響が懸念されるため，国を超えたクリーンな燃焼技術の開発や導入が望まれる．これらの技術開発を**クリーンコールテクノロジー**（clean coal technology）と位置付けている．

現在，クリーンコールテクノロジーとして**表6.2**に示す燃焼技術，環境保全，高効率化，ハンドリング性向上，石炭灰有効利用を柱とした開発プロジェクトが進んでいる[11]．石炭燃焼技術の課題としては，高効率燃焼技術と環境保全への対策技術の同時開発が必要である．さらに貯炭場の粉じん対策，ボイラ

表6.2 おもなクリーンコールテクノロジー〔資源エネルギー庁編：エネルギー2001（2001）〕

技術名	技術の概要
高度加圧流動床燃焼技術 （A-PFBC）	加圧流動床ボイラを二つ組み合わせ，ガスタービン，蒸気タービンによる複合発電を行うことにより，さらなるプラント効率向上を目指した，燃焼技術の開発 （長所）発電効率向上に伴うCO_2発生低減，ボイラの小形化
噴流床石炭ガス化複合サイクル発電技術 （IGCC）	微粉炭を高温・高圧下でガス化しガスタービンを駆動させると同時に排ガスから熱回収を行い，蒸気タービンを駆動させる複合サイクル発電技術 （長所）発電効率向上に伴うCO_2発生低減，大容量化
燃料電池用石炭ガス製造技術 （EAGLE）	燃料電池発電技術の燃料として石炭を無炭ガス体燃料にガス化改質し，燃料電池に供給するためのガスを製造する技術 （長所）発電効率大幅向上によるCO_2発生低減
石炭高度転換コークス製造技術 （SCOPE 21）	従来のコークス炉と比較して，高効率で環境負荷が低く，また一般灰の使用割合が多いコークス製造技術の開発 （長所）効率向上および生産の向上，設備費軽減
環境負荷低減型 燃料転換技術	炭層ガスや石炭ガス化ガスを原料に，次世代の非化石燃料であるDME（ジメチルエーテル）を合成する技術の開発 （長所）地球温暖化ガスの発生低減，環境負荷物質の発生低減
CO_2回収型石炭利用水素製造技術 （HyPr-RING）	石炭を高温高圧水中で反応させ，水素の高効率製造を行うとともに，副成するCO_2を回収（理論的には100％回収も可能）するプロセス技術の開発 （長所）CO_2の固定・分離，クリーンエネルギーの製造
石炭灰有効利用技術	石炭火力発電所等から大量に発生する石炭灰の有効利用を図るために，土木・建築材料などに用いるための技術 （長所）土木・建築物の高寿命化，石炭灰処理知の延命化

やタービンなどの騒音対策,排水による水質汚濁防止対策など周辺への対策も考慮する必要がある。

石炭資源となる原炭は,地域や地層の年代などによって異なる。このため産地による石炭資源の燃焼特性を知る必要がある。石炭燃焼は,揮発分と固定炭素分の燃焼に分けられ,気相燃焼と固体燃焼が生じる。炭種による揮発速度や発熱量など原炭特性の違いから,直接燃焼,微粉炭燃焼,ガス化燃焼など最適な燃焼方法が選択される。主となるボイラでは,微粉炭燃焼や流動層燃焼,流動床燃焼技術がつぎつぎと開発されている。微粉炭燃焼では,石炭を粉体にし比表面積や石炭内の細孔を増加させることにより,燃焼機構,とりわけ揮発化やチャー燃焼を促進させ,その結果として排出ガス組成が改善される。

流動層燃焼では炉内に流動媒体が存在し,石灰石による炉内脱硫や流動媒体との接触で850℃という低温で燃焼できるため,サーマルNO_x†の抑制も可能となる。流動層燃焼には,気泡流動層や循環流動層,加圧流動層などが挙げられる。

6.4.2 石炭のガス化技術

石炭のガス化技術（IGCC）は,複合サイクル発電による高効率化や燃料電池への燃料供給用として利用される。

石炭のガス化では,式（6.7）により一酸化炭素と水素を製造する。

$$CH_mO_n + 0.5(1-n)O_2 \longrightarrow CO + 0.5\,mH_2 \qquad (6.7)$$

ガス化方式には,固定層や流動層,気流層ガス化炉などが開発されている。図 **6.7** にそれらの構造を示す[12]。

固定層ガス化炉では,ある程度粒径のそろった石炭の塊をガス化炉に一定の高さまで断続的あるいは連続的に供給しながら,流動に沿ってガス化を行う方式である。この方式では,石炭とガス化剤の流れの向きが正反対なので,伝熱

---

† 窒素酸化物（通称 NO_x）は,原炭に含まれる窒素成分を起源とする NO_x（通称フューエル NO_x）と燃料用空気に含まれる窒素を起源とする NO_x（通称サーマル NO_x）とに分けられる（**7.3.1** 項参照）。

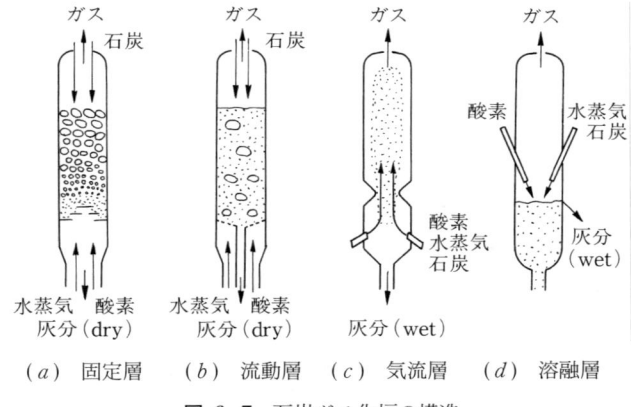

124   6. 将来型の熱エネルギーとそのシステム

(a) 固定層   (b) 流動層   (c) 気流層   (d) 溶融層

図 6.7 石炭ガス化炉の構造

が促進され熱効率が良くなるが，石炭の種類が限定されるなどの欠点がある。

　流動層ガス化では，均質な粒径を炉内に供給し，ガス化剤を吹き込むため，反応層全体が熱的に均質な状態となって石炭を流動させながらガス化を行う。この方式は流動方式なので，大量製造が可能でガス化と同時に脱硫も可能であるが，適正な粒径の石炭供給が必要で反応後の灰処理も問題となる。

　気流層ガス化では石炭を微粉化し，ガス化剤（酸素，水蒸気）とともに炉内へ供給し，燃焼とガス化反応を同時に進行させ，高温で急速にガス化する方式である。高温ガス化であるため石炭負荷率（石炭重量/ガス化剤重量の比）は大きくなるが，つねに炉内を高温に保つ必要がある。また石炭とガス化剤を同時に供給するため炉内での滞留時間が短く，未反応炭や石炭灰（スラグ）の取出しを工夫する必要がある。

　ガス化技術は石炭ガス化複合発電システムとして，石炭を利用した技術の中でも次世代型の高効率で環境保全に優れた技術として実用化が期待されている。

研究 6.4　石炭資源のクリーン化として液化，ガス化技術が開発されている。これらの技術について調査し研究せよ。特に石炭ガス化複合発電の仕組みについて述べよ。

6.5 水素循環型エネルギーシステム

二次エネルギーである水素燃料を循環型エネルギーシステムに組み込む第1の理由は，きわめてクリーンであるからである．図 6.8 に水素エネルギーを取り巻く状況とその利用システムを示す[13]．

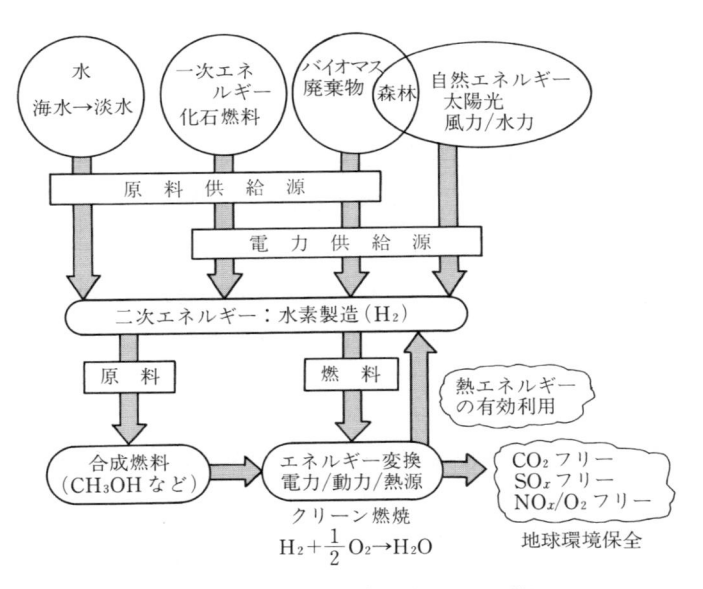

図 6.8 水素エネルギーを取り巻く状況とその利用システム

H_2 と O_2 の燃焼反応によって，水蒸気と熱エネルギーが生成される．生成された水を電気分解すれば H_2 と O_2 が等量分得られる．問題となるのは水を電気分解するのに必要なエネルギー源である．理想的には，再生可能な一次エネルギー（太陽エネルギー起源）から作られた電気エネルギーにより，地球上に豊富にある水や海水を電気分解することが望ましい．この理想的なエネルギーシステムを実現するには，水素燃料の大量製造や貯蔵，輸送の方法，あるいは利用方法などの水素エネルギーの総合的な技術開発が必要となる．

国内では，1993年度から発足した「エネルギー・環境領域総合技術開発推

進計画」(通称，**ニューサンシャイン計画**) において重点的に「水素利用国際クリーンエネルギーシステム技術」(通称，**WE-NET**) として革新的な技術開発に取り組み，水素エネルギーを媒体としたクリーンエネルギーシステムの開発を行っている。ヨーロッパでは，サハラ水素計画が取り組まれている[12]。

個々の技術開発に関して，水素の大量製造については上述の固体高分子型水電解法が開発され，貯蔵方法では高性能水素吸蔵合金の開発が，輸送分野では液体水素輸送が期待されている。また水素循環型社会における利用方法としては，水素自動車や水素燃料電池自動車，水素ディーゼルコージェネレーションなどが実用化に向けて研究開発されている。

このような技術開発に基づく水素循環型エネルギーシステムを実現するためには，個々の技術課題と相まって水素エネルギーステーションなどの社会的基盤整備や安全性の確保が必要となる。さらに，中長期的なエネルギー資源の需要と供給の状態や各種エネルギー資源とのコスト比較など経済的な要因も絡んでくる。このように水素エネルギー循環型社会の構築は解決すべき多くの課題を抱えている。

研究 6.5 クリーン自動車とはどのようなコンセプトに基づいて研究開発されているのか調査せよ。

6.6 燃 料 電 池

燃料電池 (fuel cell) は，燃料の化学的エネルギーを電気エネルギーへ直接変換する装置である。燃料電池は供給された一次エネルギーを二次エネルギーに変換するためのエネルギー変換装置であって，それ自身はエネルギー源ではない。しかし，従来型のエネルギー変換装置に比べ，動的な機構がないことや変換効率が高く，かつきわめて静かに発電を行うメリットや排出物が水のみであることから環境保全のうえからも期待がかかっている。一次エネルギーに

は，メタン改質から得られる H_2 やメタノールなどが利用される。

発電原理は熱力学と電気化学によって説明される。上述の水素製造法による水の電気分解とはまったく逆の化学反応を発電原理としている。

図 **6.9** に水素燃料電池のセル構造と発電原理を示す[14]。発電原理は，H_2 と O_2 を絶え間なく供給し，電池内部でイオン交換により H_2 と O_2 の反応を進行させ，外部回路により電子の移動を行い，この閉回路で電気エネルギーが発生する。電解質を通したイオン交換は，発火点温度（571℃）の条件下や白金系触媒を用いて活性化エネルギーを減少させて行われる。電解質の性質は，H_2，O_2，電子を通さず水素イオンすなわちプロトンを通すものを選択する。

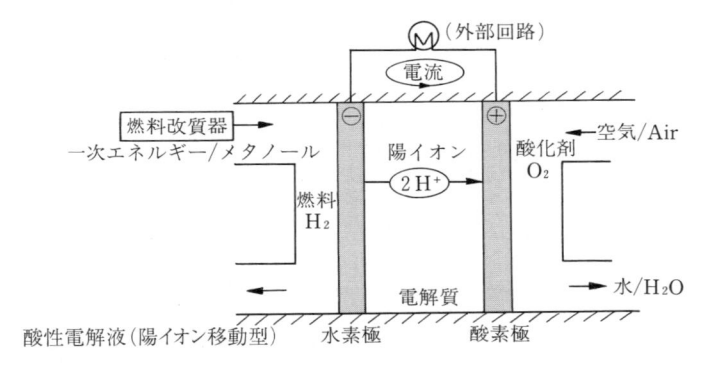

水素極：$H_2 \rightarrow 2H^+ + 2e^-$　　酸素極：$\frac{1}{2}O_2 + 2H^+ + 2e^- \rightarrow H_2O$

図 6.9　水素燃料電池のセル構造と発電原理

例えば酸性電解質の場合は，供給された燃料分子は触媒などにより H_2 と酸素イオンへ変換され電子を放出する。負に帯電した電子は，電解質を通してアノード電極（陰極）に発生した水素イオンをカソード電極（陽極）に引き寄せると同時に，正に帯電した酸素イオンは外部回路を通して電子を引き寄せる二つの現象を発生させる（**電気二重層**）。この流れが電流となり電気エネルギーを発生する。

理論発電効率は，直接電気エネルギーに変換できるので，ギブスの自由エネルギー（ΔG）と燃焼エンタルピー（ΔH）との割り算で80％ほどの高い計算となる。しかし燃料電池は，さまざまな内部損失が発生するので実際の発電効

率は 50 % ほどになる。発電に伴う排熱を利用したコージェネレーションを行えば，総合効率 80 % 程度の優れたエネルギーの有効利用が期待できる。

燃料電池の性能は，反応物質や触媒，電解質の組合せに大きく影響を受ける。燃料電池の種類とその特徴を**表 6.3** に示す[14]。燃料電池は電解質の違いによって固体高分子型，リン酸型，溶融炭酸塩型，固体酸化物型などがある。

燃料電池はその性質から，病院やホテルなどのコージェネレーションシステムとしてオンサイト利用や燃料電池自動車への搭載や宇宙開発における人工衛

表 6.3　燃料電池の種類とその特徴

種類	リン酸型 (PAPC)	溶融炭酸塩型 (MCFC)	固体電解質型 (SOFC)	固体高分子型 (PEFC)
電解質	リン酸	炭酸リチウム・炭酸カリウム	ジルコニア系のセラミックス	高分子膜
移動イオン	H^+	CO_3^{2-}	O^{2-}	H^+
作動温度	約 200 ℃	約 650 ℃	約 1 000 ℃	常温〜150 ℃
反応ガス	H_2	H_2, CO	H_2, CO	H_2
燃料	天然ガス，LPG，メタノール，ナフサ，灯油	天然ガス，LPG，メタノール，ナフサ，灯油，石灰ガス化ガス	天然ガス，LPG，メタノール，ナフサ，灯油，石灰ガス化ガス	天然ガス，LPG，メタノール，ナフサ，灯油
電池材料 (電極)	おもにカーボン	Ni, ステンレスなど	セラミックスなど	おもにカーボン
触媒	白金	電極 Ni が触媒	不要	白金
発電効率	35〜45 %	45 % 以上	50 % 以上	35 % 以上
おもな用途 (想定含む)	コージェネレーション用　分散型電源用	(大規模) 火力代替用分散型電気事業用　コージェネレーション用	(中規模) 火力代替用分散型電気事業用　コージェネレーション用	小規模発電用　可般用電源　(電気)自動車電源分散型電気事業用
特徴など (目標含む)	・排熱を蒸気，給湯，冷暖房に利用 ・改良型である次世代リン酸型の開発が完了し，本格実用化の最終段階	・排熱を複合発電システムに利用 ・排熱を蒸気，給湯，冷暖房に利用 ・燃料の内部改質が可能	・排熱を複合発電システムに利用 ・排熱を蒸気，給湯，冷暖房に利用 ・燃料の内部改質が可能 ・高電力密度	・低温作動が特徴 ・起動時間が短い ・小形・軽量化が可能 ・高電力密度

星の電源利用に期待されている．実用化が進むにつれ，長寿命化とその信頼性や経済コスト，軽量化，コンパクト化などの課題も多い．

研究 6.6 燃料電池では電極部分に触媒などが用いられている．触媒とはなにか調査しその特性を述べよ．

演 習 問 題

【1】 人工的な再生可能エネルギーを実現する場合，各要素技術の高度な開発が重要となる．特に，合成ガス燃料を製造する際に合成ガスをいろいろな角度から十分に検討する必要がある．メタノールとDME合成による燃料製造に必要なH_2/CO_2比は等しく3であるが，H_2 6モルとCO_2 2モルから製造できるメタノールとDMEのモル数を計算し比較せよ．

【2】 バイオエネルギーが再生可能エネルギーに位置付けられるのは，炭素循環がうまく機能しているからである．木質系バイオマスから炭素源1kgを得るには生バイオマスはどれだけ必要か計算せよ．生バイオマスの水分比率を60％とする．また，最初の水分とCO_2がいくら必要か計算せよ．

【3】 メタンハイドレートは，1 m^{3}に170 m^{3}のガスを取り込むことが理論上では可能である．メタンハイドレートの輸送特性をLNG（液化天然ガス）との体積比で比較せよ．LNG特性は液密度が0.4 kg/m^{3}で，天然ガスのガス定数は0.518 kJ/(kg・K) として計算せよ．

【4】 微粉炭燃焼では，燃焼温度が1 800 K程度であるため空気中の窒素源を源とするThermal NO$_x$の寄与が少ないと考えてよい．このためNO$_x$は，ほとんどが燃料中に存在する窒素源とするFuel NO$_x$となっている．石炭1 kgを完全燃焼させるのに必要な空気は，理論混合比で10倍（質量比）を要した．石炭中には，1％の窒素分があるものとする．理論空気比で完全燃焼させたところ，500 ppmのNOが計測された．このときのNOへの転換率を求めよ．燃焼ガスの見かけの分子量は29とする．

【5】 水素循環型社会を自立させる条件として，水素自動車を経済的に成立させる必要がある．**問表 6.1**の条件に従いガソリン自動車と水素自動車の経済的な調査をするために空欄を埋めよ．このとき，総合費用と燃料単価との間には，

6. 将来型の熱エネルギーとそのシステム

問表 6.1 水素自動車が成立するための諸条件

項　目	ガソリン自動車	水素自動車
車両単価	1 500 千円	2 340 千円
燃　費	8 km/l	8 km/m^3
生涯走行距離	160 000 km	160 000 km
燃料単価	90 円/l	X 円/m^3
生涯燃料費	1 700 千円	Y 千円
総合費用	3 200 千円	Z 千円

$Z=2X^2$ の関係があるものとして計算せよ。

【6】 燃料電池が電気化学的変換の過程から取り出しうる最大有効エネルギーはギブスの自由エネルギー（ΔG）と等しい。一方電気分解においては，外部電圧 V のもとで流れる電流 I が時間 t の間に 1 モルの水を分解すれば，$Q=It$ が電池を通って流れた全電荷となる。このとき，電気分解が実現する条件を計算せよ。動作条件は，動作温度が 650 °C で $\Delta G=-197$ kJ/mol，燃料から取り出しうる最大熱エネルギーは $\Delta H=-247.5$ kJ/mol とする。また，燃料電池の理論熱効率（η_e）と通常の熱機関におけるカルノーサイクル効率（η_c）との比較をせよ。

【7】 Consider the chemical change process up to a combustion phenomenon in due course as thermal energy conversion of fossil fuels such as solid, liquid and gaseous fuels.

7

エネルギー変換と環境保全

　一般に私たちを取り巻くすべてのものごとを**環境**（environment）と呼んでいる。環境には，自然環境だけでなく社会環境や生活環境，経済環境などさまざまな環境がある。また，その規模の大きさから地球環境，地域環境，屋内環境とに分類される。エネルギーと環境との強い結び付きは，**グローバル**（global，地球規模）な視点からの関連を理解することから始まる。

　本章では地球環境の仕組みを3圏にそれぞれ分類し，地球環境が汚染されている事実とそのメカニズムについて理解する。生態系内での「環境保全とはなにか」を問い返し，21世紀に求められる工学技術の基礎を考える。

7.1　私たちを取り巻く地球環境の仕組み

　私たち人類の社会活動はエネルギーの利用を通じて営まれている。エネルギーを利用するためには，図 *7.1* に示すように資源を付加価値の高いエネルギー形態に変換をしなければならない。しかしエネルギーの多量消費は，大気中の CO_2 濃度の増加やオゾン層の破壊，さらには人工的な合成化学物質による環境汚染をも招いている。

　地球の**生態系**（ecosystem）は，**大気圏**，**水域圏**，**土壌圏**に囲まれ，循環，浄化作用を繰り返し，それぞれが相互に影響しあい共生作用が働きながら構築されている。

　それぞれの環境が相互にかかわっているため，いったんいずれかの環境汚染が進行するとそれぞれが影響を及ぼしあって，被害が複雑に広がり最後には環境が破壊される恐れがある[1]。それぞれの環境や生態系のつながりを踏まえ

132   7. エネルギー変換と環境保全

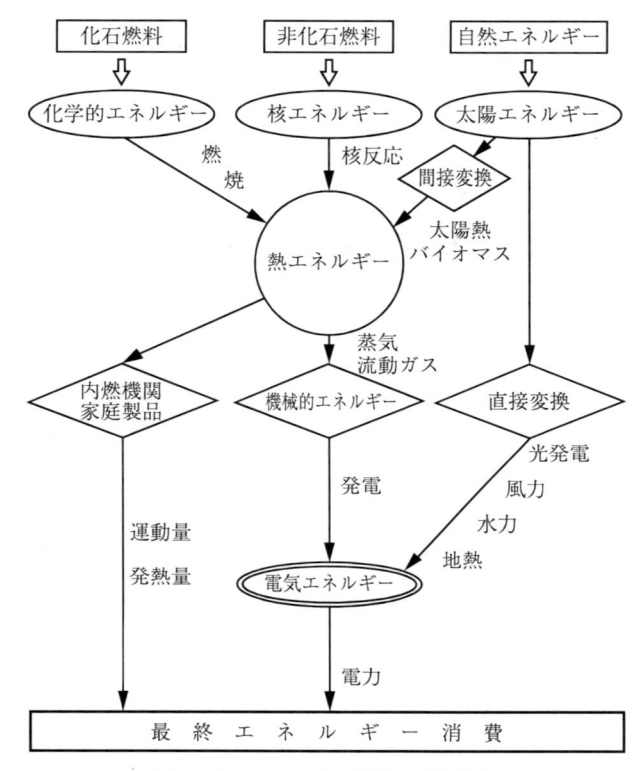

図 7.1　エネルギー形態の変換過程

て，それぞれの基本構成を理解しその役割を知ることは，環境を回復させたり保全したりするうえで大切である．

7.1.1　大気圏の仕組み

　大気は三つの環境媒体の中で一番外側にあり，地球の全体を覆っている空気全体の総称である．その成分は海抜からの高度に伴い，温度や地磁気などの物理的因子によって支配されている．

　図 7.2 に，高度に伴う大気の構造と気温・気圧の変化を示した．地表から高度約 80 km までがいわゆる中性の（電離していない）層である．地表から約 15 km までの**対流圏**（troposphere）は，気象現象の活発な領域であり，高

7.1　私たちを取り巻く地球環境の仕組み　　133

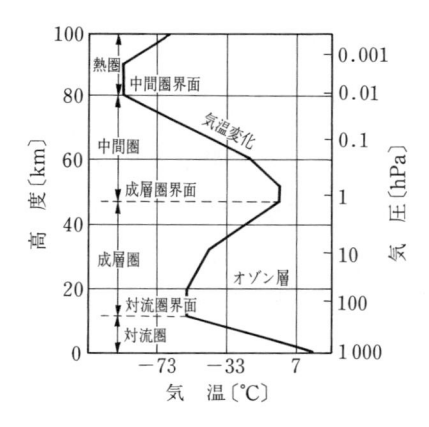

図7.2　高度に伴う大気の構造と気温・気圧の変化〔鈴木啓三：エネルギー・環境・生命―ケミカルサイエンスと人間社会―, 化学同人 (1991)〕

度とともに約 6.5 K/km の割合で気温が下がる（°C でも同じ）。この気温低下は，地表からの熱放射により熱せられた空気の上昇（対流）と圧力降下（圧力は空気の重さ）による断熱膨張および雲や雨の発生に伴う蒸発潜熱の吸収と放出のバランスで決められる。

　成層圏（stratosphere）は，対流圏の上に位置する地上から約 50 km までの領域であり，対流が起きにくい安定な層である。成層圏内の地上から約 20〜40 km の位置に**オゾン層**（ozone layer）が存在する。約 35 億年前ごろから植物の光合成によって O_2 が作られ，地球に入射される太陽光のうち波長 200〜400 nm の**紫外線**（ultraviolet rays）を吸収して酸素原子（O，厳密には**酸素ラジカル**[†]（radical））を生成し，これが O_2 と結合して O_3（オゾン）を作ったと考えられている。成層圏において高度に伴って気温が上昇するのは，オゾン層による紫外線の吸収加熱が強く影響するからである。一方，オゾン層が人体などに有害な波長 290 nm 以下の紫外線の約 90 % を遮ることで，私たちを皮膚がんなどから保護し，光合成を行う生物の環境をもたらしてくれている。

[†]　ラジカル：分子の結合が切断された断片。活性な電子が自由度を増しているので反応性が高い。

研究 7.1 紫外線の種類を調べよ．また，紫外線の有用性と紫外線による生体の受ける障害について調べよ．

高度約 50〜80 km で再び温度低下が起こる領域が**中間圏**（mesosphere）である．さらに地表から約 80 km 以上の**熱圏**（thermosphere）では，もはや空気が希薄であるため大気の熱による対流運動は起こらず，気体成分が短波長の紫外線を吸収して部分的に電離する．この領域を**電離圏**（ionosphere）ともいう[3]．

海抜 0 m 付近の自然な乾燥空気の組成と平均滞在時間を**表 7.1** に示した．大気は，生物の個体数の増加とその活動に伴って長い年月を経て変化し，生態系のあらゆる活動に適切な成分となった．しかし近年，人類の活動に伴うさまざまな消費により CO_2，SO_2，NO_2，そのほか**フロン**などの人工的な化学物質の環境への広がりも認められ，これらが相乗的に大きな影響を与えている．

表 7.1 海抜 0 m 付近の自然な乾燥空気の組成と平均滞在時間
〔Elizabeth Kay Berner and Robert A. Berner, "Global Environment: Water, Air, and Geochemical Cycles", Prentice Hall Engineering(1995)〕

気体	容積パーセント	平均滞在時間
N_2（窒素）	78.084	〜10^6 年
O_2（酸素）	20.948	5×10^3 年
Ar（アルゴン）	0.934	—
CO_2（二酸化炭素）	0.036	5〜6 年
Ne（ネオン）	0.0018	—
He（ヘリウム）	0.0005	〜10^7 年
CH_4（メタン）	0.0002	4〜7 年
SO_2（二酸化硫黄）（亜硫酸ガス）	0〜0.0001	2〜5 日
Kr（クリプトン）	0.0001	—
H_2（水素）	0.00005	6〜8 年
N_2O（亜酸化窒素）	0.00003	〜25 年
CO（一酸化炭素）	0.00001	0.2〜0.5 年
NO_2（二酸化窒素）	0〜0.000002	〜5 日
NH_3（アンモニア）	0.000001	2〜30 日
O_3（オゾン）	0〜0.000001	〜2 年
H_2O（水蒸気）	0.5〜4	9 日

7.1.2 水域圏の仕組み

　私たち生体の活動にとって水は必須の物質である。水は常温で**三重点**（triple point）を持つことから，気相で水蒸気，液相で水，固相で氷や雪として存在し，自然環境を循環している。そのため海や川，雲，雨などさまざまな環境から受ける水の恩恵は厚い。体内にも水が重量の約70％を占めていることから，私たちの身体機能も地球の水循環の中に組み込まれていると考えることができる。

　図7.3に生物圏を含めた水の循環（フロー）の様子を示す。水環境は，大きく陸水圏と海洋圏に分けられる。図のように水の蓄積（ストック）割合は，陸水（氷，氷河，地下水，湖沼水，土壌水および河川水）においてわずか3％であり，海洋の水が97％を占めている[4]。

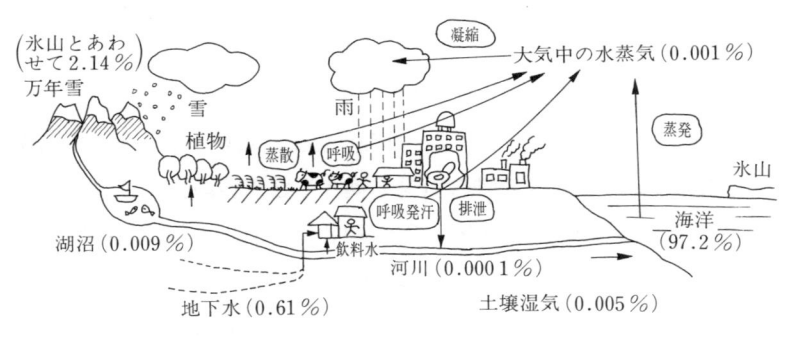

図7.3 生物圏を含めた水の循環の様子

　私たちにたいへん親しみのある水は，じつは類似の物質と比較すると異質の特性を有することが知られている[5]。この特異的な水の性質は，HとOが構成する分子構造とクラスタモデル[6]によって説明されている。分子上のマイナスとプラスの電気的な偏りから，水分子はたがいに引き付けあう**水素結合**（hydrogen bond）をもたらし，**クラスタ**（cluster）といわれる分子どうしがつながった構造で存在している。水は常温で，液体（水）の蒸気圧も固体（氷）の昇華圧も高いため，地球上のあらゆるところで**蒸発**（vaporization）を引き起こし，気体（水蒸気）の水が大気中に豊富に存在できる。それゆえ地球上の海，湖沼，河川，土壌，植物表面などから蒸発した水蒸気は大気に沿っ

て対流し,大気中で飽和したのち凝縮して雨や雪となって降下することができる。水は太陽エネルギーを駆動力として地球上で大きく循環し,豊かな環境と生態系をはぐくみ,さらには自然の浄化作用にも貢献している。水の蓄積(ストック)の最も多い海における主要元素の平均濃度を**表7.2**に示した。

表7.2 海水中の主要元素の平均濃度〔功刀正行:化学と教育, **46**, 5, pp.280-284 (1998)〕

元素	平均濃度[mg/kg 海水]	元素	平均濃度[mg/kg 海水]
Cl(塩素)	19 300	Sr(ストロンチウム)	7.8
Na(ナトリウム)	10 780	B(ホウ素)	4.4
S(硫黄)	2 710	Si(ケイ素)	3.1
Mg(マグネシウム)	1 280	O(酸素)	2.4
Ca(カルシウム)	412.4	F(フッ素)	1.3
K(カリウム)	399.2	P(リン)	0.06
Br(臭素)	67	I(ヨウ素)	0.057
C(炭素)	26	Ba(バリウム)	0.016
N(窒素)	8.3	U(ウラン)	0.0032

人類の活動に伴う生活水,工業水,地殻に含まれる地下水もすべて循環をしている。水の地球上での循環速度(言い換えると滞留時間)はB.J.Skinner(1982年発表)によると,水蒸気(雲や霧)で9日間,植物(生物)で16日間,土壌で51日間,地球上のすべての湖沼では400年,地下水は1 000年,海水で4 000年,氷(万年雪,氷山)は1万5千年と推算されている。この数値から,湖沼,地下水,海水などはいったん汚染されてしまうと,回復するのに膨大な時間が必要なことがわかる。例えば,雨や雪に成長する際には微細な砂粒や灰などの氷晶核が必要であるが,近年は焼却灰中の**飛灰**(fly ash)に吸着した**ダイオキシン類**が雨や雪とともに水域圏を通して大気圏から土壌圏へと広がることがわかってきている[7]。

7.1.3 土壌圏の仕組み

地球環境の基盤は地殻や土壌の持つ堆積メカニズムにある。F. W. Clarke(1847~1931)は,地球の表面 (地球全質量の約0.7%)を構成する元素の割合,すなわち気圏,水圏,岩石圏を構成する元素の存在の割合について,地表

から 16 km までを平均した成分が火成岩と同じであると仮定し，それに海水と大気の成分を加えて全体を 100 とした重量パーセントで表す**クラーク数** (Clarke number) を提唱した（厳密にはその評価値は地殻の構成元素とは異なる）。

地殻中の岩石の元素組成は Young （1984 年発表）らの値によると，多い順に酸素 O （46.6 %），ケイ素 Si （27.7 %），アルミニウム Al （8.1 %），鉄 Fe （5.0 %），カルシウム Ca （3.6 %），ナトリウム Na （2.8 %），カリウム K （2.6 %），マグネシウム Mg （2.1 %）であり，これら八つの元素で地殻の約 99 % を占めている。最も多い酸素のほとんどがケイ素やアルミニウムと結合して，ケイ酸（SiO_2）やアルミナ（Al_2O_3）となり，岩石や粘土の骨格鉱物を作っている。土の中には粘土，砂だけでなく動植物や微生物の死骸，水，空気などが含まれており，生態系の一部として**微生物**（microbe）も生育している。土はもともと岩石が風化して微細化したものに，有機物などが腐食し混ざったものである。

土の主成分である粘土鉱物は微細に見ると**層状構造**（layer structure）をしており，層と層の間で植物に必要な養分（イオンなど）や水分子を出し入れできる。さらに粘土粒子がいろいろなものと混ざって，直径が 2 μm 以下の**団粒構造**をしており，日照りが続いても水分をうまく蓄えることができる[8]。

土壌を生成する因子としては，**岩石・気候・生物・地形・時間・人間**の六つの**営力**（地殻を構成する力）が挙げられる。土壌の質や形状，強度などにしたがって住宅地や農地，工業用地などその用途はさまざまである。生物は普通，土すなわち陸地があって初めて太陽，水，大気の恩恵が受けられる。土がつねに大気や水と接触しているため，生態と土壌との結び付きは大きい。このように土壌には，食糧・木などの生産機能，水質浄化や地下水かん養機能，自然生態系や景観維持保全機能などの多機能が備わっている。

また，土中の多様な微生物や小動物は，それぞれが**共生**（symbiosis）しながら，それ自身の営みだけでなく，土の成分やほかの生物の生育環境とのバランスも保ってくれている。それらの生物は，地上や地中の落ち葉や死骸などの

ごみを分解し，それから植物などに有用なアンモニウムイオンや硝酸イオンなどの養分を作る働きがある。さらに，微生物が植物の毛根周りに生育して，空気や養分を取り込みやすい状態を作ることもある。

地球を巡る炭素循環にかかわるストックとフローの概略と大気圏，水域圏，土壌圏それぞれの間の定量的関係を**図 7.4** に示した[9]。また土と大気，水との地球を巡る窒素循環におけるストックとフローの関係を**図 7.5** に示した[10]。図中の数値はストック量のみを示す。

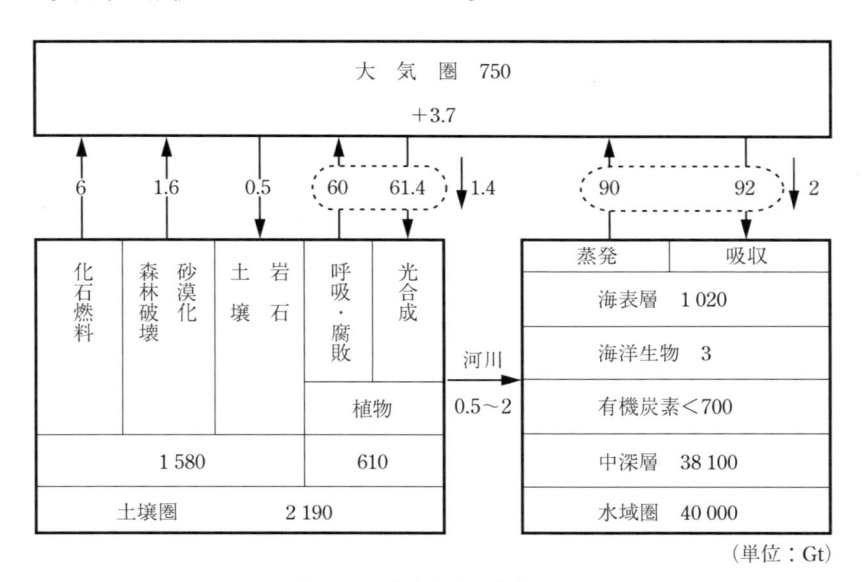

図 7.4 地球を巡る炭素循環

これらの循環図から，資源の量的関係を示すのみではなく，たがいの環境因子との影響度についてもつかむことができる。炭素循環の場合は，大気中に CO_2 としてストックされる量よりも海洋や土壌にストックされる量のほうが圧倒的に大きく，逆に窒素循環では大部分が大気中に N_2 としてストックされていることがわかる。

図 7.4 から，ストックされている炭素量は，大気圏を基準として 水域圏＞土壌圏＞大気圏 の順に多く，水域圏では海洋の中深層でのストックが圧倒的

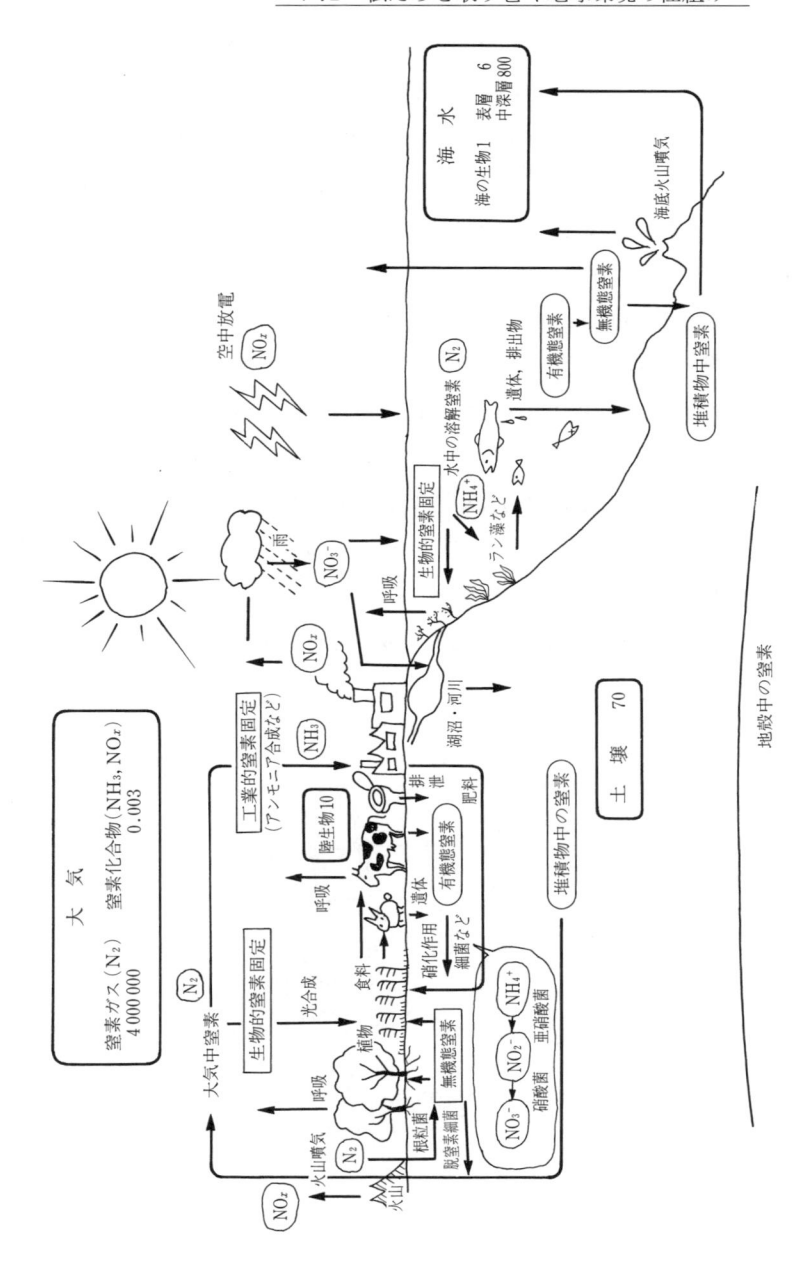

7.1 私たちを取り巻く地球環境の仕組み

図 7.5 地球を巡る窒素循環（囲みの数値はストック量。単位は 10 億トン）

に多い[9]。自然な状態での地球上の炭素収支は，**平衡状態**[†]（equilibrium state）にあるはずである。大気中ではCO_2で，陸上では土壌中や植物により有機物として，水域圏ではメカニズムは未解明であるが無機炭酸塩として存在していることが知られている。特に炭素の役割を考えると，その地殻中での全元素に対する炭素の量はごくわずか0.02％にすぎないが，以下の重要な三つに集約される[11]。

1） CO_2は気候の形成に重要な影響を与える。
2） 化石燃料（有機炭素）は人類にとって貴重なエネルギー源である。
3） 炭素は地球上の生命を構成する化合物の骨格元素である。

7.2 自然システムと熱エネルギーバランス

7.2.1 地球上のエネルギーバランス

地球上のエネルギーバランスは，図7.6に示す太陽からの熱エネルギー収

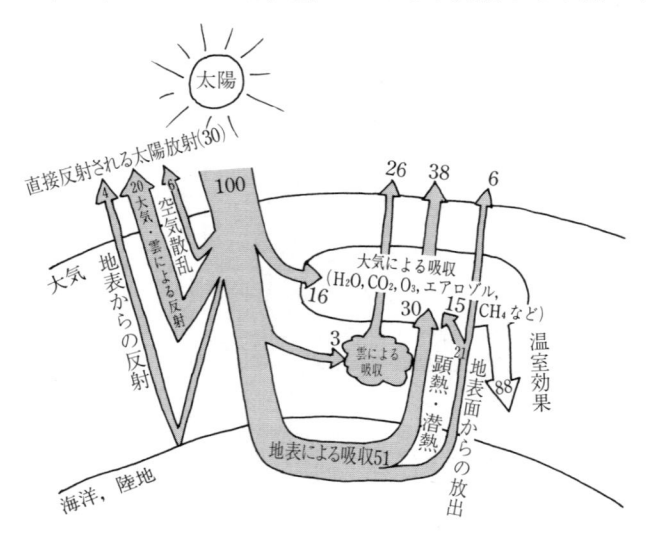

図7.6 太陽からの熱エネルギー収支

[†] 平衡状態：本来双方向の物質移動がある現象において，物質収支が安定である状態。

7.2 自然システムと熱エネルギーバランス

支とすでに述べた炭素収支（図 7.4）の両方によってその仕組みを理解できる[12),13)]。図 7.6 では，太陽より直接入ってくるエネルギーを基準として地表面や大気組成，大気構造などによるエネルギーバランスについて，そのメカニズムが示されている。

地球にそそがれる入射エネルギーを 100 ％としたとき，30 ％は直接反射されるが，残りは大気や地表に吸収されている。地表面に到達した太陽光は，水蒸気を介して顕熱および潜熱として大気中に拡散し，地表面からの放射や放出により熱エネルギーとして大気へ伝わる。このような仕組みを**アルベド**（albedo）（コーヒーブレイク参照）と呼んでいる。アルベドは，自然アルベドと意図的アルベドに分けられる。

太陽によるエネルギー収支は，大気組成や大気構造に大きく寄与しており，化石燃料の燃焼による大気組成割合の変化や絶対量の増加は，そのメカニズムのバランスを崩す原因となりうる。人類によるエネルギー消費が化石燃料を主体とする限り，CO_2 などの発生は避けられない現象であり，地球環境を崩す

コーヒーブレイク

アルベド

COP 3 に代表されるように地球温暖化議論やその対策の機運が世界的に高まっている。地球温暖化の主要因である CO_2 の増加対策は，そのスケールが地球規模であるため抑制したり，低減したりすることは容易でない。温暖化対策としては，直接原因である CO_2 を減らす方法と温度上昇そのものを下げる（オフセット）方法とに分けることができる。

CO_2 を抑制する対策としては，省エネルギー化や高効率化，CO_2 排出原単位および産業連関表による明確な排出量削減，海中貯蔵法，バイオマス固定などが挙げられる。オフセット方法では，地球を直接的に冷却する方法が考えられる。すなわち太陽からの入射エネルギー量を人工的に制御する方法である。

このような人工的なアルベド制御の応用は幅が広く，砂漠や海面，大気圏外など太陽光の反射材を設置し，入射エネルギー量を減らす積極的な方法が考えられる。地球環境産業技術研究機構（RITE）では，太陽と地球の間にラグランジュ点と呼ばれる安定した宇宙空間が存在しているので，その位置に太陽光を直接反射する反射材を展開する可能性を提示している。

要因の一つとなりうる。近未来的には，省エネルギーや高効率化技術によるエネルギー原単位の向上が期待されるが，中長期的な将来展望では自然に適した再生可能エネルギーの開発が望まれる。

7.2.2 地球環境の自己調整システム

生命体が種の保存のため環境に対応して長い年月をかけて進化し続けるように，地球自身も気候や大気組成などを調整してきた。**ラヴロック**の唱えたガイア説では，地球自身があらゆる生命，大気，海洋，そして土壌を含む一つの複合体として，自己調整的な活動をしているという。**ガイア**（Gaia）とは，ギリシャ神話における大地の女神のことであり，**地質学**（geology）や**地理学**（geography）の語源となった。自動的に**自己調整**するシステムを**サイバネティック**（cybernetics），また，環境を一定範囲に保つはたらきを**ホメオスタシス**（homeostasis）と呼ぶが，ガイア説によると地球にはそのような機能が備わっているという。例えば，現在の地球の温暖化やそれに伴う海面上昇，異常気象およびCO_2，NO_xの増加など人類の社会活動に大きく依存するものもすべて含め，地球のバイオリズム，呼吸の一つのように扱う考え方である[14),15)]。

ミランコビッチ（1875～1958）の説によると，地球が太陽から受けるエネルギーの揺らぎを物理学的に解けば，約10万年の周期で繰り返される氷河期も現在の地球温暖化現象もうまく数式的に説明できるというのである[16)]。そのほか，ウィルソン天文台の研究結果など，太陽活動（磁気活動や光度的活動）の変動によって温暖化を説明できるかもしれないという報告例も浮上している。

しかし，地球の長い歴史の中で人類が登場したのはわずか300～400万年前である。農耕や牧畜による食糧の確保，さらには高度な文明の発達によって世界人口は60億にまで膨れ上がっている。炎を熱エネルギー源として知的に文明社会に取り入れた人類が，文明社会の発展により人口増加や食糧問題を抱え，生態系のバランスを崩し，自然の営みを逸脱した消費活動により，私たちを囲む環境を通じて身に返ってきたのも，ガイアの嘆きかもしれない。

7.3 地球環境汚染とそのメカニズム

　地球環境汚染はさまざまな形で私たちの視野に入るようになってきた。地球環境汚染は普通，大気圏，水域圏，土壌圏の3圏を基軸にすると，大気汚染と水質汚濁，土壌汚染に放射線汚染を加えた四つに分類される。ここでは環境汚染についての概略を述べ，化学物質による環境汚染の詳細については 8 章で述べる。

7.3.1 大気圏での環境汚染

　先に述べたように，燃焼反応では反応後に生じる燃焼生成物が直接大気圏に影響を与えている。排出された燃焼生成物は，直接的に汚染にかかわる場合と，二次的あるいは間接的に汚染にかかわる場合とがある。直接的な汚染物質の例としては，排出量の多い順に**一酸化炭素**（CO：carbon monoxide），**硫黄酸化物**（SO_x：sulfur oxides），**炭化水素**（HC：hydrocarbon），**浮遊粒子状物質**（SPM：suspended particulate matter），**窒素酸化物**（NO_x：nitrogen oxides）などが挙げられ，間接的な汚染としては温暖化やオゾン層破壊などが挙げられる。

　〔1〕 **温室効果ガスによる地球温暖化**　　**地球温暖化**あるいは**温室効果**（greenhouse effect）が当面の地球環境保全の焦点となっており，おもに CO_2 がその原因といわれている。しかし CO_2 は地表温度を一定に保つのに必須な気体であり，体積にして現在の約 0.035 % 程度の濃度においては人体に無害である。そのほか，メタン，フロンおよび大気中の水分子も**赤外線**（infrared rays）を吸収する能力があり，**温室効果ガス**（greenhouse gas）と呼ばれている。なお，大気の組成である N_2，O_2 などの二原子分子は赤外線の吸収を無視できる。

　太陽から届く電磁波のうち波長の短いものは大気などにほとんど吸収されずに透過して地表に到達する。地表面では，太陽エネルギーを地表が吸収し地表

温度として熱エネルギーに変換され，固体輻射として宇宙空間へ向かって反射される。CO_2 などの温室効果ガスはその分子内運動に対応する吸収波長（CO_2 では約 15 μm）が，ちょうど遠赤外線領域の波長に対応するため，地表から放射された遠赤外線を吸収する。

図 **7.7** に赤外線分光法による地球放射のスペクトルの波長と強度の関係とを示す。図中には吸収する波長領域に対応する分子が示されている。CO_2 と H_2O に対応する吸収波長領域でスペクトルの強度が大きく落ち込んでいることがわかる。これは吸収された熱の一部は大気圏外に放出するが，大気中の分子によって光の一部が熱エネルギーとして蓄積し地上を暖めることに対応する。この現象が一般に温室効果と呼ばれるものである。

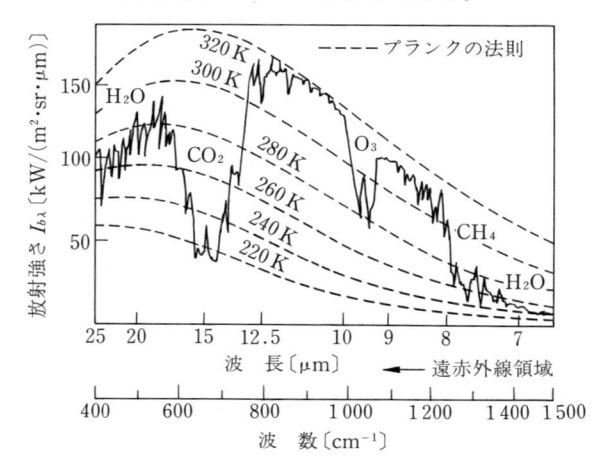

図 **7.7** 赤外線分光法による地球放射のスペクトル〔R.A.Hanal, et al.：J. Gesphys. Res., 11, 2629–2641（1972）〕

図 **7.8** に代表的な温室効果ガス濃度の年次変化を示した。さらに図 **7.9** に各種温室効果ガスの地球温暖化への寄与率と CO_2 の値を基準としたときの各気体分子の地球温暖化への寄与の度合い[18]，**GWP（地球温暖化指数）** を示している。ただしフロンについてはその分子構造によって GWP の値が異なっている（**4，8** 章参照）。近年まで，**亜酸化窒素**（N_2O：酸化二窒素）の温室効果は CO_2 に比べて着目されていなかったが，CO_2 よりも高い GWP 値を示

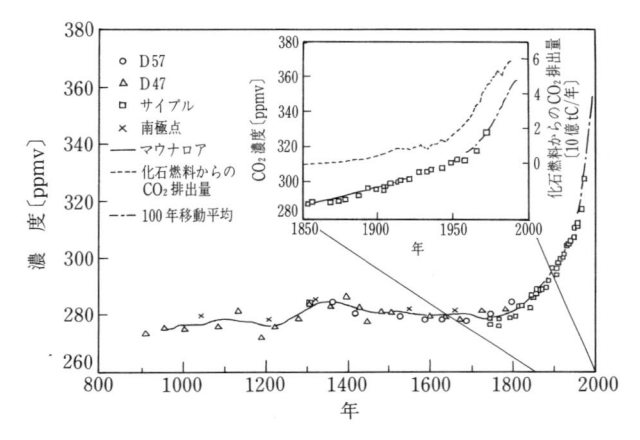

7.3 地球環境汚染とそのメカニズム　145

(a) 過去1000年の氷床の分析による大気中のCO_2濃度
〔IPCC (1995)〕

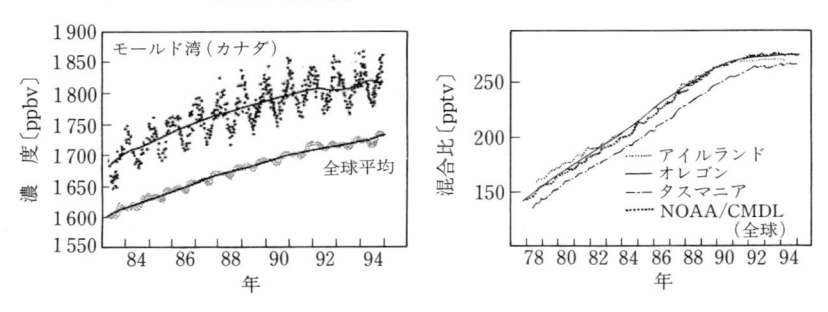

(b) 大気中のメタン濃度〔IPCC (1995)〕

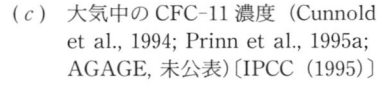

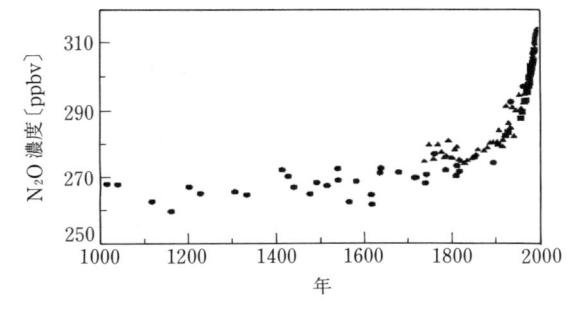

(c) 大気中のCFC-11濃度 (Cunnold et al., 1994; Prinn et al., 1995a; AGAGE, 未公表)〔IPCC (1995)〕

(d) 大気中のN_2O濃度〔IPCC (1995)〕

図 7.8　代表的な温室効果ガス濃度の年次変化

オゾン層を破壊しない代替フロン類など
(HFCs, PFCs, SF$_6$)
0%

オゾン層を破壊するフロン類
(CFC, HCFC)およびハロン
14%

亜酸化窒素
(N$_2$O)
6%(310)

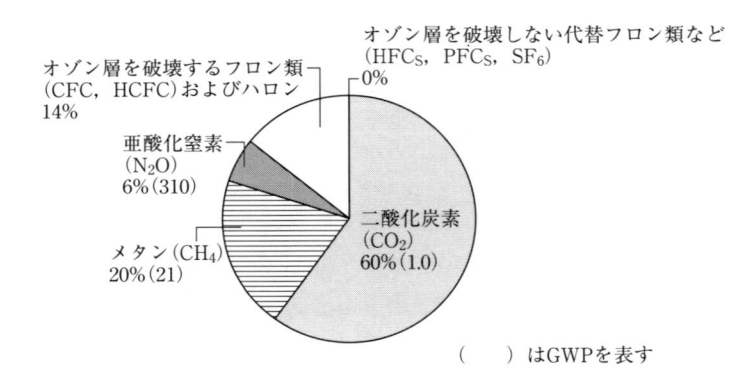

メタン(CH$_4$)
20%(21)

二酸化炭素
(CO$_2$)
60%(1.0)

(　)はGWPを表す

図7.9 各種温暖化効果ガスの温暖化への寄与率〔平成22年版環境白書・循環型社会白書・生物多様性白書および「地球温暖化対策の推進に関する法律」〕

すこと，また近年その濃度増加が大きいことを注視する必要がある。

大気中に温室効果ガスが存在しなければ，地球の大気温度は現在よりも約33℃も低下すると見積られている[19]。**IPCC**(気候変動に関する政府間パネル：Intergovernmental Panel on Climate Change)の報告によれば，CO$_2$濃度が自然レベルの2倍を超えると，地球の気温が2.5℃上昇するとも見積もられており，それが現実化するとさまざまな異常気象が起こり，それによる波及効果は計り知れない。

地球温暖化現象を示唆する地球大気の温度変化を**図7.10**に示した。地上平均温度がわずか1℃上昇すると，北極の氷が溶けることによる水位の変動，海水の温度変化による台風や熱帯性低気圧の異常発生(エルニーニョ現象あるいはラニーニャ現象)あるいは海水中に溶存しているCO$_2$やメタンの放出などを招き，環境破壊の悪循環に陥ることになる。

〔**2**〕 **硫黄酸化物(SO$_x$)，窒素酸化物(NO$_x$)の排出と酸性雨**　　酸性雨(acid rain)とは，一般に**pH**(hydrogen ion exponent：水素イオン指数)†が5.6以下の雨のことをいう。しかし厳密には，雨のpHが5.6以下になること

---

† pH = $-\log[\text{H}^+]$，ここで[H$^+$]は水溶液中の水素イオンのモル濃度。常温・常圧の中性の水はpH = 7である。この値が小さいほどその水溶液中の水素イオン濃度が高く，酸性度が大きい。

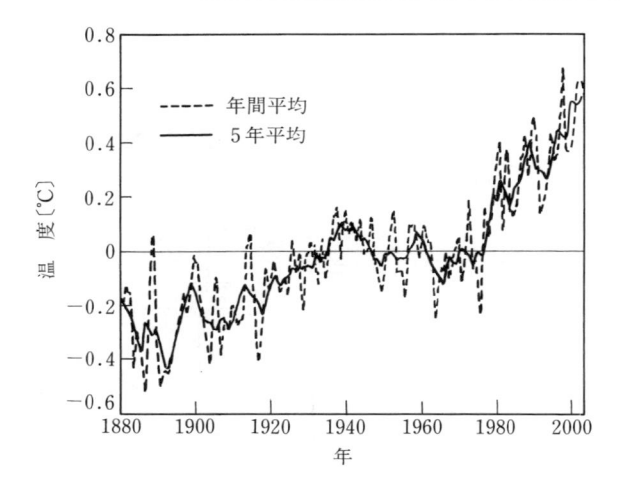

図 7.10 地球大気の温度変化〔Hansen, J., Mki. Sato, R. Ruedy, et. al., 2007. Dangerous human-made interference with climate：A GISS modelE study. Atmos. Chem. Phys.,7, 2287-2312〕

を示すのではなく，大気中に酸ができてそれが雨などによって沈降し，地上に沈着することを示す。pH 5.6 という数値の設定は，pH 7 付近の（中性の）水を大気に開放してしばらく放置すると，空気中の CO_2 が溶解して炭酸水となり，pH が 5.6 付近まで低下することによる。したがって大気と接触する雨は通常弱酸性であるが，酸性物質の溶解によってその pH がさらに小さい値となる。

　酸性雨のおもな原因は，化石燃料中の硫黄分と窒素分が酸化した物と，燃焼反応による温度上昇に伴って発生する酸化物とに分けられる。**硫黄酸化物**（SO_x）や**窒素酸化物**（NO_x）が大気へ放出されると雨などの大気中の水分に溶けて硫酸（H_2SO_4）や硝酸（HNO_3）などになり，幅広く大気圏，水域圏，土壌圏に広がり汚染する。**図 7.11** に酸性雨の発生機構を示した。

　雨の pH は地域的な差もあるが，近年における日本での平均 pH 値は 4.7 で，ヨーロッパ各地でも 4～6 の値が観測されている。アメリカでは，五大湖周辺など工業地帯において pH 4 弱を示す報告もある。日本では脱硫や脱硝技

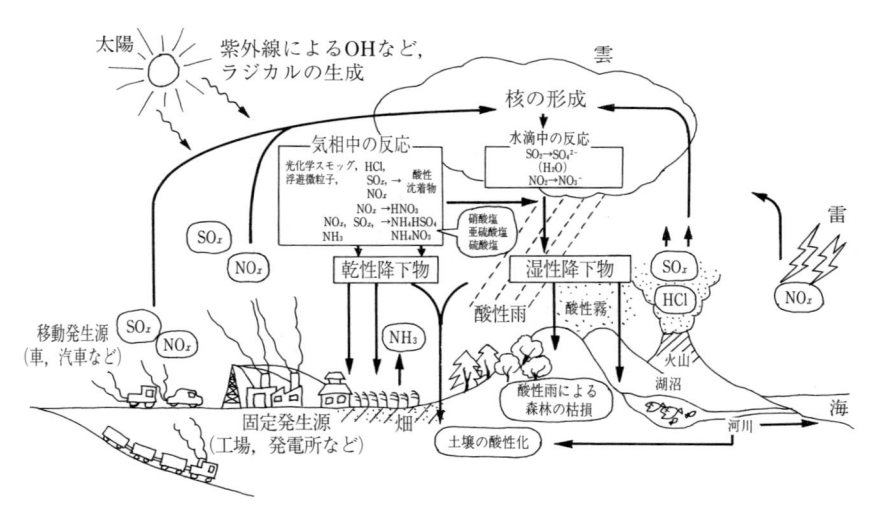

図 7.11 酸性雨の発生機構

術が進んでおり，NO_x や SO_x の排出量が欧米諸国に比較して大幅に低く，今後環境保全技術の輸出が期待される。

SO_x には二酸化硫黄（SO_2），三酸化硫黄（SO_3），硫黄ミストなどが含まれ，いずれも刺激性があり，また呼吸器障害を引き起こす可能性がある。硫黄は石油や石炭などに高いもので数％含まれており，燃焼による硫黄化合物の酸化反応によって SO_x が生成する。石炭には無機硫黄と有機硫黄の両方が含まれ[†]，無機硫黄は基本的に粉砕による分離が可能である。一方，**表 7.3** に示す石油中に含まれる基本的な硫黄成分のほとんどが有機硫黄化合物である。酸性雨の原因となっているおもな SO_x は SO_2 であり，石炭由来のものが全体の約 60 ％ を占め，火力発電所や工業用ボイラなどがその排出源となっている。

他方，NO_x は窒素の起源から，窒素が化石燃料中に含まれる場合には **Fuel NO_x**，空気中に存在する窒素が酸化してできた場合には **Thermal NO_x** と呼ばれる。普通 NO_x と書くと，一酸化窒素（NO）あるいは二酸化窒素（NO_2）

---

† 石炭中の硫黄：有機物と化合した有機硫黄と，硫化鉄石膏などの無機硫黄に分けられる。

7.3 地球環境汚染とそのメカニズム

表 7.3　石油中に含まれる基本的な硫黄成分

脂肪族化合物	チオール　　　：RSH チオエーテル：RSR	
芳香族化合物	チオフェノール （構造式）	ベンゾチオフェン （構造式）
	チオフェン （構造式）	ジベンゾチオフェン （構造式）

を示し，両方の混合物を示すこともある．窒素は大気中に大量に存在することもあり，火力発電所や内燃機関における燃焼過程で発生するものが主たる発生源である．NO は大気中の O_2 あるいは O_3 と反応して NO_2 となる．これが大気中の OH ラジカルや水と反応して硝酸（HNO_3）となり，水に溶けて硫酸（H_2SO_4）と同様に酸性雨の要因となる．NO_2 では感染抵抗の減少や目の角膜損傷が生じることが報告されている．

　pH の値が小さくなるのは，上記のような硝酸や硫酸が雨水に溶けてイオン解離し，水素イオンを生成するからである．硫酸や硝酸はナトリウム塩やカルシウム塩などの形で雨に混入することもあるので，酸性の度合い，すなわち pH の値は硫酸や硝酸の量を示すものではないことに注意が必要である．日本の平均的な雨水のイオン組成を図 7.12 に示す．NO_3^- や SO_4^{2-} などの陰イ

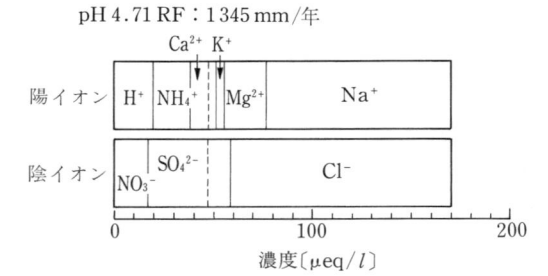

図 7.12　日本の平均的な雨水のイオン組成〔平成 8 年度環境庁酸性雨対策調査〕

オンの濃度が上がることで，酸性化が進むのではなく上段に示された H^+ の濃度が pH の値を決めている。

酸性雨が引き起こしているさまざまな環境問題として，森林の衰退（落葉や土壌変性による森林の枯死），pH に敏感なプランクトンの死滅による食物連鎖の切断，建造物の侵食による建築物の崩壊などが顕在化してきた。銅（Cu），あるいは銅メッキを施した像，石灰石や大理石など炭酸カルシウム（$CaCO_3$）でできた建築物への酸性雨の影響については，下の化学式で示すような酸との反応で理解できる。

$$CaCO_3 + H_2SO_4 \longrightarrow CaSO_4 + CO_2 + H_2O \qquad (7.1)$$

$$3\,Cu + 8\,HNO_3 \longrightarrow 3\,Cu(NO_3)_2 + 2\,NO + 4\,H_2O \qquad (7.2)$$

〔3〕 **光化学スモッグ**　自動車の排ガスなどに含まれる**炭化水素**[†]（HC）と NO_x が太陽光の作用によって反応した結果，大気中に生成する**スモッグ**（smog：smoke と fog の合成語）を**光化学スモッグ**（photochemical smog）という。スモッグ中に含まれる O_3 や **PAN**（peroxyacetylnitrate, $CH_3CO\text{-}OONO_2$）などの酸化性物質を合わせて**光化学オキシダント**といい，これらがスモッグの原因となっている。これらは目，鼻，気管支，肺に障害を来たし，また 10 ppb ほどの濃度でも農作物を損傷する。

〔4〕 **浮遊粒子状物質**　浮遊粒子状物質（SPM：suspended particulate matter）とは大気中に浮遊する粒径 10 μm 以下の粒子状物質で大気を汚染する原因の一つである。微粉炭火力発電所では石炭を微粉化させるため，燃焼後の灰分などが微粒子となり大気へ放出される。このため発電所では電気式集じん機などの環境保全装置を設置し，対処しなければならない。また，ディーゼル機関でも微粒子の発生が問題となっており，燃料改質や燃焼技術の開発，改善などが積極的に行われている。

浮遊粒子状物質は，体積に比べ表面積（比表面積）が大きい性質から超微粒子とも呼ばれる。重力による沈降が遅く，大気流に追従して浮遊することがで

---

† 炭化水素：炭素と水素からなる有機物。例えばベンゼン（C_6H_6）やヘキサン（C_6H_{14}）などを示す。

きる。また微細であるため粒子間の付着力が大きく固まりとなり，不活性ガス中では粒子は鎖状につながる。

浮遊粒子の中には，花粉，火山灰，塩，黄砂などの自然発生するものと，煤，灰，アスベスト（石綿），金属粉など人工的なものが挙げられる。浮遊粒子は気道や肺胞に沈着しやすく呼吸器疾患を引き起こし私たちの健康を脅かす。特に，浮遊粒子は付着性が強いため，粒子の表面に未燃焼の炭化水素や，酸性雨の原因である SO_x や NO_x 由来の硫酸や硝酸などの化学物質が付着した状態で気管支系に沈降すると，大きな障害を引き起こすと懸念されている。環境基準が設定されている浮遊粒子状物質は粒径が $10\,\mu m$ 以下のものであるが，ディーゼル機関からの排出粒子規制はさらに厳しいものとなっている。工場・事業所から発生するものについては，大気防止汚染法に基づき，燃料などの燃焼に伴い発生する物質をばいじん，物の粉砕などの機械的処理に伴い発生するものを粉じんと区別している。

7.3.2　水域圏，土壌圏での環境汚染と放射能汚染

〔1〕**水質汚濁と土壌汚染**　私たちは農業，工業，発電，生活などのために毎日多くの水を利用している。水は地球上で循環しており，自然が持つ浄化能力の許容範囲内では汚染は広がらない。しかし，ダムや橋などの人工の建造物による水環境の破壊，廃棄物問題などに代表される人工化学物質の流出などが原因で，環境破壊の広がりは自然浄化の許容能力を超えて進行している。

水質汚濁の進行のおもな原因は，産業の発達と人口の都市集中化によるものである。また，化学物質による陸上での水質汚濁は河川によって運ばれ，最終的には海洋汚染に至る。これが生体濃縮や水の循環機能によって，海洋から陸上に汚染物質が再び戻ってくることが多い。また，漁業活動に伴う環境破壊も近年表面化しており，養殖場確保のため，インドネシア，フィリピンなどでアジアのえび養殖場のためにマングローブ林が伐採され失われている。さらには養殖場における残餌や排泄物による富栄養化の進行が原因で，赤潮などプランクトンの異常発生が見受けられる。そのほか，干拓事業拡大のための人工水門

の設置に伴う生態系の破壊なども表面化している。

　土はつねに水と空気に触れていること，また土の水や空気を含みやすい性質から，その土壌汚染は水域圏や大気圏と相互の関連が深い。有害物質による汚染は，水質汚濁や大気汚染を通じて，二次的に土壌中に負荷される場合が少なくない。土壌の汚染原因は化学物質（農薬，ダイオキシン類，重金属類，塩素系有機溶剤など）だけでなく，放射能や塩類の集積，火山灰，酸性雨なども挙げられる。

　水質汚濁の指標と環境基準には，pH，**BOD**（生物化学的酸素要求量：biochemical oxygen demand），**COD**（化学的酸素要求量：chemical oxygen demand）などがあり，いくつかを表 7.4 にまとめた[20),21)]。一般に私たちの生活にかかわる水質は，有機汚濁により大きな影響を受けているため，BOD（河川）および COD（湖沼・海域）によって有機汚濁の度合いが評価されている。その基準値は，水道水，排水などの項目によって異なっている。

　また，排水や養殖場の残餌などの影響により**富栄養化**（eutrophication）があちこちで起きている。これは，水中のリン（P），窒素（N）などの濃度が高くなり，一部の生物系の生産が活発化して生態系が乱れる状態をいう。リンは人間が使用する元素で農業・工場・都市排水などに集約し，植物や藻類の成長を左右する。また窒素は無機体，有機体と形態はさまざまであるが，リンと同様に富栄養化の原因となる。これらリンや窒素の濃度増大は，プランクトンの異常増殖による赤潮の発生や魚の大量死滅や湖水の悪臭などの原因となる。

〔**2**〕　**放射能汚染**[1),22)]　　近年，原子力エネルギーの平和的な利用の是非が問われている。エネルギー資源としての議論よりはむしろ，人体や生態系への影響を考えての議論に終始しているようである。現実には原子力発電にかかわる事故が国際的に続く一方で各国のエネルギー事情が異なるのが，それぞれの立場でエネルギー政策を打ち出している理由でもある。

　最近の原子力関連の事故例において，**被ばく**の度合いはさまざまではあるが，人体には白血病，内臓奇形，脱毛症，がん，内臓障害，生殖障害などの影響にとどまらず，死に至らしめる場合もあった。放射線が細胞の核に含まれる

7.3 地球環境汚染とそのメカニズム

表 7.4 水質汚濁の指標と環境基準

項　　目	内　　容
水素イオン指数 (pH：hydrogen ion exponent)	(ピーエッチ)水中の水素イオンの量をモル濃度の指数で表す。pH＝－log［水素イオンモル濃度］。常温・常圧で中性の水は pH 7 である
生物化学的酸素要求量 (BOD：biochemical oxygen demand)	水中に溶存する有機物が好気性微生物によって分解されるのに必要な酸素量。普通 20 °C，5 日間の間に消費される酸素量を ppm で表す。わが国では現在，環境基準として河川については BOD が，湖沼と海水については COD が有機性汚濁の指標と定まっている
化学的酸素要求量 (COD：chemical oxygen demand)	水中の有機物が化学的に酸化分解するのに必要な酸素量。試験的には有機物を過マンガン酸カリウムなどの酸化剤で分解したときに消費される酸素の量を ppm で示す
浮遊物質量，懸濁物 (SS：suspended solid)	濁りの原因となる粒子で，孔径 1 μm 前後のフィルタ上に捕集されるものを乾燥重量で表す
溶在酸素 (DO：dissolved oxygen)	水に溶け込んでいる酸素の量を示す。水中生息生物の生存にかかわる指標の一つ。魚類は 2〜3 ppm 以下では生息できない。DO 値が 7〜8 ppm 以上の水は良好といえる
全有機炭素 (TOC：total organic carbon)	有機物は必ず炭素を骨格とする化合物であるから，有機物の量を示す指標として用いられる。試験的には溶存する有機物をすべて酸化させて CO_2 に変え，CO_2 の量から炭素量を決定する
窒素含有量	富栄養化(eutrophication)の指標となる。1 l 当りに含まれる窒素原子重量で表す
リン含有量	富栄養化の指標となる。1 l 当りに含まれるリン原子重量で表す
大腸菌群数	単位体積(100 ml)当りに含まれる大腸菌の最確数 (MPN：most probable number)
水温および電導度	物質の水への溶解度は水温に大きく依存することが多いので，各物質の溶存量に影響を与える。また，電導度は水中に溶存するナトリウムイオン，カリウムイオン，カルシウムイオン，マグネシウムイオン，およびその他陰イオンのおおよその総量とイオンの電気を運ぶ早さによって支配されるので，大まかに水中の溶存イオン量を見積もることができる
その他	特定イオン濃度，細菌濃度，放射能，色，におい，濁度など

DNA にも障害を与えると，分裂能力や遺伝能力に異常をもたらす場合があり，がんの誘発や不妊症は遺伝的障害として次世代に受け継がれる場合がある[22]。

154　　　7. エネルギー変換と環境保全

　ここで放射能汚染に関する用語であるが，放射線漏れと放射能漏れを誤解してはならない。**放射線**（radiation）とは電離作用をもつ電磁波（X線，γ線，短波長の紫外線，高速荷電粒子，高速電子線，高速中性子線など）をいい，もともと放射性物質が放射性崩壊†するときに放出されるものをいう。

　一方，**放射能**（radio activity）とは，放射線を放出する能力あるいは放出する現象のことをいう。放射能漏れとは，放射性物質が環境に漏れたことを示すが，放射線漏れは臨界状態に達した物質から多量の放射線が漏れたのであって，放射線を継続的に撒き散らす物質が環境に漏れ出すのではない。チェルノブイリ原発事故は放射能漏れ事故であったのに対し，東海村ウラン加工施設臨界事故は放射線漏れ事故であった。

研究 7.2　これまでの放射能漏れの事故例を挙げ，それぞれにおいてどれだけの線量等量が測定されたか調べてみよ。

　土壌の放射能汚染とは，基本的に放射性物質が土壌に混入した状態を示す。土壌と水は密接に関係していることから，土壌汚染は当然水質汚染につながる。土が放射性物質で汚染されている場合は大気も同時に汚染されていることが多く，このような環境中の放射性物質が動物，植物に取り込まれ，最終的には何千，何万倍という高濃度で人体に移行することがある。

　放射線による生物への影響（被ばくの程度）を示す単位は線量当量〔Sv〕（シーベルト）が一般的で，まれに〔rem〕（レム）を使う（1 Sv＝100 rem）。どれだけの生物学的な影響を持つかは，生物の体重あるいは臓器重量当りに受けるエネルギー量で示す。一般には年間当りの**実効線量当量**〔Sv/年〕を用いる。被ばくの程度は，放射線の種類および体内の組織や臓器によって生じる生物学的影響が異なるので，各臓器の吸収線量に放射線種に依存する線質係数とその臓器の感受性を表す係数をそれぞれ乗じて実効線量当量として用いる。

---

†　原子核は中性子と陽子から構成されている。核自身の不安定性によって粒子やエネルギー（放射線）を放出しながら自発的に分解する現象を放射性崩壊と呼ぶ。

7.4 エネルギー変換と環境対策

本節では，従来型の発電システムにかかわる環境問題と発電所設置に伴う環境への対策および送電，変電などと環境との関係を紹介する。さらに運輸・交通システムおよび地域と家庭生活での環境問題への対策について述べる。

7.4.1 従来型発電システムと環境対策

〔1〕 **火力発電の環境対策**　火力発電所では，CO_2 発生，光化学スモッグや酸性雨の原因となる SO_x，NO_x，ばいじんなどの大気汚染防止のための対策が数多くとられている。

1）CO_2 排出について　CO_2 排出抑制に向けた取組みとしては，原子力そのほか新しいエネルギー源の開発などを前提として，2010 年度における電気事業全体の CO_2 排出原単位（発電電力量当りの CO_2 排出量）を 1990 年度の実績から 20 % 程度にまで低減する予定である。これによって，1990 年度を基準とした場合，2010 年度には発電電力量が 1.5 倍程度に増加すると想定されているのに対して，CO_2 総排出量は 1.2 倍程度の伸びに抑えられる見通しとなっている。図 **7.13** に電力事業と CO_2 の排出量の関係を示した。

CO_2 の低減については電力供給側だけが責任を負うのではなく，個人レベルで環境への意識を高め，CO_2 発生の抑制と省エネルギーへの意識が重要であろう。発電側としては **5** 章で述べたようなコージェネレーション，排熱利用などによる省エネルギーが期待される。わが国では，排出する CO_2 を削減するための高効率発電技術として，LNG 複合発電，石炭を燃料とする超々臨界圧発電，石炭ガス化複合発電などがある。

CO_2 除去方法としては，火力発電プロセスの中に CO_2 回収装置を併設し，深海や地中に貯留するなどの方法がある。発生する CO_2 の約 90 % を化学的あるいは物理的に吸着できる技術は構築されているが，CO_2 回収のためにエネルギーを多量に消費しなければならないのが現状で，正味の kW・h 当りの回

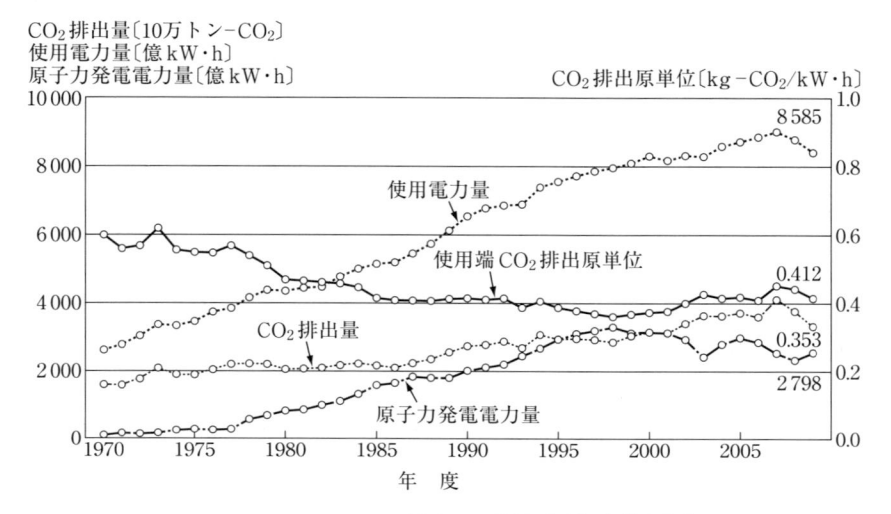

図 7.13 電力事業と CO_2 の排出量の関係〔電気事業連合会ホームページ「原子力・エネルギー図面集 2011」より〕

収率は 60% 程度となる。したがって，発電プラントの効率を犠牲にして成り立つシステムといえる。一方，CO_2 固定化や回収技術としては，化学的あるいは生物学的な技術が開発されているが，エネルギー資源との同時解決を目指した再生可能エネルギーとして 22 世紀に向けた展開が期待される。

2）**酸性雨（SO_x，NO_x）やばいじんへの取組み**　わが国では光化学スモッグなどの大気汚染が公害問題として取り上げられ，電気事業でも，火力発電所から発生する SO_x や NO_x の削減，ばいじん（燃料などの燃焼に伴って発生する粒子）対策に早くから取り組んできた。その結果，発電電力量当りの SO_x や NO_x の排出量は 1970 年代半ばから急速に低下し，現在では，OECD 先進 6 カ国と比較して，一けた低い値になっている。原料の段階で硫黄や窒素分の少ないものを選定する技術のほかに，排煙装置を設置するなどの対策がとられている。さらに発生する SO_x や NO_x を有価物へと化学的に変換できれば処理コストを削減することができる。NO_x の場合には窒素と酸素にまで還元する方法，SO_x の場合には石膏（硫酸カルシウム）に転換するような技術，また同時に硫酸アンモニウム〔$(NH_4)_2SO_4$〕や硝酸アンモニウム（NH_4

NO$_3$）に変換する脱硫・脱硝同時処理システムなどが用いられている。大気汚染防止対策の概要を図 **7.14** に示す。

石油中の硫黄，すなわち有機硫黄化合物の**脱硫**（硫黄の脱離）は無機硫黄化合物に比べて技術的に困難であった。しかし Co-Mo（コバルト-モリブデン）系の高活性脱硫触媒の開発が進んでから，水素添加による脱硫によって硫黄は硫化水素（H$_2$S）に転換され回収されている。しかし，地球環境保全の立場からは，いま以上に SO$_x$ を削減するために，超深度脱硫技術の開発が必要で，触媒を利用した回収技術が現在期待されている[18]。

〔2〕 **原子力発電の環境対策**　日本の原子力発電所は，「どのような場合にも放射性物質の危険性から周辺の人々の安全を確保すること」を大前提として安全対策が実施されている。かりに異常事態が発生したとしてもその拡大を防止し，周辺へ放射性物質を放出して環境へ影響を与えることがないように安全確保のために何段階もの安全対策がとられている。特に地震などの災害へは十分配慮されている。

また，原子力発電所では，周辺の人々の受ける放射線の量を年間 0.05 mSv 以下になるように管理しており，電力会社のほかに地方自治体も，放射線監視装置による空間放射線量を独自に測定（モニタリング）している。実績では 0.05 mSv を大きく下回り，年間 0.001 mSv 以下となっている[23]。

〔3〕 **環境負荷の少ない発電システム**　エネルギー変換技術の中でも，日本の電気エネルギーへの変換技術は，エネルギー効率と環境保全の両面から世界最高レベルにまで達している。発電システムでは，熱エネルギー源となる資源の選択から発電方法，送電方法，配電方法などさまざまな取組みが行われている。先に述べたように集中発電システムにおいては複合発電システムの開発，分散発電システムではコージェネレーションシステムの開発で総合熱効率の向上によって，環境への負荷の低減化が推し進められている。将来的には，化石資源枯渇に伴うエネルギー資源の見直し，代替エネルギーの開発，自然エネルギーや未利用エネルギーの有効利用，廃棄物（生活排出物）による発電システムも今後の重要な課題である。

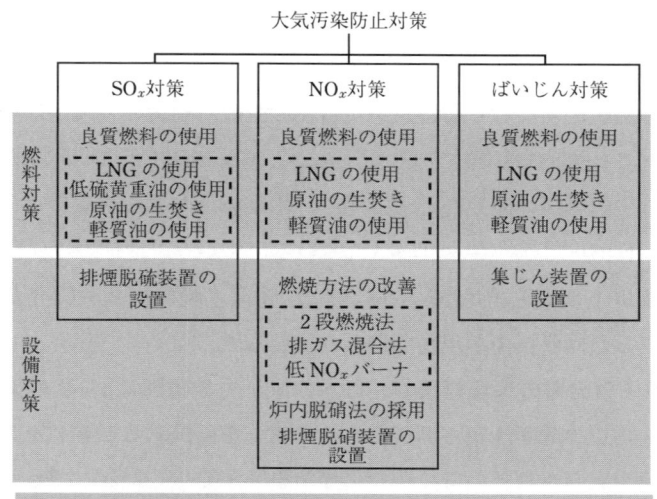

158　7. エネルギー変換と環境保全

```
                            大気汚染防止対策
          ┌─────────────────────┼─────────────────────┐
       SOₓ対策                NOₓ対策               ばいじん対策
```

燃料対策	良質燃料の使用 LNGの使用 低硫黄重油の使用 原油の生焚き 軽質油の使用	良質燃料の使用 LNGの使用 原油の生焚き 軽質油の使用	良質燃料の使用 LNGの使用 原油の生焚き 軽質油の使用
設備対策	排煙脱硫装置の設置	燃焼方法の改善 2段燃焼法 排ガス混合法 低NOₓバーナ 炉内脱硝法の採用 排煙脱硝装置の設置	集じん装置の設置
運用対策	徹底した燃焼管理，発生の監視　ほか			

(a) 大気汚染防止対策の概要

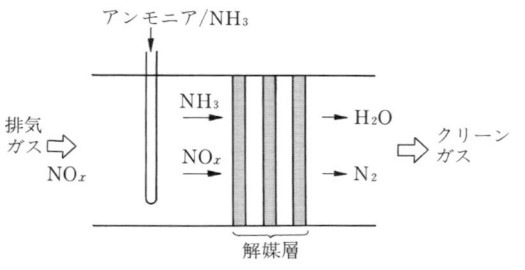

NOₓを含んだ排ガスにアンモニアを加え，触媒層の中を通すと，NOₓは触媒の働きで窒素と水に分解される。

(b) 脱硝装置の仕組み

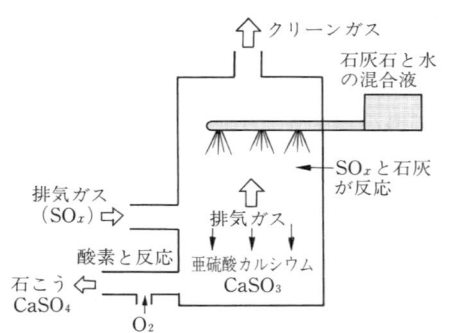

石灰石を粉状にして水との混合液を作り，排ガスに霧のように吹きつけると，排ガス中のSOₓと石灰が反応して，亜硫酸カルシウムとなる。これを酸素と反応させて，石こうとして取り出す。

(c) 脱硫装置の仕組み

図 7.14　火力発電における大気汚染防止対策技術
〔電気事業連合会ホームページより〕

7.4 エネルギー変換と環境対策

特に国内では，各発電所の立地条件や都市計画による送電や配電，変電系統の見直しによる環境への負荷低減がさまざまな角度から取り組まれている。発電設備では発生する電力の一部を発電用補機類（ボイラやタービンなど）の所内動力として使用することによって所内使用電力量の低減が図られている。送電設備では低ロス電線の採用による効率化が行われ，また配電設備においては配電線の直径の拡大による損失低減などが図られている。

しかし，これまで発電に際して長年利用されて老朽化した資材の処分やリサイクルの方法も，環境への負荷という観点で十分な検討が必要である。例えば1960年代に開発された**PCB**（polychlorinated biphenyl）はコンデンサの中で，難燃性・難分解性で耐熱性が高い優れたトランス油として使用されていた。PCBは1972年にその製造が撤廃されたにもかかわらず，いまもなお大量に残存する。PCBの不適切な処理に伴う**ダイオキシン類，トリハロメタン**な

コーヒーブレイク

グリーンケミストリー

一言で説明すると，「環境にやさしいものづくり」あるいは「あぶない物質を出さない化学合成」のこと。私たちは便利さを追求して，たくさんの人工化学物質に囲まれた生活を送っている。しかし，本文中で述べてきたように「化学物質」がいかに環境を破壊する大きな原因となっているかが明らかになってきた。もちろんグリーンケミストリーの概念は，つい最近できたものではない。化学工業を含めたすべての企業，産業界全体が昔から取り組んできた環境保全の一つである。ほんの最近まで，特に高度成長期には，環境への認識が少なかったからか，「製品を作る際に生じるごみはしかたがない。ごみはごみで別個に処理をする。」という消極的な考え方がまんえんしていたようである。

現在の社会では，「製品を作る際に生じるごみそのものを減らす。好ましくは，製品を作る際にごみを出さない。」といった積極的な姿勢が必要となってきた。「環境に優しい化学を創造する」という観点から環境問題に取り組もうというのである。グリーンケミストリーは「sustainable chemistry（継続可能な化学）」とも呼ばれており，私たち人類がなるべく環境に負荷をかけず，いまの文明をつぎの世代に伝えなければならない，という世界中の願いがこの言葉に託されている。化学者の立場で説明すると，「物質を設計し，合成し応用するときに有害物をなるべく使わず出さない化学」である。

どの発生が確認されているが，21世紀を迎えたいまでも，その完全な処理体系が構築されていない。

また，送電ケーブルに使用されている**ポリ塩化ビニル**（PVC：polyvinyl chloride）あるいは塩化ビニル樹脂も，焼却処理の条件によっては大量にダイオキシン類を発生する原因物質となる。PVCは低コストで性能がよいため，今後すぐに製造が撤廃することはないと考えられている。しかし，PVCに代わる新しい素材を用いて，**エコケーブル**と呼ばれる電線ケーブルが開発され実用化され始めている。代表的なエコケーブルの構造と特徴を図**7.15**および表**7.5**に示す[24]。

	エコケーブル	従来品
導体	銅	
絶縁体	（架橋）ポリエチレン	
介在物	紙，PPなど	
テープ	PET，PPなど	
シース	エコマテリアル（耐燃性ポリエチレン）	塩化ビニル

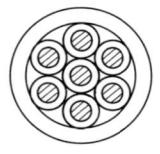

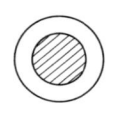

（a）低圧ケーブル　　（b）制御用ケーブル　（c）屋内用ケーブル

制御用と屋内用は低圧ケーブルの構成と同様

図**7.15**　代表的なエコケーブルの構造〔東川善文ら：SEIテクニカルレビュー第152号（1998）〕

表**7.5**　エコマテリアルのエコロジー性〔東川喜文ら：SEIテクニカルレビュー第152号（1998）〕

項　目	エコマテリアル	PVC	エコマテリアルのエコロジー性
ハロゲンガス発生量	0	200〜300 mg/g	有毒ガスが発生しない
発煙性能	80〜105	190〜310	低揮発性（スモークチャンバ試験で発煙濃度150以下）
腐蝕性ガス発生量	pH 4.3〜pH 4.6	pH 2	腐蝕性ガスの発生がない（IEC754-2でpH3.5以上）

従来の送電ケーブルの絶縁層と保護シースの大半部分がPVCで構成されていたが，ここの部分に塩素などのハロゲンを含まないポリエチレンやポリオレフィンを用いている。リサイクル性が向上し廃棄物の減量が可能，燃焼してもダイオキシンが発生しない材料となった。さらに材料の検討によって，従来の

ものに比べて耐油性や耐薬品性が向上し，また許容電流が大きくなったので導体サイズを小さくすることも可能となっている。

研究 7.3 各種発電所の立地条件とその理由を挙げてみよ。

研究 7.4 送電設備における損失低減の方法について具体例を挙げてみよ。

7.4.2 運輸・交通システムと環境対策

私たちの日常生活あるいは社会生活は，運輸・交通システムの発展とともに進化してきたが，その一方で直接的に地球環境を汚染し続けてきた歴史がある。馬や牛などによる家畜で賄っている間は，栄養補給や生理排出物による肥料化まで自然と調和した生活の中にエネルギー資源が存在していた。現在の運輸・交通システムでは，動力機関も含めた運輸荷重の増加によって化石資源を主体とするエネルギー資源から熱エネルギー変換を行い，熱機関による力学エネルギーから動力を取り出し，人の移動も含めた物流が行われている。

動力機関は，その燃焼形態から外燃機関と内燃機関に分けられ発展してきた。外燃機関には，ブレイトンサイクルによるガスタービンなど開発されている。内燃機関には，オットーサイクルやディーゼルサイクルなどが開発され，動力機関として私たちの身の回りで利用されている。

表 7.6 に熱エネルギー変換の違いによる内燃機関とその特徴を示す。内燃機関は，サイクルの違いから **S.I.機関**（spark ignition：火花点火）とディーゼル機関に分けられる。これらは燃焼の方法が異なっている。

表 7.6 熱エネルギー変換の違いによる内燃機関とその特徴

種類	搭載されている機関	おもな用途	燃焼現象	特徴
S.I.機関	乗用車	旅客輸送	予混合燃焼	高回転出力が得られ，スピード輸送に適している。燃焼による排気ガスは，比較的クリーンである。熱効率は比較的悪い
ディーゼル機関	トラック，バス，船舶	貨物輸送	拡散燃焼	大きなトルク出力が得られ，大型，重量輸送に適している。熱効率は比較的高いが，燃焼による排気ガスに注意が必要

S.I.機関では，燃料と酸化剤（空気）があらかじめ混合された状態で火花着火され，燃焼反応によるガス膨張により力学的なエネルギーへ変換される。この予混合ガスは伝搬性があるため，高速回転の力学的エネルギーを得ることができる。一方，ディーゼル機関では，高温に圧縮された酸化剤の中へ液体燃料が噴射されるため，酸化剤の中で燃料が拡散しながら燃焼反応が生じ，高いトルク・出力を得られる特徴がある。

環境保全の観点からみると，燃焼方法の違いから排気ガス特性が大きく異なる。S.I.機関では，予混合ガスによる燃焼反応が生じているため，完全燃焼に近い形で排気ガスが生じ，比較的クリーンな排気ガスとなる。そのため，排気ガス特性は，燃焼過程よりは液体燃料の組成によって大きく影響されるので，燃料組成を改善する手法がとられている。一方，ディーゼル機関では，燃焼過程が燃料の拡散過程に依存しているため，エンジン負荷による燃焼特性の変化が大きく，これが排気ガス特性を左右する。ディーゼル機関からは排気ガス中にSPMが排出されるが，これについてはすでに述べた。

排気ガスによる大気汚染の環境保全対策としては，内燃機関とバッテリーとのハイブリッド化や天然ガスによるLNGエンジンへの転換などが推し進められている。将来的には，再生可能エネルギー（メタノールなど）による内燃機関と燃料電池などのハイブリッド化によるエンジンの開発が期待されている。

7.4.3 地域・生活における環境対策

私たちの生活する地域や日常生活において，熱エネルギーの消費はさまざまな場面で見受けられる。地域では，ごみ焼却場や大形銭湯など，集中した熱エネルギーの発生が行われ，日常生活では風呂や台所などで小規模かつ分散的な熱エネルギーが利用されている。そのほとんどの熱エネルギーは，燃焼反応によって賄われている。地域規模では，日常生活で廃棄される家庭ごみや低質で難燃性の液体燃料が大形銭湯などで利用されている。熱エネルギーの有効利用の観点から，家庭ごみなどを活用したRDF燃焼装置が開発され，技術的には発電や温水配給が可能となってきたが，地域政策や社会的な整備が遅れている

のが現状である。

　家庭ごみの処分については，従来の埋立処分場などの地理的な制約がひっ迫しており，最近では人体から排出される生理汚泥の処分も，河川などの環境保全の観点から社会的な問題となりつつあり，燃焼処分を行っている自治体もある。このように，日常生活から出される廃棄物の環境保全を取り入れたエネルギー資源としての利用が望まれるところである。

　日常生活では，住宅建築の段階からエネルギー消費を最小限に抑えたアイディアが折り込まれるようになりつつある。個人住宅の屋根にソーラパネルや温水パネルを設置するなど，太陽エネルギーの有効利用が国の補助政策によって成果を上げている。また，水回りの質的な環境も含め風呂排水から洗濯機の洗い水やトイレ洗浄水との連携など，水需要についてすべてがクリーンな水源からの供給である必要はない。このように身近な家庭内でのエネルギー消費の合理化や廃棄物の資源化がさらに工夫されることによって，廃棄物ゼロ（**ゼロ・エミッション**）の社会構築が期待される。

演 習 問 題

【1】 水の中の水素イオン濃度が $0.005\,\mathrm{mol}/l$ のときのpHを求めよ。つぎに，pHが11.2のときの水素イオン濃度を求めよ。

【2】 RDF発電所で一日500トンの廃棄物燃焼を行ったとする。廃棄物中には10％の灰分が含まれており，燃焼過程で生じるダイオキシン類が20％の確率で付着し半径10kmに拡散するものとする。年間総量と単位面積当りの飛灰とダイオキシン類の量を求めよ。燃焼後の灰分の集塵率は99％とする。

【3】 Why is water one of the most important substances on the earth? And explain how evaporation of water acts as a coolant for the earth.

【4】 Nuclear power station produces electricity. What are merits and demerits of a nuclear power station from the point of global environment?

8

廃棄物と環境保全

　地球上生物の共有資源である地球環境は古来バランスを保ちながら利用されてきた。しかし，20世紀になってから人工的な化学物質による汚染が急激に広がっている。汚染の原因のほとんどが，私たちの生活を豊かで便利なものにしようとする人間の行為に依存するようである。
　21世紀の社会では地球環境を守るため，これまでに人類が生み出してきた環境汚染源について早急に取り組み，抑止技術や対策について考えなければならない。また，資源不足やエネルギー不足の観点から，廃棄物の量を減らして廃棄物自身を資源としてリサイクルする技術の開発も必須であろう。
　本章では，フロン，ダイオキシン類，環境ホルモンなどに代表される有害化学物質による環境汚染について触れ，最新の処理技術や国際的な環境保全の方向について学ぶ。

8.1　化学物質による環境汚染

　私たちの身の回りにある製品，例えばプラスチック容器，合成洗剤，殺虫剤，医薬品，化粧品，農薬，ハイテク材料などのほとんどが人工的な化学物質から作られている。これらが絶えることなく生産・使用され続けているため，その負の側面として大量の廃棄，すなわち環境への大量排出がなされている。化学物質は，その種類によって製造，使用，処理などの方法を誤ると，環境・健康・安全に対して悪い影響を及ぼし，ひいては地球全体のバランスを崩す環境汚染源となりうる。

　研究 8.1　私たちの身の回りにある製品がどのような化学物質からなるの

かを調べ,いくつか例を挙げてみよ。また,塩素系有機化合物はどのような製品に使用されているかを調べよ。

8.1.1 各種環境汚染の因果関係

〔**1**〕 **わが国における環境汚染の歴史**[1] わが国では,公害を起点として環境問題への取組みが始まったといえる。1970年代に相ついで公害問題が浮上したが,住民側は立場が弱いため,工場などからの排出物によって長年健康を脅かされ,被害を受けてきた。四大公害訴訟といわれる富山・イタイイタイ病事件(カドミウム),熊本・水俣病事件(有機水銀),四日市・コンビナート事件(工場排煙),新潟・阿賀野川水銀事件(水銀)については,最高裁の革新的な法解釈によって企業側(被告側)に立証責任を転換し,被害者住民の勝訴に至った。ここで括弧内に各公害の原因物質を示した。

局地的に工場などからの排出物(化学物質)によって環境が汚染された場合,汚染物質の排出側と被害を受けた側で,環境の利用を巡る利害関係が生じる。このように生活環境にかかわる死や疾病の被害が生じ,たがいの因果関係を含む状態が**公害**(public nuisance)である。環境基本法では,大気汚染,水質汚濁,土壌汚染,騒音,振動,地盤沈下,悪臭による公害を典型7公害と呼んでいる。利害を離れて狭い環境から地球規模の環境全体までが汚染される状態は普通,**環境汚染**(environmental pollution)と呼ばれる。

〔**2**〕 **有害化学物質の排出源と発生形態** 文明社会には化石燃料をはじめ物資の消費(生産・使用・廃棄)が不可欠である。それに伴って排出される有害物質が環境や人体に大きな影響をもたらしている。このように排出源が人の行為にかかわるものについて例を挙げる。

1) 化石燃料のエネルギー源としての利用
2) 化石燃料や金属などの天然資源からの化学合成
3) 化学合成品の廃棄および廃棄物処理
4) 工業および鉱業排水

5） 農業
6） 私たちの生活

さらに，有害化学物質には人が意図しなくとも排出されるものもある。有害化学物質の非意図的な発生源を挙げる。

1） 水道水，排水の塩素滅菌処理による**トリハロメタン**（trihalomethane or haloform）の生成
2） 炭素-ハロゲン結合を含む廃棄物（例えばポリ塩化ビニル）の焼却，製紙プロセス，農薬製造過程などによるダイオキシン類の発生
3） 例えば重油の輸送・運搬時の流出，工場からの溶剤などの流出，工場の爆発などの事故的なもの

非意図的に生成する化学物質の中にはごくわずかの量でも，計り知れない毒性，環境破壊性を有するものもあり，決して見逃してはならない。有害化学物質から環境を守るためには，存在する空間，時間スケール，化学的・物理的性質と，環境媒体による化学的・物理的な変化を踏まえて発生源や発生形態を理解し，できる限り環境に排出しない措置が必要である。

図 8.1 に環境媒体を中心にどのような汚染が進行しているのか，環境汚染物質の発生源と環境や人体へのかかわりを挙げた。ここではそれ自身が有毒な化合物でなくても，環境に放出されてから，なんらかの形で汚染を引き起こしているものも挙げた。それぞれの環境媒体が相互に関連しており，各物質が環境の影響によって化学的に変化することなどから 2 次的，3 次的な汚染を生み出すこと，そして地球全体の大気や水の循環を通じて巡り，その影響が単純に解決できないことなどが理解できる。

研究 8.2 図 8.1 における各キーワードの相互関係を矢印で結び，たがいの影響や因果関係について考えよ。また，それ自身が環境汚染の直接原因でないものを複数見つけよ。それぞれの原因が引き起こす 2 次的，3 次的な環境汚染について，図にないものを挙げてみよ。またその過程を説明せよ。

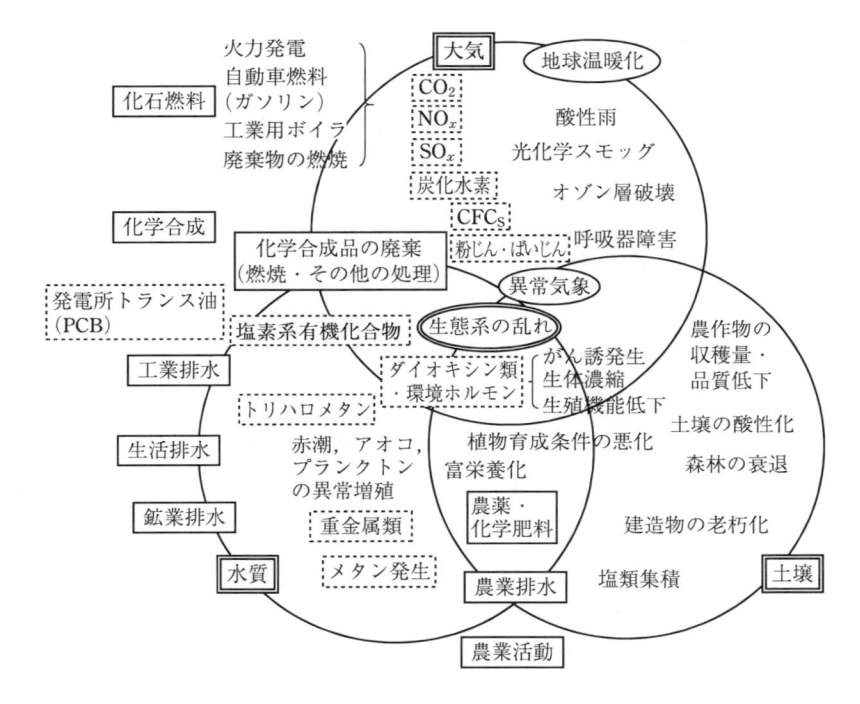

図 8.1 環境汚染物質の発生源と環境や人体へのかかわり

原因となる行為は □，化学物質は ⁝ ⁝ で囲んだ

8.1.2 有害化学物質の種類と排出の現状

具体的にどのような化学物質が環境汚染を引き起こしているかについて，**表 8.1** に代表的な有害化学物質による環境汚染と生体・人体への影響を列挙した[2]。以下表の内容について解説する。

〔**1**〕 **化石燃料のエネルギー源としての使用**　私たちがエネルギーを得るために化石燃料を燃焼すると，それに伴って発生する気体（CO_2，NO_x，SO_x，など）が地球温暖化，酸性雨，光化学オキシダントなどの地球環境問題を引き起こすのはすでに述べた。また，自動車燃料などの中に含まれるガソリンから蒸発するベンゼンには発がん性があり，その大気中濃度は現在，一般の生活上のリスクとして無視できない状況に至っている。

表 8.1 代表的な有害化学物質による環境汚染

汚染の原因活動	左の活動に伴う事柄	化学物質の例	直接的な環境への影響	生体・人体への影響	間接的な影響
化石燃料の利用	燃焼（発電、自動車排ガス）	CO_2	地球温暖化	ある濃度以上で呼吸困難	海水温度の上昇、異常気象、生態系のバランスの乱れ
		SO_x や NO_x	酸性雨、土壌の酸性化、光化学オキシダント	呼吸器系、粘膜系の疾患	水域のpH変動、生態系の悪化、植物育成条件の乱れ、建造物の老朽化
	燃焼に伴う粉じん・ばいじんの発生	炭化水素系		呼吸器系疾患、喘息	
	揮発性成分の蒸発	ベンゼンなど		がんの誘発	
化学合成	蒸発（大気への拡散）	揮発性溶剤（VOC）	呼吸器、粘膜系の疾患、発がん、催奇形性	トリハロメタン発生、小動物への影響
	有機成分の浸出	溶剤、洗浄剤、塩素系有機化合物	土壌、地下水の汚染		
	PCB、フロン、高分子材料（プラスチック類）	ダイオキシン、フロン、環境ホルモン	フロン-オゾン層の破壊	内分泌かく乱（生殖障害など）	オゾン層破壊による紫外線照射量の増大
廃棄物処理	重金属類の浸出	クロム、水銀など	水質汚濁	奇形児出産	土壌生態系の破壊、生体濃縮
工業および鉱業排水	原料の流出、溶媒の気化、溶剤の浸出	カドミウム、水銀、クロムなどの重金属類、有機溶媒など	水質汚濁	重金属→神経系と腎臓の障害→神経系による代謝異常と薬→神経系と肝臓障害	魚類など水域動物の汚染
農業	化学肥料	リン酸化合物、硝酸塩など	土壌の酸性化、塩類集積	有機リン酸化合物→神経系障害と各種がんの誘発、硝酸塩→脳への酸素供給阻害、乳幼児死亡、消化器系のがんの誘発	生体濃縮、人体への波及効果
	農薬散布（除草剤、害虫駆除剤、土壌改質剤）	塩素系有機化合物など	塩素系有機化合物の影響、土壌の変化	各種がんの誘発、生殖障害	トリハロメタンの生成
	家畜数の増大など	メタンの大量発生	地球温暖化		
私たちの生活	生活排水	界面活性剤、塩類	富栄養化、淡水が飲料水や灌漑用で使用不可		生態系の乱れ
	建築物など居住関連	建材、塗料、防腐剤	化学物質の浸出	シックハウス症候群（化学物質過敏症）	
	一般廃棄物の放置	プラスチックなどの化学物質、細菌類		催奇形性、がんの誘発、環境ホルモンとしての作用	
	一般廃棄物の焼却	飛灰中のダイオキシン			
	し尿排出	窒素分、細菌	富栄養化	赤潮など	赤潮発生、生態系の乱れ

〔2〕 **化石燃料や金属など天然資源からの化学合成**　20世紀になってから化学合成プロセスの発展に伴い種々の化学物質が環境に放出され，汚染が明らかに拡大している。生活に欠かせない衣類やプラスチックなどの有機物が，石油の精製や分離，そして何段階もの有機合成反応を経て作られている。そのため，揮発性の高い原料の有機化合物や溶剤などが大気に放出されている場合が多い。このように気化しやすいものを **VOC** すなわち **揮発性有機化合物**（volatile organic compounds）と呼ぶ。また，**塩素系有機化合物**（chlorinated organic compounds）すなわち炭素–塩素結合を含む難分解性で環境を汚染する能力が高い有機化合物が，金属機器や半導体などの電子部品を脱脂洗浄するための溶剤として，また有機材料を合成する際の反応溶媒として広く使用されている。

トリクレン（トリクロロエチレン），**パークレン**（テトラクロロエチレン）

コーヒーブレイク

ベンゼンとベンゼン環

ベンゼン（C_6H_6）そのものは石油などに含まれ容易に単離できる。ベンゼン環（ベンゼンのHがほかの原子や官能基で置き換わったもの）を持つ分子は香りの成分，ホルモン分子，ポリフェノール，ダイオキシンなど数え切れないほど存在し，必ずしも発がん性を有しない。

表記方法には，**図2**（a）に示すケクレの構造式を用いる場合と図（b）に示す六角形の中に○を用いる場合とがある。ベンゼン環の六つの炭素–炭素結合はすべて等価で長さ 0.139 nm の共鳴結合であることから，一般的な一重結合（0.147 nm）と二重結合（0.133 nm）の組合せではない。よく知られる黒鉛はこのベンゼン環が同一平面に無限につながったシートの重ね合わせである。

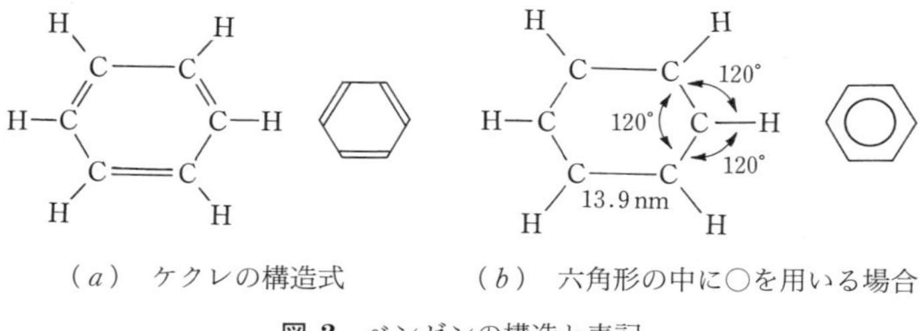

（a）ケクレの構造式　　（b）六角形の中に○を用いる場合

図2　ベンゼンの構造と表記

は代表的な化合物である。これらが排水に混入すると地下水や土壌を汚染する。このような塩素系有機化合物は有機製品（プラスチックや繊維など）の原料としても多く使用されているため，現在，環境への放出が避けられない状況である。

一方，重金属工業ではカドミウム，亜鉛，ニッケル，クロム，水銀などが排水中に混入した場合，水質汚濁を通じて土壌が汚染され，私たちの健康を脅かす原因となりうる。

〔3〕 **化学合成品の廃棄および廃棄物処理**　塩素系有機化合物は普通天然に存在せず，一般的な有機化合物に比べて低濃度で水質や土壌を著しく汚染し，生体にも大きな影響を及ぼす。塩素系有機化合物が汎用される理由は，その分子構造に由来する化学的，物理的性質にある。絶縁性に優れ，熱的に安定であり，有機物をよく溶かし，揮発性が高いなどの性質は，絶縁材料，熱媒体，溶剤，洗浄剤，被服剤，プラスチックの原料など数多くの用途がある。

PCB（polychlorinated biphenyl：ポリ塩化ビフェニル）も塩素系有機化合物の一種であるが，優れた耐熱性などの性質から，熱媒体やトランス油などとして火災や爆発の危険性のない高性能の液体として大量に利用された。しかし，それ自身が発がん性，生殖毒性，代謝異常などの生物の体内に入ると著しく健康を損なう可能性を持つだけでなく，地中や水中で熱や光などの影響を受けてトリハロメタン（**図 8.2**）などに転換したり，燃焼によってダイオキシン類（**図 8.3**）などの毒性の高い物質になる。現在では PCB の製造，使用が完全に禁止されている。

また，廃棄物処理場では，燃焼や化学的手法によって処理されるのを待って

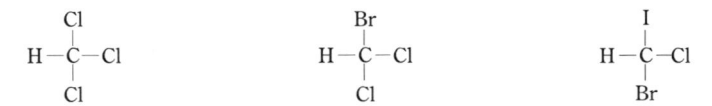

(a) トリクロロメタン（クロロホルム，$CHCl_3$）

(b) ブロモジクロロメタン（$CHBrCl_2$）

(c) ブロモクロロヨードメタン（$CHBrClI$）

メタンの水素三つを塩素（Cl），臭素（Br），ヨウ素（I）のどれかで置き換えたもの

図 8.2　トリハロメタンの名称と構造の例

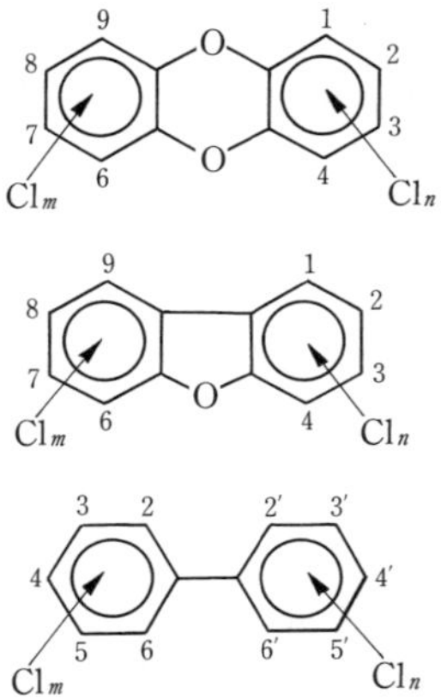

8.1 化学物質による環境汚染

(a) PCDD（ポリクロロジベンゾパラジオキシン）
$m+n=1〜8$
よって75種の異性体を有する

(b) PCDF（ポリクロロジベンゾフラン）
$m+n=1〜8$
よって135種の異性体を有する

(c) Co-PCB（コプラナーピーシービー）
$m+n=1〜10$
よって13種の異性体を有する

m や n は塩素の数を意味し，ベンゼン環の炭素上の番号は塩素原子の付く位置を示す

図 8.3 ダイオキシン類の名称と構造の例

いる積載された廃棄物が雨風にさらされ，土壌を汚染している事例がある。廃棄物の処理方法はさまざまであるが，最近では焼却に伴うダイオキシン発生問題が急激に表面化した。ごみの埋立ての場合，金属や有機物を問わず土壌に有害なものが浸出する恐れがある。し尿などの海洋投棄では富栄養化などによって海の生態系に悪影響を及ぼしている。

〔4〕**工業および鉱業排水** イタイイタイ病で知られる神通川流域のカドミウム汚染は，農作物の被害だけでなく，健康障害や乳児死亡率増加などを引き起こした。水俣病では金属触媒の水銀が有機水銀となり，近海で生態濃縮を繰り返し，私たちの身体をむしばんだ。人が重金属を摂取すると，神経系，腎臓障害や代謝異常の原因となる。工業廃水については，工場での工程や扱う物質の違いによって，その排水の成分や濃度は千差万別である。現在では各工場が個別に浄化対策を行う方向にある。

〔5〕**農　　業** 農薬による水質汚濁も無視できない環境汚染の一つである。農薬はそもそも雑草・害虫・病原菌などの有害生物を排除するのが目的の薬剤であるが，除草剤，殺菌剤，殺虫剤，殺鼠剤，土壌消毒剤のほかに植物生育調節剤も農薬に含まれる。これらを土壌に散布したときに目的の機能だけ

を果たすだけでなく，地下水，地中空気にまで浸透すると，地上や地中に生存しているほかの生物を死滅させ，家畜や人体にも入り込んで蓄積し，食物連鎖によって生体濃縮する場合がある。

図 8.4 に代表的な農薬の化学構造を示した[3]。農薬の中にはハロゲン系（おもに塩素系）有機化合物が多く，環境中で分解しにくいため残留しやすい特徴がある。実際にベトナム戦争などで枯葉剤として各国で使用された化学物質（2,4,5-トリクロロジオキシン）の生殖毒性（後述）は有名である。

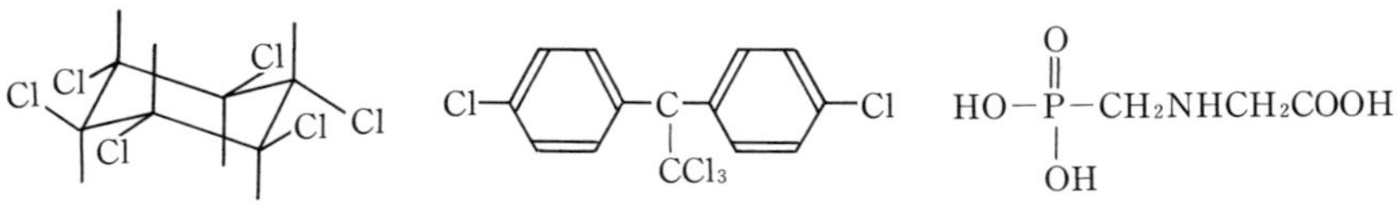

(a) γ-BHC
(別称リンデン)
(殺虫剤)

(b) p,p′-DDT
(殺虫剤)

(c) グリホサート（別称ラウンドアップ）
(日本で最も多く使用されている除草剤)

図 8.4 農薬の化学構造の例

また，森林の伐採行為によって土壌が乾燥し，塩類が集積するために植物が生育できない環境になる可能性がある。化学肥料の大部分が窒素やリンを含む塩類であるため塩類集積と同様の被害が生じうるほか，土壌の酸性化が進行する場合もある。

〔6〕 **私たちの生活**　私たちの日常生活に伴う水の利用と排出は環境と大きなかかわりを持っている。上水の場合，あらかじめ滅菌のために水道局などで塩素が混ぜられているため，水の中に有機化合物が存在していれば，発がん性のあるトリハロメタン（図 8.2 参照）などの低沸点の塩素系有機化合物が発生する場合がある。

これを作らないようにするためには，わずかに溶存している有機物を除去しなければならないが，完全除去は非常に困難である。また，上水は化学物質ばかりに汚染されるわけではなく，細菌による汚染も受けている。抗生物質の発達によって赤痢やチフスの恐怖は消滅したとはいっても，O 157 大腸菌などで知られる細菌の代謝によって作られる毒素によって死に至らしめられることも

ある。上水は使用後，必ず廃棄されるので上水に含まれていたものが排水中に存在する可能性は高い。さらに，私たちの生活排水の中には合成洗剤，食品・調味料からの塩分が混入するほか，し尿も含まれる。これらによって水域の富栄養化，そのほか水域の生態系の乱れが懸念される。

一般家庭で使用されたものの廃棄による環境問題も深刻である。わが国におけるダイオキシンの発生源の約半分が一般ごみの焼却によるものである。

図 8.5 にダイオキシン類の発生源と人体への汚染経路を示す[4),5)]。なかでもPVC の焼却によって高い濃度のダイオキシンが発生することがわかっている。しかし，PVC などのプラスチック類を埋め立てた場合，製品の成型時に添加された**可塑剤**†（plasticizer）などが土壌に浸出する可能性がある。可塑剤の

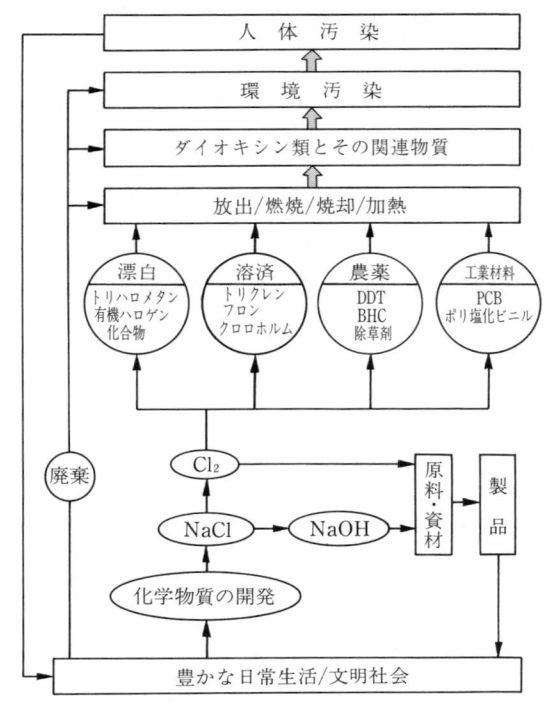

図 8.5 ダイオキシン類の発生源と人体への汚染経路

---

† 可塑剤：プラスチックを成形，加工しやすくするために添加するもの。

中には環境ホルモンの疑いのある化合物が使用されている場合が多い。

また，身近な環境から有害化学物質の暴露を受けている場合も多い。建築材料の中に含まれている塗料や溶剤などの有機化合物，プラスチック製食器から染み出てくる環境ホルモンの疑いのある物質，たばこの煙の中に含まれる物質などが挙げられる。

8.1.3 化学物質の毒性・安全性と環境への影響評価

化学物質の有害性は，暴露の形態とその物質特有の有毒性との両面から評価する必要がある。暴露の形態とは，どの環境媒体（空気，水，土）によってどれだけの化学物質を摂取するかを意味し，これは生態系の多様さや複雑さに依存する。生態系では各生物の量的関係や食物連鎖が深く関連していることも忘れてはならない。

化学物質の影響評価をするのに，**分解性**（degradability），**濃縮性**（condensability），**毒性**（toxicity）が用いられる。これらは後述のように化学物質を新たに製造，使用する際に事前に行われなければならない審査事項となっている。以下にこれらの試験方法や対象などを挙げる。ただし，毒性の評価に対しては多種の試験方法が定められているので主要なもののみを紹介する。

〔1〕 **分 解 性**　環境に放出された化学物質が分解するプロセスとして，太陽光による光分解，水による**加水分解**（hydrolysis），微生物の働きによる**生分解**（biodegradation）が挙げられる。この中で微生物による分解（環境浄化）がもっとも大きく寄与していることから指標として用いられており，試験方法は **OECD**（経済協力開発機構）によってガイドラインが定められている。

有機化合物の分解性は，それを構成する元素（C, O, H など）の数や比が同じであっても分子構造が異なると，まったく違ってくる。例えば，分子構造が直鎖状の**脂肪族炭化水素**（aliphatic organic compounds）は分解されやすいが，枝分かれ，多重結合，芳香族，高分子化合物など分子構造が複雑になればなるほど分解されにくい。さらに，塩素やフッ素などのハロゲンが複数，水

素の代わりに置換するとさらに分解性が悪くなる。

〔2〕**濃縮性** **生物濃縮** (bioaccumulation) とは，一般に魚などの水生生物が化学物質を体内に取り込んだ結果，外界の濃度よりも高くなる現象をいう。これには直接えさあるいは呼吸を通じて，その化学物質を吸収濃縮する場合 (bioconcentration) と食物連鎖を通じて吸収濃縮する場合 (biomagnification) とがある。濃縮の度合いは，生物の種類，脂質含有率，成育条件，などによって左右されるため，濃縮性の試験には十分な条件設定が必要である。生物濃縮による高濃縮性物質として，例えばDDTやPCBが挙げられるが，**食物連鎖** (food chain) によって，海水中の濃度を1とすると動物プランクトンで6 400倍，イルカで一千万倍にまで濃縮されると報告されている[6]。

DDTやPCBのような化合物は，「陸上活動からの海洋環境の保護に関する世界行動計画」において**残留性有機汚染物質** (persistent organic pollutants,

---

> **コーヒーブレイク**
>
> **Silent Spring（沈黙の春）**[7]
>
> 工学技術の開発と地球環境について自然を破壊している状況に初めて警告を発したレイチェル・カーソンは，1962年にSilent Spring（沈黙の春）を出版した。この書籍は，工学技術者だけでなく全世界の人々に大きな影響を与え，地球環境保全の考えだけでなく工学倫理へつながる第一歩でもあった。レイチェルは，化学物質と自然環境とのばく大なデータや多くの協力者からの情報により的確な考察のもとに多くの示唆や結論を与えてくれている。
>
> その中に，自然が人間社会に逆襲する一節がある。
>
> 「自分たちの満足のいくように勝手気ままに自然を変えようと，いろいろ危ない橋を渡りながら，しかも身の破滅を招くとすれば，これほど皮肉なことはない。でも，それはまさに私たち自身の姿なのだ。あまりに口にされないが，真実はだれの目にも明らかである。自然は，人間が勝手に考えるほどたやすくは改造できない。昆虫は昆虫で人間の化学薬品による攻撃を出し抜く方法をあみ出しているのだ。」
>
> 自然との共生や調和が必要ないま，人間社会がどのように自然体でいられるかが焦点となろう。レイチェルのこの貴重な警告を忘れないことが必要である。

POPs）に指定されている。

また，OECDおよびEPA（アメリカ環境保護庁）では，毒性評価の指標として，log P_{ow} を使用することを提唱し，生物濃縮度を評価できるとしている。P_{ow} とは n-オクタノールと水との分配比率（分配係数）を意味し，それぞれに溶解する濃度〔mol/l〕の比を示す。その値が大きいほど水に溶けにくく，有機溶媒には溶けやすいが，金属，有機金属化合物などのイオン性の物質には適用できない[4]。

〔3〕**毒　　性**　人の健康に対するものと，生態系に対するものとの二つに大きく分けられる。人の健康に対しては人を実験動物として用いることは禁止されているため，人以外の動物を用いた実験結果を利用する。一方，生態

表8.2　毒性試験の例

試験の種類	目的	試験の原理	評価
急性毒性試験	多量に摂取したときに現れる健康障害の指標	ラット，マウスに投与後14日間観察，解剖する	致死量を求める。最大投与量は2 000 mg/kg体重とする
長期性毒性試験	微量を一定期間投与して現れる健康影響を調べる	急性毒性を調べたのと同じ動物を用い，投与中止による回復性を調べる	毒性的影響について，無影響量，中毒量，確実中毒量を求める
がん原性試験	発がん性の有無を調べる	2種以上の動物に長期間投与し腫瘍の発生率の増大や発生時期の短縮を調べる	腫瘍発生率，腫瘍発生までの所要期間，1尾当りの腫瘍数などを調べる
催奇形性試験	胎児に引き起こる形態的異常の有無を調べる	母動物が10％以上の死亡率を示さない量を妊娠後投与する	胎児の器官，生殖器などの異常を調べる。2世代以上の評価が必要である
局所刺激性試験	皮膚および粘膜に対する刺激性の有無を調べる	皮膚：24時間のパッチテスト。眼粘膜：片目に点眼して観察する	皮膚：発赤，浮腫について総合評価。眼粘膜：角膜の白濁，充血，結膜について総合評価
変異原性試験	遺伝子突然変異誘発性を調べる	ある種のアミノ酸がないと生育しない細菌の一種あるいは哺乳類培養細胞を用いる	細菌の場合は生存コロニー数の数が多いほど，培養細胞の場合は染色体異常の出現率が高いほど変異原性が強いとする

系に対してはシステム全体の影響評価を完全に行うのが困難であるため，生態系を構成する生物に対して試験を行い評価する。動物実験データを人に適用する場合，動物愛護の立場，動物と人との種差，摂取経路に基づく摂取量の違い，など考慮すべき点が多くある。毒性試験および毒性の表し方について**表8.2**および**表8.3**にそれぞれ示した[1]。

表8.3 毒性の表し方の例

表し方	意味と表記法
LD 50 半致死量 (50 % lethal dose)	急性毒性試験を行った動物群の半数を死に至らしめる化学物質の量で，普通は動物の体重1 kg当りの投与量で示す（例えば2 000 mg/kg体重など）
LC 50 半致死濃度 (50 % lethal concentration)	上と同様に半数を死に至らしめる化学物質の濃度を示す。呼吸による吸入量や水棲生物に対する毒性を示す場合，空気中または水中の化学物質の濃度として示す(例えば2 mg/l など)
NOEL 無影響濃度 (no observable effect level)	試験動物に化学物質をある一定期間投与したときに有害な影響を与えない量を示す。ここで無影響とは投与した動物群としていない動物群に有意な差がないことである。動物の体重1 kg・1日当りの投与量で示す（例えば10 mg/kg体重/日）
ADI 一日許容摂取量 (acceptable daily intake)	人が一日に摂取しても影響がでない量を示す。通常，動物実験の慢性毒性試験でのNOEL値を基準として，動物と人との種差係数を10，人どうしでの個人差係数を10と仮定して，NOEL値を100で除した値を用いる。例えば，ある化学物質の動物試験でのNOEL値が20 mg/kg体重/日とすれば，体重70 kgの人へのADIは(20/100)×70 = 14 mgとなる
VSD 実質安全量 (virtually safe dose)	毒性発現の生涯危険率が十分に小さければ実質的に安全であるとし，その容量をしきい値とみなす考え方である。遺伝子に損傷をもたらして発生する発がん性などに用いられる。例えば10^{-5}の生涯危険率がよく用いられ，これは実験動物10万尾を用いて1尾に発がん性が認められるような値である
ユニットリスク	生涯発がん確率を意味し，大気または飲料水中の化学物質の濃度がそれぞれ1 mg/m^3，1 μg/l のときの生涯発がん危険率を示す

178   8. 廃棄物と環境保全

8.2 フロン，ダイオキシン類と環境ホルモン

　フロン，ダイオキシン類，そして環境ホルモンの疑いがある化合物は，天然に存在しない化学物質として，近年その環境や生体に対する影響が懸念され，地球規模での早急な対策が望まれている。フロンはオゾン層の破壊や地球温暖化の原因物質として地球環境を脅かしている。また，ダイオキシン類や環境ホルモンは生物に対して極微量でも高い毒性を示し，長期間，しかも世代にわたって生殖機能の低下や免疫機構の破壊を招くことが明らかになってきた。ここではフロン，ダイオキシン類，環境ホルモンの三つについて詳しく解説する。

8.2.1　各物質の特性と汚染メカニズム

〔1〕　**フロンとは**　　フロンはメタン，エタン，プロパンなどの飽和炭化水素の水素原子（H）の一部または全部をフッ素（F）あるいは塩素（Cl）で置き換えた物質で，自然界には存在しない。HがFで置換されると，炭素原子との結合力が強くなり，耐熱性，揮発性，不燃性，電気絶縁性など多くの優れた特性を生じる。水素を含まないCFCは水素を含むHCFCよりも分解しにくく寿命が長い。CFCもHCFCも安価で安全であることから，冷媒（**4**章参照）のほか，スプレー噴射剤，発泡プラスチックの発泡剤，半導体洗浄剤など幅広く使用されてきた。

　代表的なフロンの構造と名称を**図 8.6**に，用途などは**表 8.4**に示した。

〔2〕　**フロンによるオゾン層の破壊**　　南極上空でのオゾン濃度の経年変化

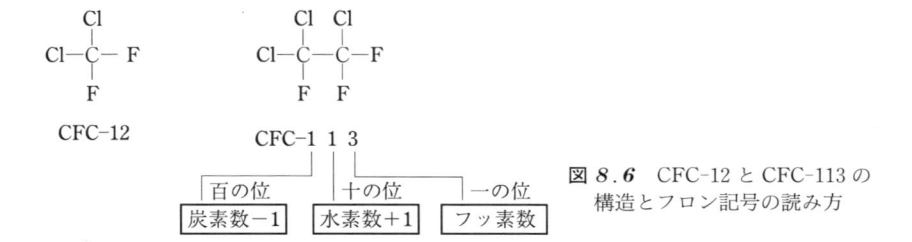

図 8.6　CFC-12とCFC-113の構造とフロン記号の読み方

CFC-12

CFC-1 1 3
百の位：炭素数−1
十の位：水素数+1
一の位：フッ素数

表 8.4 CFC およびその代替物質の有する温室効果(IPCC 1995 年報告書など)

物質名	オゾン破壊指数 (ODP)	地球温暖化指数 (100年間)(GWP)	寿命	おもな用途
CO_2	0	1	50〜200	
CFC-11	1	4 000	50	ウレタンフォームの発泡剤, 遠心冷凍機
CFC-12	1	8 500	102	カーエアコン, 家庭用冷蔵庫などの冷媒, ポリエチレンフォーム, ポリスチレンフォームの発泡剤, エアロゾル噴射剤
CFC-113	0.8	5 000	85	電子部品などの洗浄剤, 小形遠心冷凍機
HCFC-22	0.055	1 700	12.1	ルームエアコンなどの冷媒
HCFC-141 b	0.11	630	9.4	ウレタンフォームの発泡剤
HCFC-142 b	0.065	2 000	19.5	ポリエチレンフォーム, ポリスチレンフォームの発泡剤
HFC-134 a	0	1 300	14.6	カーエアコンの冷媒, 家庭用冷蔵庫の冷媒, エアロゾルの噴射剤
HFC-125	0	2 800	32.6	ルームエアコンなどの代替冷媒(開発中)
HFC-23	0	11 700	264	HCFC-22 の副生成物
PFC-14	0	6 500	50 000	半導体製造用エッチングガス, 超低温冷凍機用冷媒
PFC-116	0	9 200	10 000	半導体製造用エッチングガス, 半導体製造装置クリーニングガス
PFC-51-14	0	7 400	3 200	整流器用冷媒, 溶剤
SF_6	0	23 900	3 200	半導体製造用エッチングガス, 遮断機・変圧器用絶縁ガス
臭化メチル	0.6	—	—	畑作地などの土壌薫蒸剤, 木材・穀物などの輸出入時の検疫薫蒸剤
四塩化炭素	1.1	—	—	CFC などの原料, 溶剤
1,1,1-トリクロロエタン	0.1	—	—	電子部品, 金属部品などの洗浄剤
HBFC	0.1	—	—	消火剤(代替ハロン)

〔注〕 ODP では CFC-11 を 1, GWP では CO_2 を 1 とした相対値を示す

を図 8.7 に示した[8]。図から, ここ 20 年間で明らかにオゾン破壊量, すなわちオゾンホールの増大が進行していることがわかる。また, 南極上空成層圏ではオゾンの低濃度領域で 100〜500 倍の高濃度一酸化塩素を観測しており, フ

(a) オゾンホールの面積

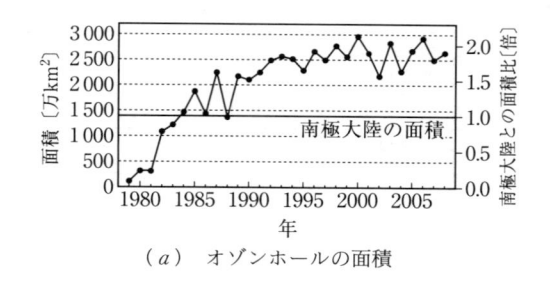

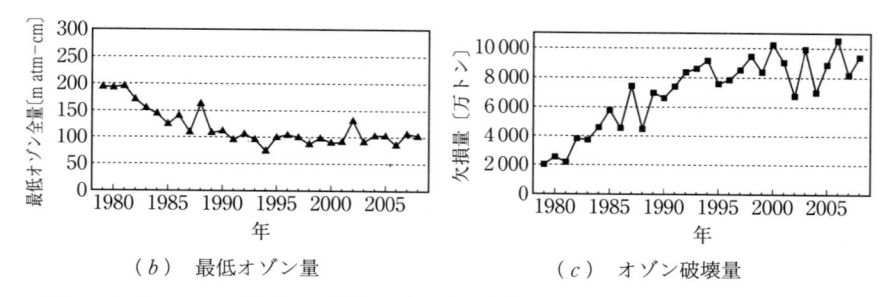

(b) 最低オゾン量

(c) オゾン破壊量

備考：オゾンホール3要素は，南緯45度以南で定義され，面積は，オゾン全量が220 m atm-cm 以下の領域の面積，最低オゾン全量は，オゾン全量の最低値，オゾン破壊量はオゾン全量を 300 m atm-cm に維持するために補充を要するオゾンの質量。NASA 提供の TOMS データをドブソン分光光度計による観測値と比較検討の上作成。1995 年は TOVS のデータ，2005 年以降は OMI データを基に求めた。

(注) （m atm-cm）はオゾン全量を示す単位。オゾンはオゾン層を中心に大気のあらゆる高度に存在しているが，観測地点上空の大気の上端から下端までの全層に存在するオゾンを集めて 0 ℃，1 気圧の状態にしたときの厚さによってオゾンの全量を表す。cm で表した数値を 1 000 倍して m atm-cm（ミリアトムセンチメートル）の単位で表示する。日本付近では通常，250〜450 m atm-cm 程度の値となる。ドブソンユニット（DU）と表すこともある。

図 8.7 南極のオゾンホール3要素の経年変化〔気象庁オゾン層観測報告（2008）〕

ロンなどの分解から発生する活性塩素がオゾン層破壊の原因であることを裏付けている。フロンには多種類あり，分子構造によって地球温暖化やオゾン層破壊に対する影響がまちまちである。そこでフロンとその関連物質の **ODP**（オゾン破壊指数）および **GWP**（地球温暖化指数）を **表 8.4** に示した[9],[10]。

フロンは安定な物質で水に溶けにくいため，大気中に放出されると長時間対流圏に存在し（**図 7.2** 参照），分解されないまま成層圏にまで上昇する。成

8.2 フロン，ダイオキシン類と環境ホルモン

層圏では太陽からの紫外線によってフロン中の塩素が光分解し，解離して**ラジカル**（radical）を生成し，オゾンの分解反応を引き起こす。多量のオゾン分子の分解が進行すると，オゾン層の破壊，すなわちオゾンホールの形成が生じると考えられている。CFC-11 を例にして，オゾンの分解反応式を下に示す。

$$CCl_3F + h\nu \longrightarrow CCl_2F + Cl \tag{8.1}$$

$$Cl + O_3 \longrightarrow ClO + O_2 \tag{8.2}$$

$$ClO + O \longrightarrow Cl + O_2 \tag{8.3}$$

$$O_3 + O \longrightarrow O_2 + O_2 \tag{8.4}$$

まず，式 (8.1) より紫外線 ($h\nu$) によるフロンの分解によって生成した塩素原子（ラジカル）がオゾン層破壊の引き金となり，活性な塩素原子が放出され，式 (8.2) に示すようにこれが O_3 と反応して一酸化塩素（ClO）を作る。つぎに式 (8.3) に示すように ClO は紫外線によって解離した活性な酸素原子（$O_2 + h\nu \rightarrow 2O$）とさらに反応し塩素原子に戻る。したがって，見かけ上のオゾン層の分解は式 (8.2) と式 (8.3) を足し合わせた式 (8.4) の形となる。ここで塩素原子は ClO と Cl の間を循環し消滅することなく，オゾン層を分解し続けるので，その働きは**触媒作用**（catalytic effect）と呼ばれる。

しかし，フロン（CFC）だけでなく，溶媒や冷媒として使用されてきた分子中に水素と塩素の両方を含む HCFC，塩素の代わりに臭素がついている**ハロン**，そしてフッ素のついていない四塩化炭素やトリクロロエタンなどの**塩素**

> **コーヒーブレイク**
>
> **なぜ南極で春先にオゾンホールが観察されるのか**
>
> 南極では冬の極低温（成層圏では $-90\,°C$ 程度）によって極域成層圏雲と呼ばれるエアロゾル（成層圏中の硝酸蒸気や水蒸気が凝結した小さな粒子）の表面が不均一相となる。ここで，太陽光の紫外線によって $ClONO_2$ や HCl などの安定な塩素化合物が光分解して HClO や Cl_2 となり，これが気相中で活性な塩素原子を発生し，続いてオゾン分子を攻撃してオゾン層の破壊が行われる。このように南極のオゾンホールの生成には塩素がもたらす化学反応に加えて，極渦による大気の希薄化，低温によるエアロゾルの形成，極域成層圏雲，などの南極特有の気象条件が関連している。

系有機化合物も紫外線によって活性なラジカルを発生させ，オゾン層を破壊する能力があることが見いだされている。ハロンは CFC-11 に比べて ODP 値が 3～10 倍であることが知られている。また，オゾン分子の分解は塩素ラジカルや臭素ラジカルのほか，水素酸化物（ヒドロキシルラジカルなど）や窒素酸化物（一酸化窒素ラジカルなど）も触媒としてオゾン分解に寄与すること，また年々それらの濃度が増大していることも明らかになっている。

研究 8.3 ヒドロキシルラジカル（OH）および一酸化窒素ラジカル（NO）によるオゾン分解の式を調べよ。

---

〔3〕 **ダイオキシン類の性質，汚染の現状** ダイオキシンの正式名称は**ポリクロロジベンゾ–パラ–ジオキシン**（polychlorodibenzo-p-dioxin）といい，一般に co-PCB（コプラナーピーシービー）も含め，ダイオキシン類と呼んでいる。**図 8.3** に示したように塩素の数や位置によって多数のダイオキシンが存在する。また，塩素（Cl）が臭素（Br）で置き換わった臭素化ダイオキシンもあり，近年その毒性が懸念され始めている。電化製品などの難燃剤には，四臭化ビスフェノール A やポリ臭化ジフェニルエーテル（PBDE）などの臭素系の化学物質が含まれており，これを燃焼すると塩素化ダイオキシンと同様に発生することがわかっている。しかし，その影響については明確なデータがほとんどなく，現段階では塩素化ダイオキシンと同等，あるいはそれ以上の毒性を持つものもあると考えられている。

ダイオキシン類は，人体汚染を発現する三大要素すなわち**摂取量，毒性，残留量**のすべての条件を極微量で満たしやすいことから，猛毒であるといわれる。しかし実際には，ダイオキシン類の毒性は長時間をかけて慢性的に働くことから，急性毒性を示す化学物質と毒性を直接比較するのは困難である。ダイオキシン類の危険性は，無色無臭で，水よりも油（脂肪組織）に溶けやすく，常温できわめて安定で熱，時間，薬品によって簡単に分解しない，一度生体に取り込まれると排出されにくいため高等動物ほど生態濃縮が進行する，などの性質に依存する。

8.2 フロン,ダイオキシン類と環境ホルモン 183

　ダイオキシン類は枯葉剤や農薬にわずかに混入していたことから,環境への排出が明るみに出た。しかし,焼却炉,パルプ工場などの殺菌や塩素漂白過程,自動車エンジン,たばこの喫煙などにおける生成も確認されている。すでに示した図 8.5 から,ダイオキシン類のほとんどが食品を通じて**経口摂取**されていることがわかる。大都市域での内訳は,食事 (98.26 %),大気 (1.37 %),土壌 (0.36 %),水 (0.01 %) と報告されている[11]。

　さらに図 8.8 にダイオキシン類の循環を示す。焼却炉から発生したダイオキシンの場合,**飛灰**の中に吸着し,大気に放出される。重いものは沈降するので,ときには土壌や農作物の表面を汚染する場合もある。いずれも低濃度での汚染であるが,最終的には海水や高等動物に蓄積される。

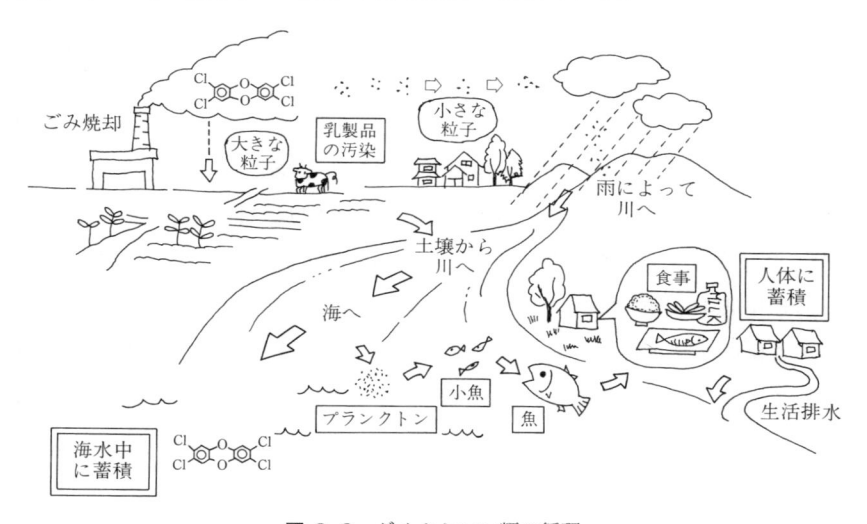

図 8.8　ダイオキシン類の循環

　近年,分析技術の発展に伴い,焼却灰,土壌,水質中のダイオキシンについて ppb (10^{-9}, part per billion:10 億分の 1),ppt (10^{-12}, part per trillion:1 兆分の 1)オーダの検出が可能となってきた。その結果,わが国のダイオキシン発生源のほとんどがごみの焼却によることがわかった。ごみの中に存在していた有機化合物と塩素を含む化合物が,ある条件での燃焼反応によってダイオキシンに転換するのである。ダイオキシンが生成する条件は,焼却炉中

700 °C 付近の酸素不足の場合と，焼却炉付随の電気集じん機中で飛灰（金属などを含む）などが触媒作用をする 320 °C 程度の場合（denovo 合成と呼ばれる）の二つが考えられている[12]。特に塩素を含む有機化合物の代表である PVC がごみとなって燃焼されると，大量にダイオキシン類が発生する場合がある。PVC は広くプラスチック材料，電線の被服材料，包装材料などにおいて多量に使用されているため必然的にその廃棄物の量も多い。一方，生活ごみの中にたくさん含まれている食塩は，ダイオキシンの生成にほとんど関係しないことが実験的に示されている[12]。

ダイオキシン類（PCDD＋PCDF）の全国規模の測定結果によれば，全国焼却設備の廃棄上限濃度の一新など，平成 9 年度の政府の恒久的対策が効果を示し，平成 9 年度における平均値 0.56 pg-TEQ/m^3 から，平成 10 年度には 0.31 pg-TEQ/m^3 と大気環境濃度が大きく低減していることがわかった。ここで単位中の p（ピコ）は 1 兆分の 1 を示す微量単位である。TEQ は，分子構造によって異なるダイオキシン類の毒性の強さを表現するため，一番毒性の強い 2, 3, 7, 8-TCDD の毒性を 1 として換算した**毒性等量**（toxic equivalents, **TEQ**）という意味であり，換算された数値の後ろに TEQ と加えて表現する。

さらに平成 10 年度には全国一斉に塩素化および臭素化ダイオキシン類の人体への蓄積度が調べられた。その結果，一般環境地域と廃棄物焼却施設周辺地域の間では有意な差は認められなかった。また平成 9 年度に実施された母乳中のダイオキシン類に関する研究では，昭和 48 年以降ダイオキシン類の濃度は減少していることが明らかとなった。また臭素系ダイオキシンについては，分析したサンプルすべてにおいて下限値未満であった。

平成 11 年度に制定された「ダイオキシン類対策特別措置法」では，耐容一日摂取量を人体重 1 kg 当り 4 pg-TEQ 以下に定められたが，実際，平成 10 年度の厚生省（現厚生労働省）の資料によるとわが国におけるダイオキシン類の一人一日摂取量は，体重 1 kg 当り平均約 2.1 pg-TEQ/(kg・日) となっている。そのほか詳しい値などは環境白書などで一般公開されている。

〔**4**〕 **環境ホルモンとはなにか**[15),16)] 　**環境ホルモン**の問題についてはダイ

オキシン類に比べて歴史が浅く，因果関係のはっきりしていることが少ないのが実状である．1996 年にシーア・コルボーンらの著書『Our Stolen Future』（邦訳『奪われし未来』は 1997 年刊行）が刊行されてから，マスコミを中心として問題が表面化してきた．この本では，DDT，クロルデン，ノニルフェノールなどの化学物質が人の健康影響（男性の精子数減少，女性の乳がん罹患率の上昇）や，野生生物への影響（ワニの生殖器の奇形，ニジマスなどの魚類の雌性化，鳥類の生殖行動異常など）をもたらしている可能性が指摘されている．わが国でも，イボニシという巻き貝のメスが雄性化するという現象が見られ，船底塗料として使用されていた有機スズ化合物が原因と考えられている．このような人為的に作られた化学物質で，生体内に取り込まれたときに**内分泌系**（ホルモンの作用）に影響を及ぼす物質の総称が，内分泌かく乱化学物質（いわゆる環境ホルモン）である．ただし，環境ホルモンは俗称であるので，正確には（外因性）**内分泌かく乱物質**（endocrine disruptors）と呼ぶのが好ましいとされる．

現在，その作用の疑いのある化合物は約 80 種で，そのうちの代表的なものとして既述の農薬・殺虫剤やダイオキシン，PCB などが挙げられている．そのほかのいくつかについて名称，構造，用途などを**表 8.5** に示した．しかし，世の中に存在する化学物質（約 10 万種）の数から考えると，今後いわゆる環境ホルモンの種類や数は増えると考えてよい．環境ホルモンもダイオキシン類と同じように極低濃度で，慢性的に生体の健康を脅かす可能性が高い．

いわゆる環境ホルモンといわれるものがこの作用をかく乱する機構は，あたかも体内で分泌される**ホルモン**（hormone）のように振る舞い，**レセプター**（receptor，受容体）と結合する場合もあれば，逆に体内で分泌されたホルモンがレセプターと結合するのを阻害する働きをする場合もある．環境ホルモンの疑いのある化合物のうち分子構造が，天然ホルモンと非常に似ていることから，レセプターが環境ホルモンを天然のホルモン分子と間違って受け入れるという説もある[5]．

このような化合物の摂取経路には，経口，吸気，経皮があり，食品，水道

表 8.5　内分泌かく乱作用の疑いのある化合物の例

名　称	構　造	用　途
ビスフェノール A	HO-C₆H₄-C(CH₃)₂-C₆H₄-OH	ポリカーボネート，エポキシ樹脂の構成成分　難燃剤，防カビ剤，歯科材料
トリブチルスズ	C₄H₉-Sn(C₄H₉)(C₄H₉)-X　X=Cl, F など	船底塗料，魚網の防腐剤
トリフェニルスズ	(C₆H₅)₃Sn-X　X=Cl, F など	船底塗料，魚網の防腐剤
アルキルフェノール	R-C₆H₄-OH　R=C₉H₁₉（ノニル），C₈H₁₇（オクチル）	油溶性フェノール樹脂や界面活性剤の原料
フタル酸エステル	C₆H₄(COOR)₂　R=C₂H₅（エチル），C₄H₉（ブチル）など	硬質塩ビなどのプラスチックの可塑剤
ペンタクロロフェノール	C₆Cl₅-OH	防腐剤，除草剤，殺菌剤
ベンゾフェノン	(C₆H₅)₂C=O	医療品合成原料，保香剤
ジエチルスチルベストロール	HO-C₆H₄-C(C₂H₅)=C(C₂H₅)-C₆H₄-OH	流産防止剤，家畜肥肉剤などのホルモン剤

水，大気，土壌などを介していることが多い。毎日の生活と密にかかわる食品，食器さらにはおもちゃなどが主たる原因といえる。

平成 10 年度には緊急に全国一斉に内分泌かく乱性が疑われている物質について，大気，水などの環境媒体の濃度状況が全国延べ 2430 地点（検体）において，世界で類を見ない大規模調査がなされた。調査結果によるとノニルフェノールなどが広い範囲で検出されたほか，野生生物のうち，食物連鎖で上位に

位置するクジラ類や猛禽類において，PCBなどの蓄積が見いだされている[16]。

8.2.2 環境や生体への影響

〔**1**〕 **オゾン層破壊による環境への影響**　オゾン層の破壊は，フロンの放出という人為的な行為によってもたらされた。これによる生態系への影響として以下のことが考えられている。

1） 皮膚がんや白内障の増加
2） 免疫機能の低下
3） 海洋プランクトンの減少
4） 光合成作用を有する食物プランクトンの激減による地球上のCO_2吸収能力の低下と温暖化
5） 農作物の生育の悪化による収穫量と品質の低下
6） 紫外線による地表温度の上昇と異常気象

〔**2**〕 **ダイオキシン類による環境や生体への影響**　人体に現れた過去のダイオキシン類による汚染事故について，**表8.6**にまとめた[5),15)]。過去の事故の例と，動物実験の結果得られた見解からいくつかの重大な毒性が報告されている。ただし，ダイオキシンには多数の異性体があるため，それぞれの持つ毒性が大きく異なっていること，また動物の種によって毒性の発現に大きな差があることに注意しなければならない。

ダイオキシンの致死毒性は遅延性であり，青酸カリなどに見られる即効性はない。体内摂取後にしだいに体が衰えるような，消耗性疾患といわれる毒性である。急性毒性実験によると，体重減少，免疫力の低下，造血機能の低下，代謝機能の低下などがいろいろな動物に共通して現れる。多量摂取による塩素痤瘡（黒い吹出物）や水腫の発症，呼吸困難などの症状は動物間で共通しない症状である。一方，長時間にわたって少量ずつ摂取することで現れる慢性毒性実験では，発がん性，体重減少，免疫制御，造血機能低下，代謝機能の低下，造血機能の低下，生殖障害，内分泌かく乱作用などが挙げられる。

ただし，厚生省においてはダイオキシンについて直接的な遺伝毒性や発がん

表8.6 ダイオキシン類による汚染事故の例

時期	事件	化合物	人への影響	その他の影響
1962～1971年	ベトナム戦争の枯葉剤	2,4,5-Tおよび2,4-D(副生成物としてわずかに2,3,7,8-ダイオキシンなどのダイオキシン類が含まれていた)	催奇形性(死産,先天奇形など),白血球などの染色体異常,死産,性欲激減,神経症など	森林・耕作地の破壊など
1968年	日本でのカネミ油症事件	PCB	塩素痤瘡,手足のしびれ,視覚障害,嘔吐・下痢など	
1971年	アメリカミズーリ州の除草剤製造工場のプラント廃液漏洩事故	2,4,5-三塩化TCP(副生成物としてわずかに2,3,7,8-ダイオキシンなどのダイオキシン類が含まれていた)	頭痛,嘔吐・下痢,急性出血性肺炎,塩素痤瘡など	馬の多数死亡,野鳥や昆虫の死滅など
1976年	イタリアでのセベソ事故(工場の暴走,ダイオキシンの発生と噴煙による汚染)	2,4,5-三塩化TCP,ヘキサクロロフェノン	塩素痤瘡,自然流産,肝機能低下,子宮がん,乳がん,軟組織肉腫,白血病など	小動物,家畜の死亡
1978～1979年	台湾の油症事件	PCB	がんによる死亡,循環器・呼吸器・消化器系疾患,肝機能障害,子供の知能指数の低下,甲状腺ホルモン低下による脳の発育遅延など	

性はないという考え方が採用されている。つまり,遺伝子に対して直接ダイオキシンが作用してがん細胞を増殖させるような作用はなく,すでに損傷を受けた遺伝子に対してがん増強作用を有するというものである。現在の化学物質による発がん過程の定説によると,ダイオキシンに発がんを促す作用はないことが説明できる。

〔3〕 **環境ホルモンによる人体への影響**[16]　内分泌系がさまざまな人の生体機能を制御しているため,これがかく乱されると種々の影響が生じる可能性がある(コーヒーブレイクを参照)。しかし,PCBやダイオキシンなどのよう

に過去の事故例からデータがあるほかは，いわゆる環境ホルモンといわれる外因性物質による因果関係は現在のところほとんど明確にされていない。

これまでの野生動物の調査や一部の人の疫学調査における報告では，女性生殖器系，男性生殖器系，甲状腺，視床下部や下垂体などへの多岐にわたる影響が指摘されている。具体的には，子宮がん，子宮内膜症，乳がん，精子数の低下，前立腺がん，尿道下裂などの影響が懸念されている。

コーヒーブレイク

遺伝子の働きとホルモンの関係[14),17)]

ホルモンは，性ホルモンのみに限らず，**図3**に示す内分泌器官から必要に応じてわずかに分泌され，特定臓器細胞のレセプターに結合することによって，微妙で重要な生体機能の調節や制御を行う。

ホルモンの中には細胞壁を通り抜け，**DNA**（deoxyribonucleic acid）による**タンパク質合成**（protein biosynthesis）に指令を与えるものもある。ホルモンの作用によって作られた特定のタンパク質（酵素）が直接生体機能の調節や制御をつかさどるわけである。ホルモン分子は，細胞内に入り込む際にレセプターと結合するが，簡単に説明すると鍵と鍵穴の関係のようにホルモン分子が認識されている。ところが，近年になって鍵は一つではなく，合鍵のように本当の鍵（ホルモン）になりすまして細胞の中に入り込んでしまうものがあることがわかってきた。それがいわゆる環境ホルモンである。つまり，環境ホルモンはDNAレベルで悪さをするわけである。

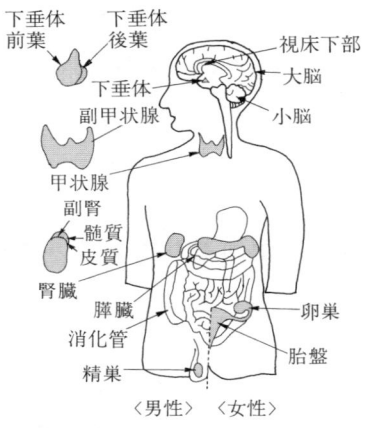

図3 おもな内分泌器官

従来，胎児への化学物質の影響は胎盤などによって防御されていると考えられていたが，内分泌かく乱性の物質については，容易に胎盤をもくぐり抜けて影響を及ぼす可能性があることが動物実験などで示されている。人体についても，近年の分析技術の発達により，臍帯（臍の緒）から極微量のノニルフェノール（ビスフェノールAの分解生成物）やダイオキシンが検出された例がある[15]。いわゆる環境ホルモンは，生体濃縮による人などの高等動物への高濃度蓄積の危険性が高いこと，また微量な摂取でも危険性が高い場合が多いこと，次世代にわたって影響が出る可能性があることなどを認識しておきたい。

〔4〕 **化学物質によるそのほかの健康障害**　　有害化学物質によるさまざまな影響については**表8.1**に例を挙げたが，多種類の化学物質に対してわずかの濃度で過剰に反応を示す「**シックハウス症候群**」（建築物や家庭内で使用する器具，消費財から発生する微量の化学物質によって健康に影響がでた症例についてまとめてこのように呼ぶ。）などの**化学物質過敏症**（CS：chemical sensitivity）を訴える人が近年急激に増えている[5]。化学物質過敏症とは化学物質によっていったん過敏性を獲得すると，その後きわめて微量の化学物質でもいろいろな臨床症状が発現するものである。少量のものに反応するという点や症状においてはいわゆるアレルギー性疾患に類似し，物質の体内蓄積により慢性的に症状が現われるため中毒性疾患にも類似している。

人の健康障害に対しては，摂取する化学物質の種類や濃度，時間によって発がん性（carcinogenic），内分泌かく乱性，呼吸系や粘膜障害などの疾患誘発性，吸収機能の低下などのほか，自律神経失調症や成人病の症状など日常の健康障害と紛らわしい症状が引き起こされる[18]。

8.3 有害廃棄物の無害化技術とリサイクル技術

8.3.1 リサイクルの必要性

〔1〕 **廃棄物の法的な分類**　　通常の廃棄物（ごみ）の法律に基づく分類について図**8.9**に示した。これによると廃棄物は大きく**産業廃棄物**と**一般廃棄**

8.3 有害廃棄物の無害化技術とリサイクル技術

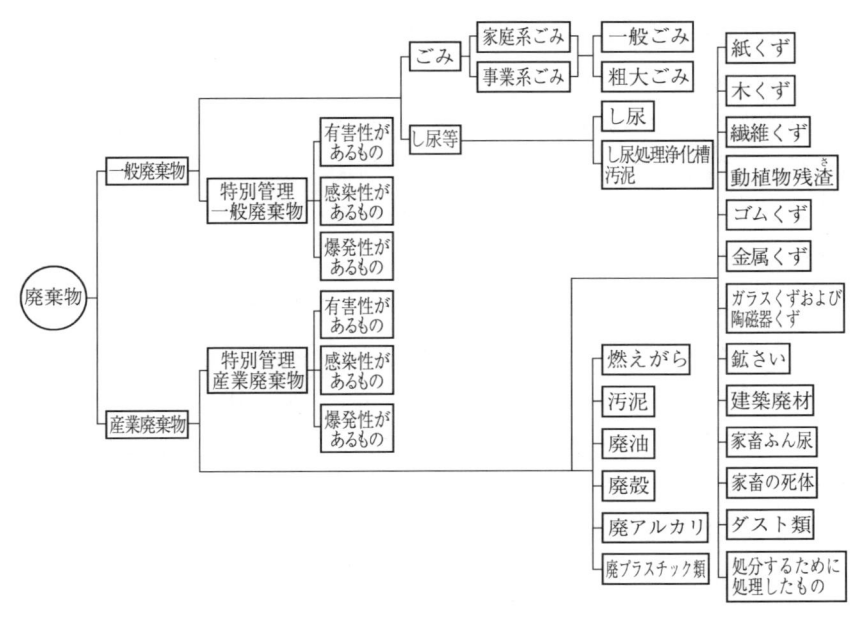

```
廃棄物 ─┬─ 一般廃棄物 ─┬─ ごみ ─┬─ 家庭系ごみ ─┬─ 一般ごみ ─── 紙くず
        │             │       └─ 事業系ごみ ─┴─ 粗大ごみ ─── 木くず
        │             └─ し尿等 ─┬─ し尿           ─── 繊維くず
        │                        └─ し尿処理浄化槽汚泥 ─── 動植物残渣
        │     特別管理一般廃棄物 ─┬─ 有害性があるもの          ─── ゴムくず
        │                        ├─ 感染性があるもの          ─── 金属くず
        │                        └─ 爆発性があるもの          ─── ガラスくずおよび陶磁器くず
        └─ 産業廃棄物 ─┬─ 燃えがら    ─── 鉱さい
                      ├─ 汚泥        ─── 建築廃材
                      ├─ 廃油        ─── 家畜ふん尿
                      ├─ 廃殻        ─── 家畜の死体
                      ├─ 廃アルカリ  ─── ダスト類
                      └─ 廃プラスチック類 ─── 処分するために処理したもの
              特別管理産業廃棄物 ─┬─ 有害性があるもの
                                  ├─ 感染性があるもの
                                  └─ 爆発性があるもの
```

図 8.9 廃棄物の法律に基づく分類（「廃棄物の処理および清掃に関する法律」による）

物に分類される。一般廃棄物はおもに一般家庭から排出されたものであり，産業廃棄物以外の廃棄物と定義されている。一方，産業廃棄物は事業活動で生じる廃棄物のうち，図に示すように法で定められた6種類と制令で定められた13種類の合計19種類をいう。法律的にはまったく同じ物であっても排出源の違いによって一般廃棄物か産業廃棄物かの取扱いが異なってくる。また，放射性物質やこれによって汚染された物は，別に**放射性廃棄物**（radioactive waste）として扱われる。

研究 8.4 廃棄物問題を解決するために私たち消費者はどうすればよいと思うか考えよ。

---

〔2〕 **リサイクルの概念，リサイクルはなぜ必要か**[19),20)]　　私たちは，自分たちの生活を豊かにするために自然を利用し，経済活動を行ってきた。しかしこのような資源やエネルギーの大量消費が，種々の廃棄物を自然にばらまき，

深刻な環境問題を引き起こしてきた。これを回避するためには，長い間地球が営んできた自然の循環にならって，人間の一方的なごみや環境汚染物質の排出などの活動を見直さなければならない。また，わが国のごみ処理場はパンク状態にあり，ごみの持って行き場所がないのが現状である。

7章で述べた自然界における大循環（水循環，炭素循環，窒素循環など）と調和する循環型の社会を作ること，これがリサイクルの考え方である。そのためには，同じ物を何度も使う**再利用**（reuse）と**再使用**（recycle）そして**ごみを減らす**（reduce）の3Rが主たる概念と考えられている[21]。社会的に無駄の少ない循環型のシステムを構築するためには，回収，分別，再生の三つのステップを経てなお経済性が成り立つ必要がある。そのためには法制度の確立，消費者の倫理改革，生産者・流通者・販売者・消費者の協力，そして資源・エネルギー投入量の減少などが不可欠である。

2000年5月の国会で，「循環型社会形成推進基本法」が制定された。これについては七つの関連法が用意され，循環型社会への第一歩が踏み出されている。その七つとは，「改正廃棄物処理法」，「資源有効利用促進法」，「建設資材リサイクル法」，「食品リサイクル法」，「容器包装リサイクル法」，「家電リサイクル法」，「グリーン購入法」である。

リサイクルの方法の概念はつぎの三つに分類されて扱われる場合がある。**マテリアルリサイクル**（material recycle），**サーマルリサイクル**（thermal recycle），そして**ケミカルリサイクル**（chemical recycle）である。

マテリアルリサイクルの理想の形はリターナブルおよびリユースであり，マテリアル（材料）を何度も使用することである。現実には，ビール瓶やアルミ缶のように一度材料として粉砕あるいは溶解して再度同じ形に直して使うことも少なくない。サーマルリサイクルとはごみ発電のように，廃棄物から熱を取り出してエネルギー源として利用するものである。うまく利用できれば，熱回収による暖房，給湯，さらには発電などが期待できる。ケミカルリサイクルは，使用後の材料を化学反応によって別の資源に転換して利用することである。プラスチックの原料化や使用済み電池からの金属の回収などがこれに当たる。

研究 8.5 「循環型社会形成推進基本法」に関連する七つの法律について内容を調べよ。

〔3〕 **ゼロ・エミッション，廃棄物ゼロとはなにか**　排出行為すなわち廃棄物がゼロという言葉であるが，正確には廃棄物放出量の最小化の考え方である。国連大学の提唱によると**ゼロ・エミッション**の原則にはつぎのことが挙げられる。

1) インプット（資材，エネルギー）の徹底利用（完全消化）
2) アウトプット＝インプット，すなわち廃棄物をまた別の資材，エネルギーにできること
3) 2)を実現するための産業の育成
4) 2)を実現するための技術の開発
5) 産業政策の実施

この廃棄物ゼロの考え方は，例えば廃棄物を単に焼却や埋立てするだけでなく，最低限一段以上の再使用あるいは再利用を行うというものである。ゼロ・エミッションは，私たちの生活によって発生する不用品をほかの産業で原料として利用するように社会を再構築し，これを重層的に繰り返せばごみゼロ実現に近づくという構想である。

8.3.2　無害化・リサイクル技術

有害廃棄物や環境汚染物質について，すでに排出されてしまったものに関しては分解，無害化，そして資源化（リサイクル）の技術が必要である。しかし技術だけに頼るのではなく，市民レベルで身近な生活で改善できること，例えば，発生源の低減（廃棄物の減量化），衣食住生活の改善などを心がける必要がある。

代表的な有害廃棄物や環境汚染物質の例について適用される無害化技術を**表8.7**に示す。無害化のためには，基本的に化学的な変換技術（化学反応）を必要とする。しかしある有害物質を完全分解するためには，普通化学結合の切

表 8.7 環境汚染物質の無害化技術の例

無害化技術の例	対象物質	おおまかな原理	再利用の可能性
燃焼処理	各種塩素系有機化合物	1 000～1 200 ℃程度,酸素が十分にある条件で,酸化カルシウムや酸化マグネシウムなどの塩化水素を固定できるものを共存させて燃焼させる	×
プラズマ分解法	フロン,ダイオキシン類,PCB	電極間に電圧を加えて発生するアーク中に低圧空気を導入して5 000～15 000 ℃のプラズマを発生させ,原子状にまで分解する	×
溶融塩分解	フロン,PCB	$AlCl_3$/NaCl/KCl系の溶融塩浴に入れて,空気吹込み下で反応させて熱分解させる。主生成物は不溶不融である	△
水熱反応	フロン,ダイオキシン類,PCB,揮発性塩素系有機化合物(ジクロロメタン,トリクロロエタンなど)	水を主体とする溶媒にアルカリやメタノールを添加し,密閉加圧容器中で250～350 ℃に加熱すると,ハロゲンだけが完全脱離してイオン化する。連続処理や廃棄物中の有機構造を資源化できる可能性がある	○
超臨界酸化分解法	フロン,ダイオキシン類,PCB	水の臨界温度(374 ℃)以上で酸化分解することで,完全に脱ハロゲンが可能。難分解性のPCBやダイオキシンなどに有効である	△
触媒による分解 ラネー触媒(Fe, CO, Ni)や酸化チタン触媒(TiO_2)など	PCB,フロン,アルデヒド,芳香族(ベンゼンやキシレンなど),悪臭物質(アンモニア,硫化水素など),揮発性塩素系有機化合物	加熱した触媒と接触させて,分解する	×
セメントキルン法	フロン	セメント焼却炉に使用されるロータリーキルンで高温焼却によって分解する	×
微生物分解法	PCB	PCB異性体のうちいくつかについて生分解する微生物が見つかったが,塩素数の多いものについては分解例がない	×

断のための相当のエネルギーを必要とする。さらに有機化合物の分解反応の場合にはCO_2の発生(温暖化の原因)やダイオキシン発生など,付随する問題点についても考慮しなければならない。このような問題を解決するためには,その分子の有害な性質を示す部分だけを取り除くような化学反応の適用などが

考えられる。例えば，塩素系有機化合物の場合，炭素-塩素結合を別の結合に転換してやればよい。

地球環境や資源・エネルギー有効利用の観点から，ゼロ・エミッションの概念に従うと，いくら有害な廃棄物であってもなんらかの資源あるいはエネルギーの形で再度利用できるような無害化技術が望ましい。したがって，ケミカルリサイクルを用いると資源化の可能性が考えられる。

表 8.8 に廃棄物を別の資源あるいはエネルギーの形に変換してリサイクルする例を挙げる。

表 8.8　廃棄物の資源化の例

資源化の例	内　容
有機廃棄物の堆肥化	食品汚泥，し尿汚泥，下水汚泥，パルプ廃液，畜産廃棄物などの有機廃棄物を好気的条件下で微生物によって分解する技術
残飯のメタン発酵	有機廃棄物を嫌気的状態で微生物の代謝によってメタンガスを取り出す技術
RDF (refuse derived fuel：ごみから製造された燃料)	一般生活ごみ，廃プラスチック，もみがらなどのごみについて，サーマルリサイクルの目的と，焼却炉からのダイオキシン類発生抑制の目的で期待されている
プラスチックの油化	プラスチックが炭素-炭素結合などに基づくある分子の繰返し構造をした高分子であることから，この結合を切断してできるだけ短い分子にして原料化するための技術
燃焼残渣(灰やスラグ)の有効利用	わが国の一般廃棄物の約 70 % が焼却されている。そこから発生するダイオキシン類や重金属類の大半が焼却後の残渣に残留することがわかっている。これらの有害物質を完全に安定化させる技術として，灰を溶融させてスラグ化する方法がある。この廃溶融スラグはコンクリート骨材や路盤材などへの再利用が可能

8.4　環境基準と環境保全

8.4.1　環　境　基　準

環境基準は，維持されることが望ましい基準であり，行政上の政策目標である。これは，人の健康などを維持するための最低限度としてではなく，より積

極的に維持されることが望ましい目標として，その確保を図ろうとするものである。環境基本法として「政府は，大気の汚染，水質の汚濁，土壌の汚染及び騒音に係る環境上の条件について，それぞれ，人の健康を保護し，及び生活環境を保全する上で維持されることが望ましい基準を定めるものとする。」と明示されている。また，環境基準は現に得られる限りの科学的知見を基礎として定められているものであり，つねに新しい知見の収集に努め，適切な判断が加えられていかなければならない。環境基本法および環境基準については環境省のWebページで閲覧できる。

1967年に公害対策基本法，1970年に水質汚濁防止法がそれぞれ制定され，これらを基に1971年，水質汚濁にかかわる環境基準が定められると同時に大気汚染，土壌汚染，騒音にかかわる環境基準も定められている。

例えば大気に関する環境基準では，物質（SO_x，NO_x，CO，光化学オキシダント，ダイオキシン類，ベンゼン，トリクロロエチレンやテトラクロロエチレンなど）についての単位時間当りに許容できる量や測定方法などが示された。水質や，土壌に関する基準についても大気と同様に物質と量の関係が示されている。そのほか，公害として問題化した騒音についてもその基準値（デシベル）が表示されている。

研究 8.6 環境基準の達成状況についてWebページなどで調べてみよ。

8.4.2 環境保全の方法 ― 環境保全に関する法規など ―

われわれの環境を保全するためには，地球規模での保全技術，地域レベルでの保全技術，環境保全のための施策が必要である。その施策には，法規（条約，法令，条例），計画（基本計画，実施計画），評価（アセスメント，計測・監視・分析，環境指標），支援（税制，資金制度，教育・研修），規格・標準（環境マネジメントなど）が必要条件となる。

例えば，有害大気汚染物質の固定発生源対策として，環境省と経済産業省において「事業者による有害大気汚染物質の自主管理促進のための指針」を策定

し，自主管理（化学物質環境安全管理指針，化学物質安全性データシート，環境管理システムと環境監査）を促している．特に，人体の健康リスクが高いと考えられる物質について，中央環境審議会答申が優先取組物質としての選定を行い，重点的な対策が推進されている．具体的には排出抑制基準や，大気環境指針（ダイオキシン類）が定められ，環境省においてこれらの物質のモニタリング調査も実施している．

わが国では，環境問題を一国の問題とせず，地球環境を共有する各国との国際的協調のもとに，地球環境を良好な状態に保持するために国際的な取組みを推進することを長期的目標として掲げている．例えばフロンの製造や使用について，特定物質の規制などによるオゾン層の保護に関する法律が施行され，オゾン層破壊への取組みがなされている．

〔1〕 **環境アセスメント** 環境アセスメント（environmental assessment）あるいは**環境影響評価**（environmental impact assessment）とは，地域開発や各種事業計画の実施に先立ち，その開発行為の内容と計画地およびその周辺環境の現状を把握し，開発行為が環境に及ぼす影響を事前に予測・評価して，その防止策や代替案の検討を行い，開発行為の悪影響を防止，軽減することを目的に行われる手続きをいう．道路，ダム，鉄道，飛行場，埋立て・干拓，発電所，下水処理場，廃棄物処理施設，住宅・団地，ホテル建設など，一定の規模以上の面積や延長で計画される大規模開発には，環境アセスメントが義務付けられている．

〔2〕 **ライフサイクルアセスメント**[22] 製品の製造から廃棄に至るまで，すなわち「揺りかごから墓場まで」のすべてのエネルギー（資源）使用量，環境負荷，コストなどをできるだけ定量的に評価する手法のことである．**LCA**（life cycle assessment）の目的は，製品の一生涯による環境への影響を評価し，製造業者による製造プロセスや製品設計を改善し，流通事業を見直すことなどによって，環境に与えるあらゆる負荷を可能な限り低減することである．現在のLCA研究はつぎの三つの基本プロセスからなっている．

1） **インベントリー分析**（inventory analysis）

2) **影響分析**（impact analysis）

3) **改善施策**（improvement）

インベントリー分析は，投入あるいは産出される資源，エネルギー，労働，コスト，環境負荷，などを定量的に明らかにするもので，LCAの中で最も基本となる。また，影響分析は社会や人に与える影響の定量化を試みる。そして改善施策は上の二つで明らかになった問題点について具体的に改善方法を検討する。LCAの研究成果は各分野への適用範囲が大きく，今後その発展が期待されている。ある製品のリサイクルの価値判断についてもLCAは有効である。いくらリサイクルがよいことであってもあまりにも経済的でない場合や環境負荷が大きい場合には実施できないことなどが評価できる。

〔3〕 **PRTR制度**　　PRTR（pollutant release and transfer register）とはOECDの定義によると「さまざまな排出源から排出または移動される潜在的に有毒な汚染物質の目録あるいは登録簿」のことである。これによって有害な可能性のある化学物質がどれだけ環境へ排出され，また廃棄物などとしてどれだけ移動しているかを事業者が把握し，また行政に届出をし，行政がこれを公表することを義務付けることができる。これらの結果，化学物質の事業者による自主的な管理の改善の促進，排出量などの削減，廃棄物量の抑制をねらうことができるわけである。

これは1999年7月に制定され，その後2000年3月に政令による対象化学物質および対象業種・規模の指定がなされ，2001年4月には各事業者による排出量などのデータ把握が義務付けられた。PRTR制度の導入によって以下の利点が考えられる。

1) 環境汚染物質の排出や移動を行政側が監視しやすくなる
2) 化学物質からの人や環境の保護が図れる
3) 行政に報告された結果が公開されるので市民の化学物質に対する意識向上が図れる
4) 各事業者が化学物質の消費量を知ることで排出削減努力と経費節減を図れる

研究 8.7 日本の文部科学省が打ち出した SPEED'98/JEA にはなにが収録されているか調べよ。

8.4.3 環境負荷の低減に対する国内外での取組み

地球規模での環境保全のためには各国が協力をしあって，環境に関連するコストを平等に負担すべきという考え方や，企業側の持続可能な発展のためには製品の製造・使用後の責任を負わせるという考え方などに基づき，**国際標準化機構（ISO）**は1996年に環境管理システムすなわち環境マネージメントシステムの世界共通の規格を発効させた。

環境マネージメントシステムは環境方針の策定に伴っていわゆる PDCA (plan-do-check-action) サイクルから構成されている。その概略を**図 8.10** に示した[1]。このような環境マネージメントシステムを導入することによって，資源・エネルギーの節約，コスト低下が期待でき，さらには有害廃棄物な

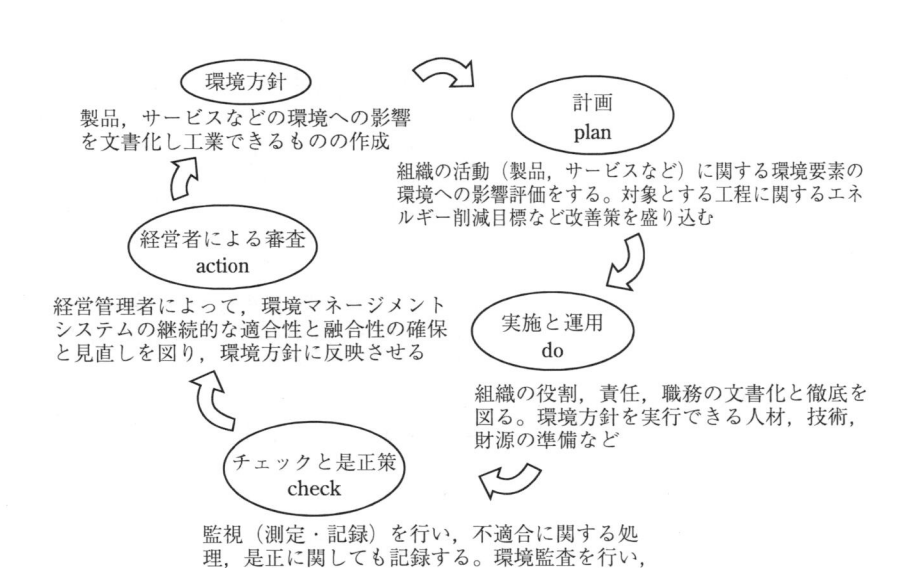

環境方針
製品，サービスなどの環境への影響を文書化し工業できるものの作成

計画 plan
組織の活動（製品，サービスなど）に関する環境要素の環境への影響評価をする。対象とする工程に関するエネルギー削減目標など改善策を盛り込む

経営者による審査 action
経営管理者によって，環境マネージメントシステムの継続的な適合性と融合性の確保と見直しを図り，環境方針に反映させる

実施と運用 do
組織の役割，責任，職務の文書化と徹底を図る。環境方針を実行できる人材，技術，財源の準備など

チェックと是正策 check
監視（測定・記録）を行い，不適合に関する処理，是正に関しても記録する。環境監査を行い，結果を事業所長に提出する

図 8.10 環境マネージメントシステムの概略（PDCA サイクル）

どの排出量が抑制できることから，環境の改善および保全へつながり，行政・地域住民・製造者に良好な関係が築かれるという利点が生まれる。製造業ばかりでなく，サービス業，各種小売業，地方自治体でも ISO 14000 s を中心に環境マネージメントシステムの審査を受けて登録する事業所が増えている。

最後に，化学物質による環境汚染にかかわる国際条約による取決めについて過去 50 年のおもな出来事を**表 8.9** にまとめた[6]。

表 8.9 化学物質による環境汚染にかかわる国際条約による取決め

年	条約	内容など
1954	石油による海の汚染を防ぐための条約	条約の名称通り
1972	ロンドン・ダンピング条約	海洋への化学物質の投機や海上でのゴミの燃焼をとりしまるため
1978	マルポール 73/78 条約	船から油や有害物質を捨てないようにするため
1982	海洋法に関する国際連合条約	国連による海の環境を守る方法をまとめたもの
1985	ウィーン条約	国際的に協調してオゾン層保護対策を推進するため
1987	モントリオール議定書	一定の種類の CFC やハロンの生産量などの段階的な削減を行うことを合意。1990, 1992, 1995, 1997 年の改正により生産全廃までの規制スケジュールが盛り込まれた
1990	OPRC 条約	油が流れたときの対策。IOC（政府間海洋学委員会）による海洋調査が続けられている
1992	バーゼル条約	有害廃棄物の輸出に際しての許可制や事前通告制，不適正な輸出，処分行為が行われた場合の再輸入の義務などを規定したもの
2001	POPs 条約（ストックホルム条約）	残留性有機汚染物質（POPs）の生産，輸入，輸出，廃棄および使用の管理にかかわる条約。対象は 8 種類の農薬（アルドリン，クロルデン，DDT，ディルドリン，エンドリン，ヘプタクロル，マイレックス，トキサフェン），2 種類の産業化学物質（PCB，ヘキサクロロベンゼン），そして 2 種類の燃焼および産業工程における非意図的生成物（ダイオキシン，フラン）である

付　　　録

付 *1*　モ リ エ 線 図

付 *1.1*　冷媒 R 22 のモリエ線図

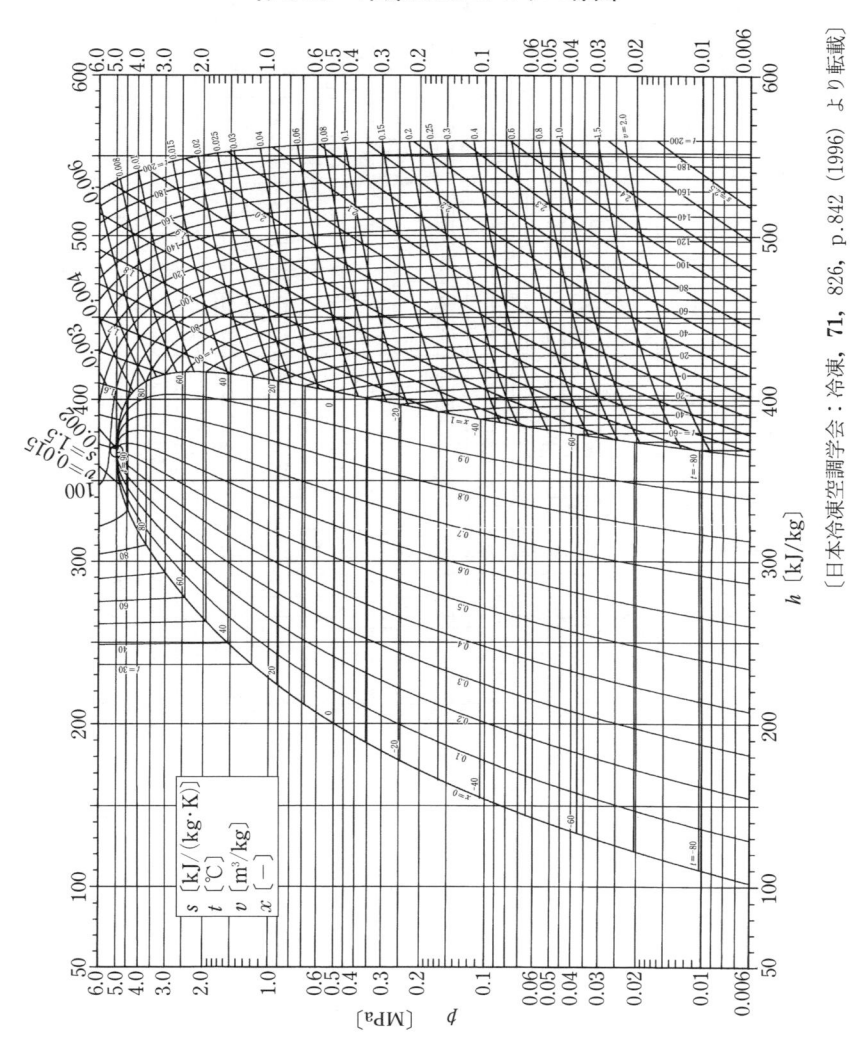

付 *1.2* 冷媒 R 134 a のモリエ線図

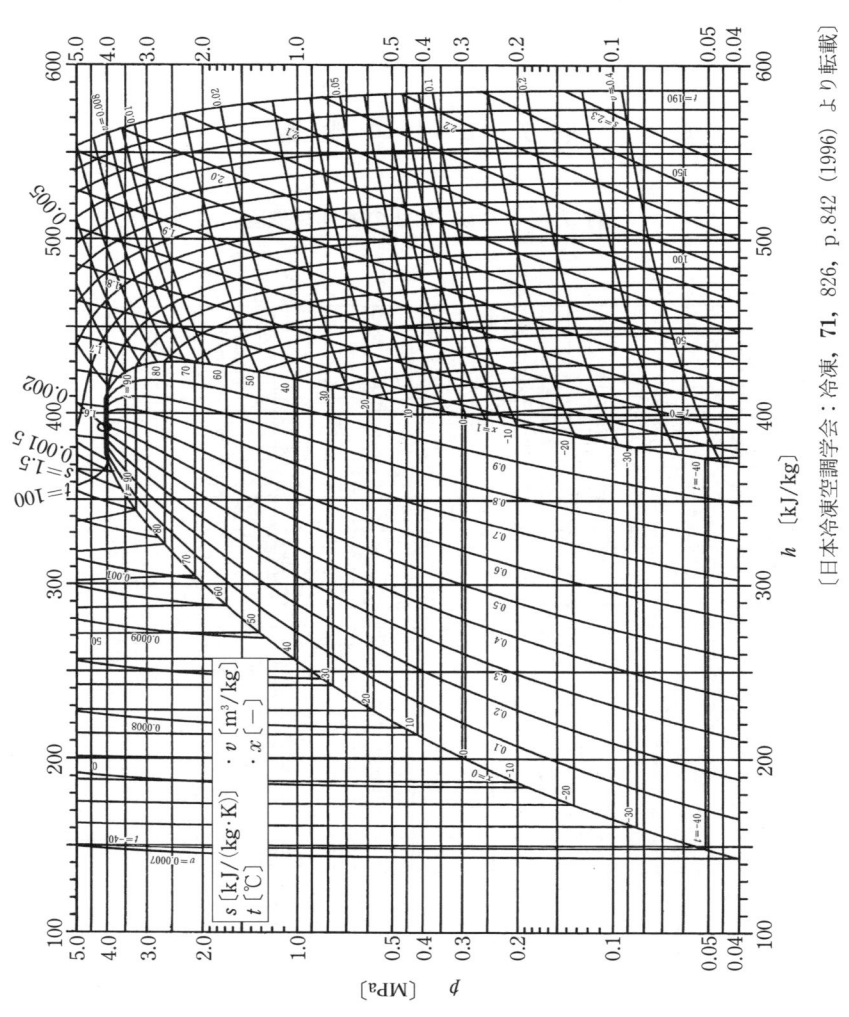

付　　　　　　　録　　203

付 1.3　冷媒アンモニアのモリエ線図

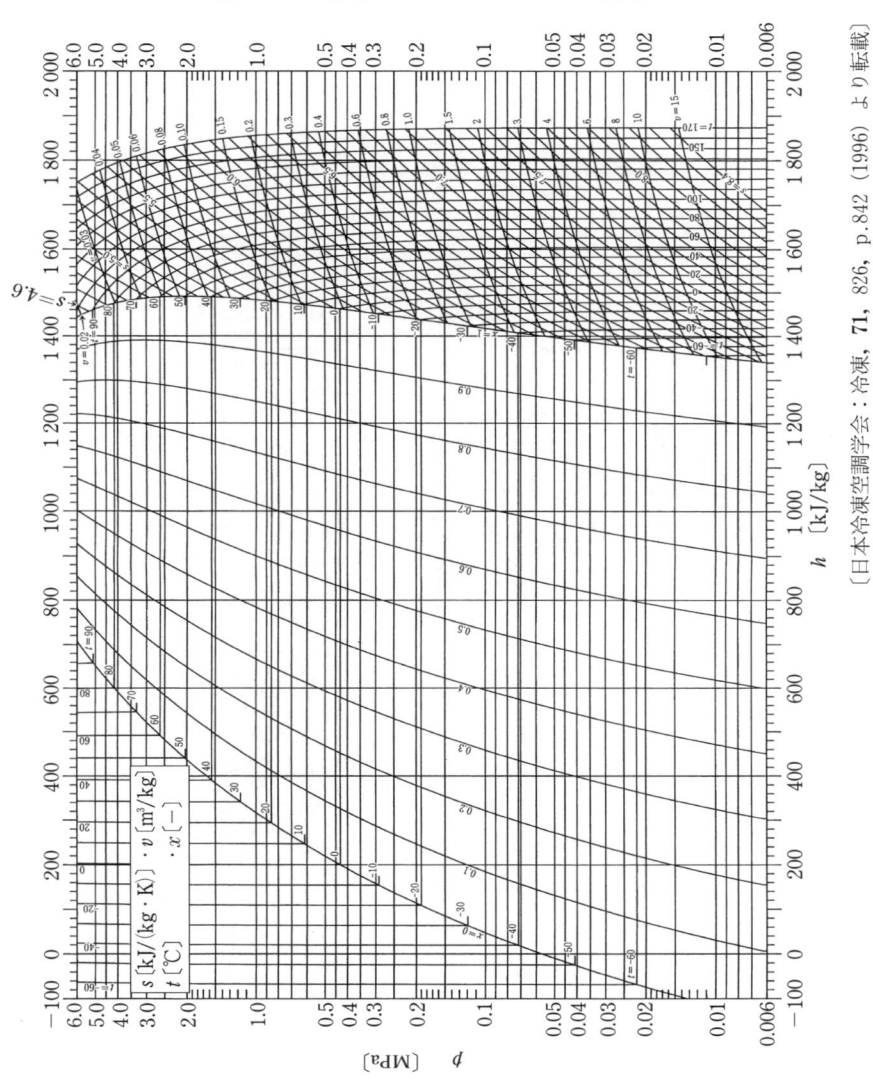

〔日本冷凍空調学会：冷凍，**71**, 826, p.842 (1996) より転載〕

付2　湿り空気線図

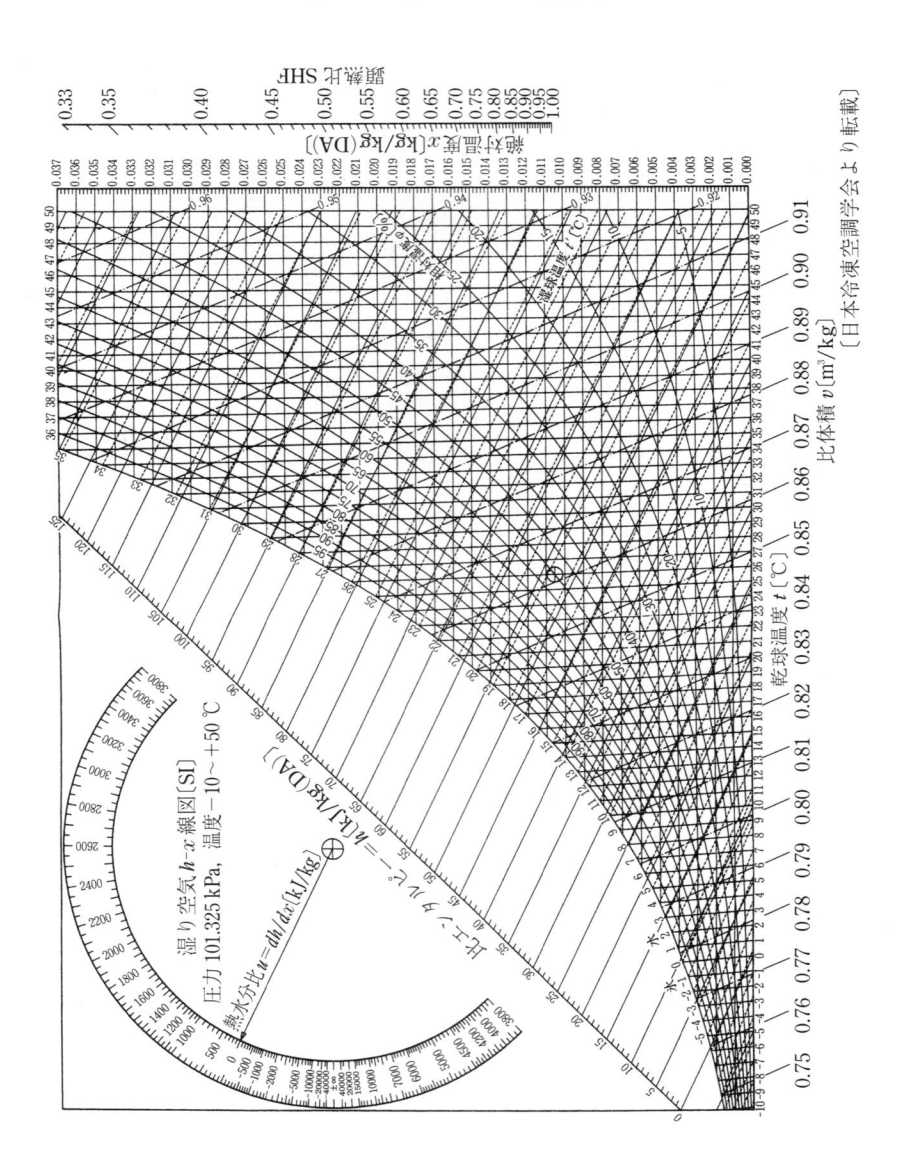

付3 地球再生計画

地球再生計画は,1990年「地球環境保全に関する関係閣僚会議」において日本政府が世界に提唱した地球温暖化防止網である。要旨は,産業革命以降の200年にわたって変化した地球環境を今後100年の間に再生させることを目的としている。この計画では,地球温暖化防止に加え酸性雨などの問題にも取り組んでおり,国際的な協力下で長期的な視野に立ち,技術開発や抜本的な解決策を導き出すことを目指している。

具体的には,以下のようなテーマが挙げられる。

1) 科学的知見の早期充実
2) 世界的な省エネルギーの推進
3) クリーンエネルギーの大幅な導入
4) 革新的な環境技術の開発
5) CO_2吸収源の拡大
6) 次世代を担う革新的エネルギー技術の開発
7) CO_2以外の温室効果ガス削減対策

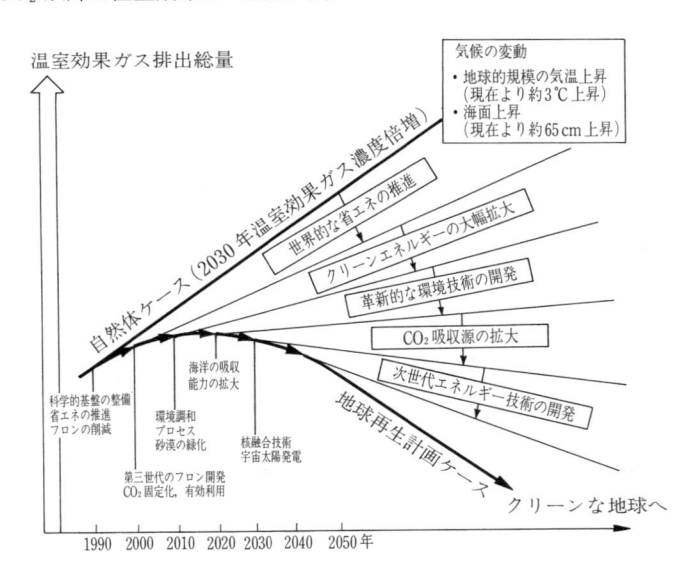

付図 1 地球再生計画〔通商産業省編:エネルギー'96,p.228,電力新報社(1996)〕

などである。これらの効果については，**付図 1** のような地球の再生を期待している。

平成 10 年度成果では，これらの技術開発に対する地球の再生化をシミュレーションするために**付図 2** のような超長期モデルを開発し，その具体的な評価を試みている。

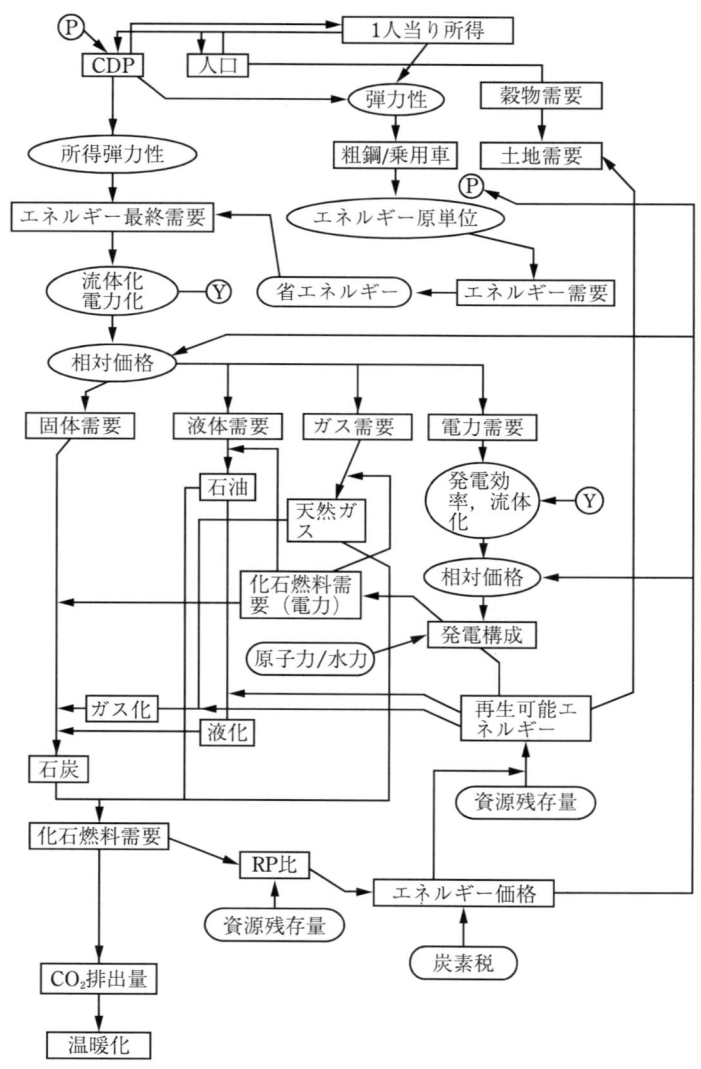

付図 2 超長期モデル〔新エネルギー・産業技術総合開発機構：「地球再生計画」の実施計画作成に関する調査事業 平成 10 年度調査報告書〕

付 4　おもなエネルギー関連サイト

- 経済産業省：http://www.meti.go.jp/
- 資源エネルギー庁：http://www.enecho.meti.go.jp/
- 新エネルギー産業技術総合開発機構：http://www.nedo.go.jp/
- 新エネルギー財団：http://www.nef.or.jp/
- 省エネルギーセンター：http://www.eccj.or.jp/
- (財) 日本原子力文化振興財団：http://www.jaero.or.jp/
- 日本原子力発電：http://www.japc.co.jp/
- 日本原燃：http://www.jnfl.co.jp/
- 電源開発：http://www.epdc.co.jp/
- 動力炉・核燃料開発事業団 (PNC)：http://www.pnc.go.jp/
- 燃料電池開発情報センター：http://eclab.kz.tsukuba.ac.jp/fcdic/ja/
- 石油連盟：http://www.paj.gr.jp/
- 環境省：http://www.env.go.jp/
- 国立環境研究所：http://www.nies.go.jp/index-j.html
- 環境情報センター：http://www.nies.go.jp/japanese/eic-j/contents.html
- 地球環境研究センター：http://www-cger.nies.go.jp/index-j.html
- (財) 地球環境センター：http://www.unep.or.jp/gec/index-j.html
- (財) 環境事業団 (JEC)：http://www.unep.or.jp/gec/index-j.html
- 厚生労働省：http://www.mhlw.go.jp/
- 国連サイト：http://www.unic.or.jp/
- 世界銀行サイト：http://www.worldbank.org/
- 世界保険機構 (WHO)：http://www.who.int/en/
- The Intergovernmental Panel on Climate Change (政府間気候変化討論会)：http://www.ipcc.ch/
- International Energy Agency (国際エネルギー機構)：http://www.iea.org/
- IEA Greenhouse Gas R&D Programme：http://www.ieagreen.org.uk/
- Greenhouse Gas & Technology Information Exchange：http://www.greentie.org/
- World Meteorological Organization (世界気象機関)：http://www.wmo.ch/
- Global Observation Information Network (地球観測情報ネットワーク)：http://www.nnic.noaa.gov/GOIN/GOIN.html

このほか，電力会社，ガス会社などのホームページでも情報が提供されている。

付5 関連単位

付5.1 10^n の単位のSI接頭語

係数	接頭語	原語	記号	係数	接頭語	原語	記号
10^{24}	ヨッタ	yotta	Y	10^{-1}	デシ	deci	d
10^{21}	ゼッタ	zetta	Z	10^{-2}	センチ	centi	c
10^{18}	エクサ	exa	E	10^{-3}	ミリ	milli	m
10^{15}	ペタ	peta	P	10^{-6}	マイクロ	micro	μ
10^{12}	テラ	tera	T	10^{-9}	ナノ	nano	n
10^{9}	ギガ	giga	G	10^{-12}	ピコ	pico	p
10^{6}	メガ	mega	M	10^{-15}	フェムト	femto	f
10^{3}	キロ	kilo	k	10^{-18}	アット	atto	a
10^{2}	ヘクト	hecto	h	10^{-21}	ゼプト	zepto	z
10	デカ	deca	da	10^{-24}	ヨクト	yocto	y

付5.2 化学物質や毒性・安全性などに関する単位

[1] 物質量を表す単位の例
- mol（モル）：原子あるいは分子をアボガドロ数（6.022×10^{23} 個）集めた物質量。

[2] 微量単位の例
- ppm（ピーピーエム）：part par million の略で 1 ppm は 100万分の1を示す。これは，1 l の水に 1 μl（=0.001 ml）あるいは 1 mg の物質が溶けた状態と同じ。
- ppb（ピーピービー）：part par billion の略で 1 ppb は 10億分の1を示す。

[3] 毒性を示す単位や記号の例
- LD_{50}：50 % lethal dose のこと。モルモットなど被験動物の半数が死に至る毒物の量あるいは濃度（致死量あるいは致死濃度という）。例えば，○ $\mu g/kg$ と書いてあれば体重 1 kg 当りの摂取量を示す。
- TEQ：toxic equivalents の略。ダイオキシンにはたくさんの種類があり，構造によって毒性が異なるので，最も毒性の強い 2, 3, 7, 8-TCDD の量に換算して示す。

- TDI：tolerable daily intake，すなわち耐用一日摂取量のこと。一日当り量が一生涯摂取しても健康に影響を及ぼさないと判断される量。

付 5.3　放射線に関わる単位

放射線の強さ

- 照射線量：R（レントゲン）1 R＝258 μC/kg

　X線またはγ線が空気1 kgに照射したときに発生する電子によって物質の電離を引き起こし，生成するイオン量が 2.58×10^{-4} C となる照射量。

- 放射能の強さ：Ci（キュリー），Bq（ベクレル）

　1 Ciはラジウム1 gが1秒間に改変する原子数が370億個のときに放出される放射線量を示すが，SI単位系ではBq（1秒間に原子1個が壊変するときに放出する放射能）を使う。1 Ci＝37 GBq。

参考文献

2章
1) 資源エネルギー庁編:エネルギー2001,電力新報社(2001)
2) 地球環境産業技術研究機構:CO_2削減技術開発プロジェクト成果報告会要旨集,RITE(2000)
3) 本田尚士:環境圏の新しい燃焼工学,フジ・テクノシステム(1999)
4) 矢野恒太郎記念会編:世界国勢図会,国勢社(1999)
5) 阿部寛治編:地球環境問題,東京大学出版会(1998)
6) 秦健吾ら:特集 エネルギー教育,エネルギー・資源学会誌,**20**,3,p.16(1999)
7) 資源エネルギー省監修:省エネルギー便覧,省エネルギーセンター(2000)
8) エネルギー問題特別委員会2000:提言エネルギーセキュリティーの確立と21世紀のエネルギー政策のあり方,社会経済生産性本部(2000)
9) 環境庁編:京都議定書と私たちの挑戦,大蔵省印刷局(1998)
10) 世界銀行〔http://www.worldbank.or.jp/(2002年9月現在)〕

3章
1) 資源エネルギー庁編:エネルギー2001(2001)
2) 佐野 寛:JSME関西支部第76期定時総会講演会FM-2,pp.7-37-7-44(2000)
3) 燃料協会編:燃料便覧,コロナ社(1974)
4) 石油連盟:今日の石油産業,石油連盟(2001)
5) エネルギー問題特別委員会2000:提言エネルギーセキュリティーの確立と21世紀のエネルギー政策のあり方,社会経済生産性本部(2000)
6) 四国電力:橘湾火力建設所資料(1997)
7) 本田尚士:環境圏の新しい燃焼工学,フジ・テクノシステム(1999)
8) 資源エネルギー庁編:原子力 発電2000,日本原子力文化振興財団,(2000)
9) 国立天文台編:理科年表,丸善(2001)
10) 久角喜徳:JSME関西支部第1回省エネ・新エネ技術促進懇話会講演集(2001)
11) 日本機械学会:関西支部・東海支部合同企画第32回座談会,環境技術・新エネルギー技術と革新的リサイクルシステム資料(1999)
12) エネルギー資源学会:第22回特別講演講演資料(2001)
13) 宇宙科学研究所:太陽発電衛星SPS 2000研究(1991)
14) 省エネルギーセンター〔http://www.eccj.or.jp/(2002年9月現在)〕

15) 大阪ガス〔http://www.osakagas.co.jp/(2002年9月現在)〕
16) 省エネルギーセンター:省エネルギー法令集 (2001)〔http://www.eccj.or.jp/ (2002年9月現在)〕
17) 黒崎晏夫編:エネルギー新技術体系,エヌ・ティー・エス (1996)
18) 電気学会編:エネルギー工学概論,電気学会 (1993)
19) 横山伸也:バイオエネルギー最前線,森北出版 (2001)

4章

1) 山田治夫:冷凍及び空気調和, p.82, 養賢堂 (1972)
2) 新型アンモニア冷凍機,前川製作所 (1999)
3) ガス吸収ヒートポンプ,大阪ガスカタログ (1986)

5章

1) 本田尚士:環境圏の新しい燃焼工学,フジ・テクノシステム (1999)
2) 横山伸也:バイオエネルギー最前線,森北出版 (2001)
3) 資源エネルギー庁編:エネルギー 2001 (2001)
4) 堀 正幸:エネルギー・資源学会誌, **22**, 2, pp.127-136 (2001)
5) NEDO:BEST MIX〔http://www.nedo.go.jp/(2002年9月現在)〕
6) 関西電力:姫路第一発電所〔http://www.kepco.co.jp/(2002年9月現在)〕

6章

1) 佐野 寛:エネルギーと地球環境の同時解決を目指して,エネルギー・資源学会誌, **11**, 2, pp.101-106 (1990)
2) 地球環境産業技術研究機構:CO_2削減技術開発プロジェクト成果報告会要旨集 (2000)
3) 大野陽太郎:燃焼研究, 111, pp.69-78 (1998)
4) 日本機械学会,関西支部・東海支部合同企画第32回座談会,環境技術・新エネルギー技術と革新的リサイクルシステム資料 (1999)
5) 横山伸也:バイオエネルギー最前線,森北出版 (2001)
6) 熊野なすび伐り林業,三重県熊野農林事務所林政部 (1989)
7) エネルギー総合工学研究所〔http://www.iae.or.jp/(2002年9月現在)〕
8) 兼子 弘:燃焼の科学と技術, **6**, 1, pp.1-20, イエニス・コミュニケーションズ・インターナショナル (1998)
9) 大垣一成:JSME関西支部第76期定時総会講演会FM-2, pp.7-33-7-36 (2000) (2001)
10) 青柳 雅:エネルギー・資源学会誌, **21**, 6, pp.84-85 (2000)

11) 資源エネルギー庁編：エネルギー 2001（2001）
12) 本田尚士：環境圏の新しい燃焼工学，フジ・テクノシステム（1999）
13) 塩路昌宏：未来開拓研究プロジェクトの展開，エネルギー・資源学会誌，**21**，1，p.33（2000）
14) 石田政義：燃料電池の基礎化学，日本エネルギー学会誌，**80**，2，p.48（2001）

7章

1) 鈴木啓三：エネルギー・環境・生命－ケミカルサイエンスと人間社会－，化学同人（1991）
2) 磯野謙治編：大気汚染物質の動態，東京大学出版会
3) 恩藤忠典・丸橋克英：宇宙環境科学，オーム社（2000）
4) Nace, U. S. Geological Survey, 1967 and The Hydrologic Cycle (Pamphlet), U. S. Geological Survey (1984)〔http://ga.water.usgs.gov/edu/waterdistribution.html/（2002年9月現在）〕
5) 鈴木啓三：水および水溶液，共立出版（1980）
6) G. Némethy and H. A. Scheraga, J. Chem. Phys., 36, 3382 (1962)
7) 小林 勇：恐るべき水汚染 合成化学物質で汚染される水環境，合同出版（1989）
8) 岩田新午：土のはなし，大月書店（1985）
9) 横山伸也：バイオエネルギー最前線，森北出版（2001）
10) 鈴木孝二監修：フォトサイエンス生物図録，数研出版（2000）
11) 内嶋善兵衛：化学と教育，**40**，8，p.507（1992）
12) 浜野洋三：地球のしくみ，日本実業出版社（1995）
13) S. H. Schneider, Climate Modeling, Scientific American 256, 5, pp.72-80 (1987)
14) ジェームス・E・ラブロック著，プラブッタ訳：地球生命圏 GAIA の科学，工作舎（1984）
15) ジェームス・E・ラブロック著，プラブッタ訳：ガイアの時代，工作舎，（1989）
16) 新田義孝：［演習］資源エネルギー論，慶應義塾大学出版会（2001）
17) R. A. Hanal, et al.：J. Gesphys. Res., 11, 2629-2641 (1972)
18) 今中利信，廣瀬良樹：環境・エネルギー・健康 20講，化学同人（2000）
19) エネルギー教育研究会：講座現代エネルギー・環境論，電力新報社（1997）
20) 地球環境データブック編集委員会編：ひと目でわかる地球環境データブック，オーム社（1993）
21) 北野 大，及川紀久雄：人間・環境・地球－化学物質と安全性－第3版，共立出版（2000）
22) 日本アイソトープ協会編：放射線・アイソトープ 講義と実習，丸善（1992）

23) 通商産業省資源エネルギー庁公益事業部編日本原子力文化振興財団：原子力発電　その必要性と安全性（1995）
24) 東川善文ら：SEIテクニカルレビュー第152号（1998）

8章

1) 北野　大，及川紀久雄：人間・環境・地球－化学物質と安全性－第3版，共立出版（2000）
2) レスター・ブラウン：地球白書2001-02，家の光協会（2001）
3) 化学物質データベース（WebKis-Plus）〔http://w-chemb.nies.go.jp/（2002年9月現在）〕
4) 環境庁　環境保健部　環境安全課：平成9年（1997年）版　化学物質と環境（1998）〔http://www.env.go.jp/chemi/kurohon/index.html/（2002年9月現在）〕
5) 「化学」編集部編：別冊「化学」環境ホルモン＆ダイオキシン，化学同人（1998）
6) 浦野紘平：みんなの地球　環境問題がよくわかる本，オーム社（2001）
7) レイチェル・カーソン著，青樹簗一訳：沈黙の春，新潮文庫（1999）
8) 気象庁：オゾン層観測報告（1998）
9) IPCC 1995年報告書（1995）
10) 乙竹　直：代替フロンの探索　環境保護と実用化への道，工業調査会（1991）
11) 宮田秀明：廃棄物学会誌，**8**，4，pp.301-311（1997）
12) 宮田秀明：よくわかるダイオキシン汚染，合同出版（1998）
13) N. H. Mahle and L. F. Whiting：Chemosphere, 9, pp.693-699（1980）
14) 今中利信，廣瀬良樹：「環境・エネルギー・健康　20講」，化学同人（2000）
15) 平成10年10月6日付けおよび同年11月24日付け朝日新聞朝刊記事
16) 厚生省：内分泌かく乱化学物質の健康影響に関する検討会　中間報告書（1998）
17) 鈴木孝二監修：フォトサイエンス生物図録，数研出版（2000）
18) 内海英雄：化学工学，**61**，7，pp.532-535（1997）
19) 松藤敏彦，田中信壽：地球環境サイエンスシリーズ　リサイクルと環境，三共出版（2000）
20) 富士総合研究所：図解　産業リサイクルのしくみ，東洋経済新報社（2001）
21) 亀山秀雄，小島紀徳：エネルギー・資源・リサイクル，培風館（1997）
22) 内山洋司：私たちのエネルギー　現在と未来，培風館（1998）

演習問題解答

4章

【1】 略

【2】 比エンタルピーはそれぞれ
h_1(圧縮機入口)≒402 kJ/kg, h_2(凝縮機入口)≒437 kJ/kg,
h_3(膨張弁入口)＝h_4(蒸発器入口)≒230 kJ/kg

(1) $h_2-h_3=207$ [kJ/kg]
(2) $q=h_1-h_4=172$ [kJ/kg]
(3) $W=h_2-h_1=35$ [kJ/kg]
(4) 1(日本)冷凍トン＝3 320×4.187≒1.39×10⁴ [kJ/h]
 ∴ $G=R/q=1.39×10^4/172=80.8$ [kg/h]
 $v_1≒0.08$ より $V_1=Gv_1=80.8×0.08=6.46$ [m³/h]
(5) 1 PS＝2 648 kJ/h より 80.8×35/2 648＝1.07 [PS]
(6) $\varepsilon_r=q/(h_2-h_1)=172/35=4.91$
(7) $\varepsilon_c=T_L/(T_H-T_L)=(273-15)/(30+15)=5.73$
(8) $\varepsilon_r/\varepsilon_c=4.91/5.73=0.86$
 逆カルノーサイクルにかなり近いことがわかる。
(9) $\varepsilon_h=(h_2-h_3)/(h_2-h_1)=207/35=5.91$

【3】 h_1(圧縮機入口)≒406 kJ/kg, h_2(凝縮機入口)≒428 kJ/kg,
h_3(膨張弁入口)＝h_4(蒸発器入口)≒240 kJ/kg
$\varepsilon_r=(h_1-h_4)/(h_2-h_1)=(406-240)/(428-406)=7.55$
1(日本)冷凍トン≒1.39×10⁴ kJ/h より
$V_1=Gv_1=(R/q)v_1=\{1.39×10^4/(406-240)\}×0.06=5.02$ [m³/h]

【4】 蒸発器を通る冷媒流量を G_L, 冷媒熱量を Q_L, 中間冷却器で蒸発する冷媒量を G_i, 必要冷凍熱量を Q_i とすると

$$G_L=\frac{Q_L}{h_3-h_1} \tag{1}$$

$$Q_i=G_L\{(h_7-h_1)+(h_4-h_5)\} \tag{2}$$

$$G_i=\frac{Q_i}{h_5-h_7} \tag{3}$$

また、高圧圧縮機での吸入ガス量は

$$G=G_L+G_i \tag{4}$$

低圧および高圧圧縮機での仕事量を L_1, L_2 とすると

$L_1 = G_L(h_4 - h_3)$
$L_2 = G(h_6 - h_5)$ 　　　　　　　　　　　　　　　　　(5)

したがって，全体の仕事量は
$L = L_1 + L_2 = G_L(h_4 - h_3) + G(h_6 - h_5)$
$= G_L(h_4 - h_3) + (G_0 + G_i)(h_6 - h_5)$　　　　　　(6)

式(6)に式(1)～(3)を代入して整理すると
$$L = \frac{(h_5 - h_7)(h_4 - h_3) + (h_4 - h_1)(h_6 - h_5)}{(h_3 - h_1)(h_5 - h_7)} Q_L \quad (7)$$

動作係数は $\varepsilon_c = Q_L/L$ であるから
$$\varepsilon_c = \frac{(h_3 - h_1)(h_5 - h_7)}{(h_5 - h_7)(h_4 - h_3) + (h_4 - h_1)(h_6 - h_5)}$$

よって式(4.9)になる。

【5】（1）　h_1(圧縮機入口)≒1420 kJ/kg, h_2(圧縮機出口)≒1820 kJ/kg, h_4(蒸発器入口)≒340 kJ/kg
$\varepsilon_c = (h_1 - h_4)/(h_2 - h_1) = (1420 - 340)/(1820 - 1420) = 2.7$
圧縮比は，圧縮機入口が P_L≒0.09 MPa, 出口が P_H≒1.15 MPaより
$P_H/P_L = 1.15/0.09 = 12.8$
2点を通るガス温度は線図より約150 ℃
このような高温では圧縮機の体積効率は低下し，潤滑油を変質させる支障が生じるので，中間冷却をしたほうがよい。

（2）　1(日本)冷凍トン≒1.39×10^4 kJ/h
$G = R/(h_1 - h_4) = (90 \times 1.39 \times 10^4)/(1420 - 340) = 1158$ 〔kg/h〕

（3）　$L = G(h_2 - h_1)/(\eta_{ad}\eta_m) = 1158 \times (1820 - 1420)/(0.85 \times 0.85 \times 3600)$
$= 178$ 〔kW〕

（4）　$\varepsilon_c' = \varepsilon_c \eta_{ad} \eta_m = 2.7 \times 0.85 \times 0.85 = 1.95$

【6】　中間冷却器の圧力は $p_i = \sqrt{p_H p_L} = \sqrt{1.15 \times 0.09} ≒ 0.32$ 〔MPa〕
二段圧縮サイクルの $p\text{-}h$ 線図の概略を**解図 4.1** に示す。
線図より圧縮機のガス温度は85℃ 程度に低下する。
$h_1 = h_2 ≒ 200$ kJ/kg, $h_7 = h_8 ≒ 322$ kJ/kg, $h_4 ≒ 1580$ kJ/kg,

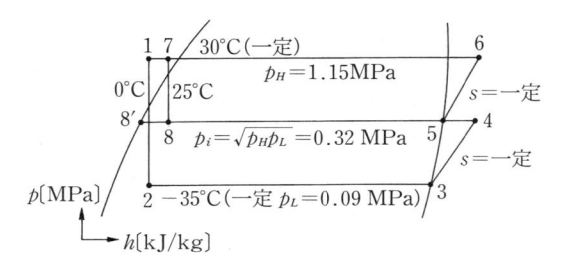

解図 4.1　アンモニア $p\text{-}h$ 線図

$h_5 ≒ 1\,460\,\text{kJ/kg}$, $h_6 ≒ 1\,640\,\text{kJ/kg}$, $h_3 ≒ 1\,420\,\text{kJ/kg}$
式(4.9)に代入すると
$\varepsilon_c = (1\,420-200)(1\,460-322)/\{(1\,460-322)(1\,580-1\,420)$
$+ (1\,580-200)(1\,640-1\,460)\} ≒ 3.2$
【5】の問題($\varepsilon_c=2.7$)よりもよくなることがわかる。

【7】 $\eta_t=0.2$, $\eta_m=0.8$, $\varepsilon_c=5$ より
$\eta_t\eta_m\varepsilon_c = 0.2×0.8×5 = 0.8$
これは吸収式冷凍機の動作係数(熱量比)とほぼ同程度である。

【8】（1） $\varphi ≒ 62\%$
（2） $x ≒ 0.016\,4\,\text{kg/kg}'$, $v ≒ 0.881\,\text{m}^3/\text{kg}'$, $h ≒ 74.5\,\text{kJ/kg}'$
（3） 21.4 °C

【9】 $\varphi ≒ 36\%$

【10】 34 °C, 70 %：$x_1 ≒ 0.023\,8\,\text{kg/kg}'$, $h_1 ≒ 95.1\,\text{kJ/kg}'$, $v_1 ≒ 0.903\,\text{m}^3/\text{kg}'$
20 °C, 100 %：$x_2 ≒ 0.014\,7\,\text{kg/kg}'$, $h_2 ≒ 57.5\,\text{kJ/kg}'$
取り去るべき熱量は
$Q = V(h_1-h_2)/v_1 = 2\,000(95.1-57.5)/0.903 = 8.33×10^4\,[\text{kJ/h}]$

【11】 30 °C, 60 %：$x_1 ≒ 0.016\,1\,\text{kg/kg}'$, $h_1 ≒ 71.5\,\text{kJ/kg}'$
16 °C, 95 %：$x_2 ≒ 0.010\,7\,\text{kg/kg}'$, $h_2 ≒ 43.0\,\text{kJ/kg}'$
また，$v_1 ≒ 0.881\,\text{m}^3/\text{kg}'$
$Q = V(h_1-h_2)/v_1 = 12\,500(71.5-43)/0.881 = 4.04×10^5\,[\text{kJ/h}]$
$W = V(x_1-x_2)/v_1 = 12\,500×(0.016\,1-0.010\,7)/0.881 = 76.6\,[\text{kg/h}]$

【12】 SHF = 63 %, $u = 6\,600\,\text{kJ/kg}$

【13】 SHF $= q_S/(q_S+q_L) ≒ 0.75$, SHF=0.75の延長線と $t=16$ °Cの交点より $\varphi ≒ 80\%$
$t_1 = 26$ °C, $\varphi_1 = 50\%$：$h_1 ≒ 53\,\text{kJ/kg}'$
$t_2 = 16$ °C, $\varphi_2 = 80\%$：$h_2 ≒ 39\,\text{kJ/kg}'$, $v_2 ≒ 0.832\,\text{m}^3/\text{kg}'$
$G = (Q_S+Q_L)/(h_1-h_2) = (12.5+4.2)×10^4/(53-39) = 1.19×10^4\,[\text{kg}'/\text{h}]$
∴ $V = Gv_2 = 0.832×1.19×10^4 ≒ 9\,900\,[\text{m}^3/\text{h}]$

【14】 線図より，$h ≒ 55.6\,\text{kJ/kg}'$, $x ≒ 0.012\,8\,\text{kg/kg}'$
計算では $t_1=30$ °C, $\varphi_1=60\%$：飽和蒸気表より飽和蒸気圧 $P_{S1}=31.8$ mmHg
式(4.16)より，$x_1 = 0.622×0.6×31.8/(760-0.6×31.8) = 0.016\,0\,[\text{kg/kg}']$
同様に，$t_2=10$ °C, $\varphi_2=80\%$では
$x_2 = 0.622×0.8×9.2/(760-0.8×9.2) = 0.006\,08\,[\text{kg/kg}']$
比エンタルピーは式(4.22)よりそれぞれ
$h_1 = 1.005×30 + 0.016\,0×(2\,500+1.86×30) = 71.04\,[\text{kJ/kg}']$
$h_2 = 1.005×10 + 0.006\,08×(2\,500+1.86×10) = 25.36\,[\text{kJ/kg}']$
混合の前後でエンタルピーは保存されるから
$m_1 h_1 + m_2 h_2 = (m_1+m_2)h_3$
∴ $h_3 = (100×71.04+50×25.36)/(100+50) = 55.81\,[\text{kJ/kg}']$

絶対温度は
$x_3 = (100 \times 0.016\,0 + 50 \times 0.006\,08)/(100+50) = 0.012\,7$ [kg/kg′]
となり，線図で読みとった値とほぼ一致する。

【15】 $t \fallingdotseq 24\,°C$, $x \fallingdotseq 0.008\,8\,kg/kg′$

【16】 湿り空気の状態変化は図 **4.18**（b）でF(外気) $t=35\,°C$, $t'=25\,°C$, 80 m³ とR(還気) $t=26\,°C$, $t'=18\,°C$, 160 m³の混合点を点①とし，①と $t=15\,°C$, $t'=14.5\,°C$の点②を結ぶ。

これを 75 %：25 %に分割する（点C）。点Cの状態は線図より
乾球温度 $t=18.6\,°C$, 湿球温度 $t'=15.8\,°C$となる。調整空気Cが部屋へ入り，Rとなって出ていく。

【17】（1） 点F： $t=33.9\,°C$, $t'=26.7\,°C$ （大阪）
点R： $t=26\,°C$, $\varphi=50\,\%$ （設計基準）
$Q_R=120\,000\,kJ/h$, $W=12\,kg/h$ より熱水分比は
$u=dh/dx=Q_R/W=120\,000/12=10\,000$ [kJ/kg]
Rより $u=10\,000$ に平行線を引くと，送風状態点はこの線上にあるので，この上に $26-7=19$ [°C] の送風状態点Cをとる。RCを結ぶ。
一方，送風空気量は， $G_F=\rho_F \times 25 \times 100 = (1/v_F) \times 2\,500$
点Fを通る比容積 $v_F \fallingdotseq 0.897$ ∴ $G_F \fallingdotseq 2\,787\,kg′/h$
つぎに，冷房装置を通る空気量は
$G_C=G_R=Q_R/(h_R-h_C) \fallingdotseq 120\,000/(53-43.5) \fallingdotseq 12\,631$ [kg′/h]

（2） したがって，リターン空気と外気との混合点Mは線分FRを点Rより $G_F/G_R=2\,787/12\,631 \fallingdotseq 0.22$ に分ける点となる。MとCを結ぶとMCRが調整空気の状態変化。湿り空気の状態変化を**解図 4.2** に示す。

（3） 点Cから水平に湿度 90 %の点まで引き，交点を点C′とするとC′CがS熱に相当する。したがって，調整空気の状態変化はMC′CRとなる（**解図 4.2**）。

〔検　算〕
冷房装置の全熱負荷は
$Q=Q_R+Q_0+Q_H$
Q_R(熱負荷) $=120\,000\,kJ/h$,
Q_0(新鮮空気負荷) $=G_F(h_F-h_R)=2\,787 \times (83.5-53)=85\,004$ [kJ/h]
Q_H(再熱負荷) $=G_C(h_C-h_{C'})=12\,631 \times (43.5-38)=69\,470$ [kJ/h]
∴ $Q_R+Q_0+Q_H=120\,000+85\,004+69\,470=274\,475$ [kJ/h]
一方，冷房装置の負荷 Q は冷房，減湿によるMからC′までの状態変化であるから
$Q=G_C(h_M-h_{C'})=12\,631 \times (59.5-38)=271\,567$ [kJ/h]
で上記の 274 475 kJ/h とほぼ一致している。

【18】 熱水分比は

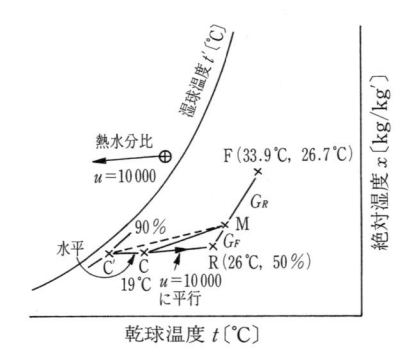

解図 4.2

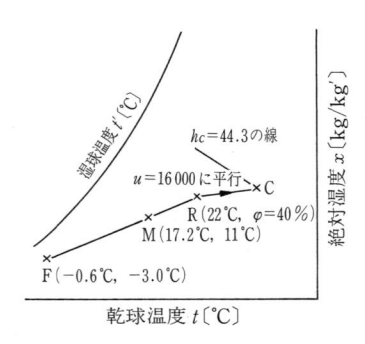

解図 4.3

$u = dh/dx = Q_R/W = -80\,000/(-5) = 16\,000$, 点 R は $t = 22\ ^\circ\text{C}$, $\varphi = 40\ \%$
$Q_R = G_C(h_R - h_C)$ で, $Q_R = -80\,000$, $G_C = 12\,631$
(前問と同じ), $h_R = 38$ より
$h_C = h_R - Q_R/G_C = 38 + 80\,000/12\,631 = 44.3$ 〔kJ/kg′〕
点 R から $u = 16\,000$ に平行に引いた状態線上で, $h_C = 44.3$ の点をとる。これを点 C とする。これより
$t_C = 26\ ^\circ\text{C}$, $t_C' = 15.9\ ^\circ\text{C}$
前問より $G_F/G_R = 0.22$ で, 点 F は $t = -0.6\ ^\circ\text{C}$, $t' = -3.0\ ^\circ\text{C}$ より, 線分 FR を点 R より $0.22:0.78$ の割合で分ける。これより混合点 M が定まる。M は
$t ≒ 17.2\ ^\circ\text{C}$, $t' ≒ 11\ ^\circ\text{C}$
MCR が調整空気の状態変化を表す (**解図 4.3**)。

5章

【1】 $Q = mc(T_1 - T_0) = 8 \times 10^3 \times 4.187 \times (333 - 298)$
　　　　$= 1.172 \times 10^6$ 〔kJ〕
式 (5.8) より温水のエクセルギーは
$E = mc\{(T_1 - T_0) - T_0 \ln 333/298\}$
　　$= 8 \times 10^3 \times 4.187 \times \{(60-25) - 298 \ln 1.117\,4\} = 6.40 \times 10^4$ 〔kJ〕
有効比は
$\lambda = E/Q = (6.40 \times 10^4)/(1.172 \times 10^6) = 0.055$

【2】 (1) $\eta_{th} = 1 - T_0/T_F = 1 - (273+33)/(273+250) = 0.415$
　　　(2) $\eta_c = 1 - T_0/T_H = 1 - (273+33)/(273+1\,000) = 0.760$
　　　　　$E_1 = Q\eta_c = 4\,000 \times 0.762 = 3\,048$ 〔kJ〕
　　　(3) $\zeta = L/E = \eta_{th}/\eta_c = 0.415/0.760 = 0.546$
　　　(4) $\Delta S = Q/T_F - Q/T_H = 4\,000 \times \{1/(273+250) - 1/(273+1\,000)\}$
　　　　　　$= 4.506$ 〔kJ/K〕

（5） エクセルギー損失は
$L_W = E_1 - E_2 = Q(\eta_c - \eta) = 4\,000 \times (0.760 - 0.415) = 1\,380$ [kJ]
$T_0 \Delta S = (273 + 33) \times 4.506 = 1\,379$ [kJ]
よって，$L_W \fallingdotseq T_0 \Delta S$……グイ・ストドラの公式

【3】 エクセルギー効率は $\zeta = L/E = \eta_{th}/\eta_c$
オットーサイクルの熱効率は $\eta_{th} = 1 - \varepsilon^{1-\kappa}$，
カルノーサイクルの熱効率は $\eta_c = 1 - T_1/T_3 = 1 - (1/\theta)$
∴ $\zeta = (1 - \varepsilon^{1-\kappa})/(1 - \theta^{-1})$

【4】 北欧地域では，コージェネレーションによりクローズド・サイクルの温水が供給されている。この場合，温熱は床暖房などの居住空間に利用されたり，熱交換器により水道水温度を上げ，料理用や風呂に利用することができる。オープンサイクルでは，さらに洗濯水やトイレ用水などにも利用することが可能となり，必ずしも清水を要しないところに利用不可能な低温になった配水を利用することも，資源としての有効利用につながる。

【5】 発電効率 $\eta_e = 200 \times 3.6/(40 \times 150 \times 0.3) = 0.4 (40\%)$
総合効率 $\eta_t = (200 \times 3.6 + 15.5 \times 1.86 \times 25)/(40 \times 150 \times 0.3) = 0.8 (80\%)$
熱電比 $H = 720.75/720 = 1.0$
1日の供給人数は
$200 \times 24/6 = 800$ [人]
となる。

【6】 原子力発電による余剰電力 W_n は
$W_n = 20 \times 10^6 \times 6 = 120$ [MW]
となり，揚水発電所で持ち上げられる水量 m に必要な仕事 W_L は
$W_L = m \times 9.8 \times 200 = 1\,960\,m$ [J]
よって，$W_L = 0.3 W_n$ だから
$m = 18.4$ トン
が持ち上げられる。

【7】 デイライト・セービング・タイムとは，日中の太陽光をライフ・スタイルを少し変えることによって節約・有効活用しようとする時間制度である。
この制度では，日の出時刻が早まる時期に時計の針を1時間先に進め，夕方の明るい時間を増やし，1日の活動時間で太陽光を有効活用できない時間を減らす工夫である。この制度は，世界70カ国以上で採用されている。
省エネルギー効果としては，1993年に行った計算によると，原油換算で55万 kl と見込まれ，これは，香川県や高知県の全世帯の年間エネルギーに相当する。世界のデイライト・セービング・タイムの実施状況を**解図 5.1** に示す。

【8】 （1） $\Delta s = R \ln\left(\dfrac{v_2}{v_1}\right) = 0.287 \ln 2 = 0.198\,9$ [kJ/(kg・K)]
カルノーエンジンの出力は

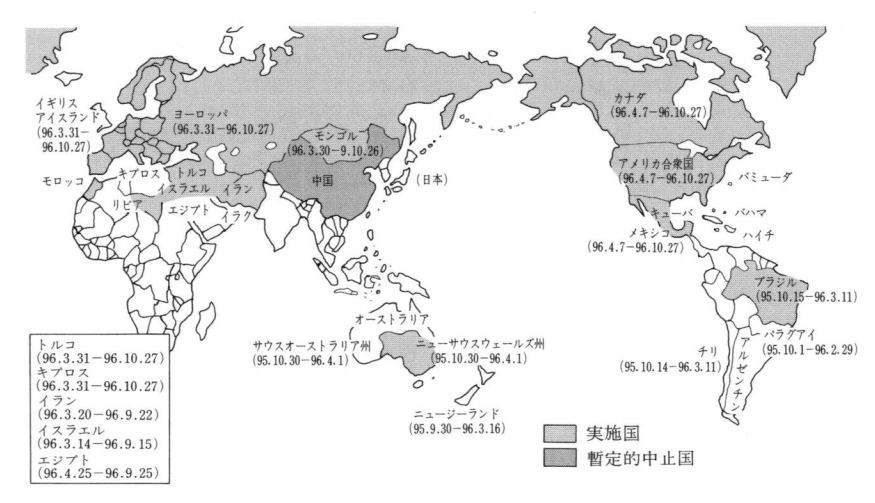

解図 5.1

$P = \dot{m} Q = \dot{m} \Delta T \Delta s$

として表されるので

$$\dot{m} = \frac{10}{(1\,000 - 300)(0.198\,9)} = 0.071\,8 \text{ (kg/s)}$$

を得る。

(2) 解図 5.2 を示す。

1→2：等温膨張過程
2→3：等エントロピー膨張過程
3→4：等温圧縮過程
4→1：等エントロピー圧縮過程

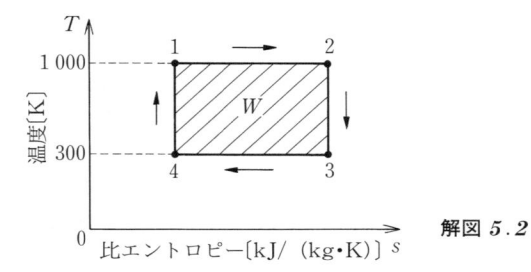

解図 5.2

6章

【1】 H_2 6モルと CO_2 2モルで合成されるモル数は，メタノール合成では2モル，DMEでは1モルできる。
メタノール合成のほうが2倍多く合成されることになる。

【2】 炭素源Cを1kg得るにはグルコース $C_6H_{12}O_6$（分子量C：72+H：12+O：96＝180）は
$1000/72×180＝2500$〔g〕
が必要となる。よって必要な生バイオマスの量は水分比率が60％だから
$2.5+2.5×0.6/0.4＝6.25$〔kg〕
となる。つぎに，光合成によって生じる呼吸分の酸素は
$2.5×192/180＝2.67$〔kg〕
生じる。よって光合成により生産される量は，$2.5+2.67＝5.17$〔kg〕となる。
最初に必要な CO_2 の量は（$6CO_2＝264$）
$5.17×264/372＝3.67$〔kg〕
となり，水の量は（$6H_2O＝108$）
$5.17×108/372＝1.5$〔kg〕
が必要となる。

【3】 天然ガスの密度 ρ_g は，$P＝\rho_g RT$ より
$\rho_g＝0.1×10^6/(518.7×300)＝0.642$〔kg/m^3〕
LNGの液密度 $\rho_L＝0.4$〔kg/l〕$＝400$〔kg/m^3〕であるから天然ガスは，LNGとの体積比で
$400/0.642＝623$〔倍〕
圧縮できる。よって，メタンハイドレートとLNGの輸送特性は
$623/170＝3.7$〔倍〕
LNGのほうが同じタンカ輸送では優っていることがわかる。

【4】 石炭1kgを完全燃焼させるのに必要な燃焼ガスの量は
$(1+10×1.0)/29×10^{-3}＝379.3$〔mol〕
となる。石炭中に含まれる窒素分は
$10^3×0.01/14＝0.714$〔mol〕
となるので，0.714モルのNOが生じることになる。これは，モル分率では
$0.714/379.3＝1.88×10^{-3}＝1880$〔ppm〕
となる。よって，転換率は
$500/1880＝0.266＝26.6$〔％〕
となる。

【5】 X, Y, Z の関係式から連立方程式を解くことによって求まる。
総合費用 Z は，ガソリン自動車と同じように
$Z＝Y+2340$ (1)
が成り立つ。生涯燃料費 Y は

$Y = X/1\,000 \times 160\,000/8$ \hfill (2)

が成り立つ。式(1), (2)を連立させると

$Z = 20\,X + 2\,340$ \hfill (3)

が求まる。式(3)と $Z = 2X^2$ を連立させると

$X^2 - 10\,X - 1\,170 = 0$

の2次関数が求まるので，解の公式より

$X = 39.57$ 円/m³

が求まる。よって燃料単価は，39.57 円/m³，生涯燃料費 791.4 千円，総合費用 3 131 千円となる。

【6】 電気分解に必要な仕事量 W は

$W = QV$ \hfill (1)

を得る。化学反応式より一つの水分子を電気分解するには，二つの電子が関与しているので全電荷 Q は

$Q = -2Ne = -1.93 \times 10^5$ 〔C〕

となる。ここで，N はファラデー定数，e は素電荷である。
水1モルを分解するのに必要な実効仕事は，反応帯の1モル当りのギブスの自由エネルギーと関係しているので

$\Delta G = W$ \hfill (2)

となる。よって，電気分解が生じる条件は

$V = \Delta G/2Ne$ \hfill (3)

となるので，$V = 1.021$ V となる。

燃料電池の理論熱効率 η_e は

$\eta_e = \dfrac{\Delta G}{\Delta H}$ \hfill (4)

より $\eta_e = 0.796 (79.6\%)$ となる。

熱機関におけるカルノーサイクル効率 η_c は

$\eta_c = (923 - 300)/923 = 0.675\ (67.5\%)$

となり，$\eta_e > \eta_c$ なので電気化学的変換のほうが変換効率が高いことがわかる。

【7】 熱エネルギーは，エネルギー資源の採掘，輸送に始まり，種々の燃焼方法にあった加工が施され，燃焼装置によって燃焼反応を介して熱エネルギー変換することによって得ることができる。固体，液体や気体燃料に含まれる種々の炭化水素系燃料は，化学的に固定化された結合エネルギーを燃焼反応により H_2O（水蒸気）と CO_2 の最終生成物へと変化する。この燃焼過程は，燃料と酸化剤が反応前の混合状態から予混合と拡散過程とに区別される。例えば内燃機関では，点火機関は予混合過程による燃焼状況が，またディーゼル機関では拡散過程による燃焼反応が筒内で起こり，熱エネルギーが力学エネルギーへと変換される。これらの燃焼過程は，燃料の持つ性状に合わせて利用されており，熱効率や安全性などを加味しながら実用化が図られている。

7章

【1】 pH$=-\log(0.005)=2.3$
$[H^+]=10^{-11.2}=6.3\times 10^{-12}$ mol/l
pOH$=14-11.2=2.8$ ∴ $[OH^-]=10^{-2.8}=0.0016$ mol/l

【2】 飛灰する年間総量は
$500\times 365\times 0.1\times 0.01=865$〔トン〕
となり，単位面積当りの飛灰量は
$865\times 10^6/(\pi\times(10\times 10^3)^2)=2.75$〔g/m^2〕
ダイオキシンの総量と単位面積当りの拡散量は，それぞれ0.2を乗じたものであるので173トンで0.55 g/m^{2}となる。

【3】 （1） Water is a substance composed of the chemical elements hydrogen and oxygen and existing in gaseous, liquid, and solid states. Water is one of the most plentiful and essential compounds. It is vital to life, participating in virtually every process that occurs in plants and animals.

（2） Evaporation of water from the Earth's surface forms one part of the water cycle. In the temperature range between 100°C and 0°C, only some of the molecules in the water have enough energy to escape to the atmosphere. When air containing water vapor cools in the atmosphere, for example when it rises, the water vapor condenses to form tiny droplets of liquid water (or ice) in clouds.

【4】 Merits from :
alternative energy, no acid rain pollution, no global warming phenomena, etc.
Demerits from :
disposal of radioactive waste, transport of radioactive material, danger of radioactive emissions. etc.

索　引

【あ】

亜酸化窒素　　28, 144
圧縮機　　51
アネルギー　　85
アルベド　　141

【い】

硫黄酸化物　　28, 143, 147
一次エネルギー　　41
一酸化炭素　　143
インフラストラクチャー　　112
インベントリー分析　　197

【う】

ウェットバイオマス　　113
ウラン　　32
運輸部門　　41

【え】

影響分析　　198
営力　　137
エクセルギー　　85
エクセルギー効率　　91
エコケーブル　　160
エネルギー　　1
エネルギー安定供給　　7, 14
エネルギー消費原単位　　41
エネルギー備蓄　　40
エネルギーベストミックス　　98
塩化フッ化炭化水素類　　56
塩化フッ化炭素類　　56
塩素系有機化合物　　169, 181

【お】

オゾン層　　133
　　――の破壊　　56
オゾン破壊指数　　58
温室効果　　143

【か】

加圧水型原子炉　　34
ガイア　　142
快感用空気調和　　70
海洋エネルギー　　40
化学物質過敏症　　190
拡散吸収式冷凍機　　63, 64
確認可採埋蔵量　　20
核燃料サイクル　　35
核分裂　　32
核放射性物質　　33
核融合　　32
可採年数　　20
加水分解　　174
ガス冷蔵庫　　63
ガス冷房　　64
化石エネルギー　　2
化石燃料　　5, 22
過熱度　　54
カーボン・ニュートラル　　114
カーボンリサイクル　　113
過冷却度　　54
乾球温度　　71
環　境　　1, 131
環境影響評価　　197
環境汚染　　165
環境汚染物質　　2
環境基準　　195

環境ホルモン　　3, 184

【き】

気候変動枠組条約
　　締結国会議　　15
規制フロン　　56, 58
揮発性有機化合物　　169
キャピラリチューブ　　51
吸収液　　61
吸収器　　64
吸収式冷凍機　　61
吸着式冷凍機　　67
凝縮器　　51, 64
共　生　　137
京都議定書　　17
京都メカニズム　　18

【く】

グイ・ストドラの公式　　86
空気調和　　4, 50
クラーク数　　137
クリーンコールテクノロジー　　27, 122

【け】

経済成長　　7, 14
ケミカルリサイクル　　192
原子核の結合エネルギー　　32
原子力エネルギー　　31
減速材　　33
減速棒　　33
顕熱比　　75
原　油　　23

【こ】

公　害　　165

索引　225

光化学スモッグ　150
高効率技術　84
高速増殖炉　36
国際標準化機構　200
コージェネレーション　92
国家備蓄　26
ごみ　41
コンバインドサイクル　101

【さ】

最終エネルギー消費　41
再生可能エネルギー　2,7,105
再生器　63
サイバネティック　142
サーマルリサイクル　192
産業廃棄物　190
産業部門　41
産業用空気調和　70
三重点　135
酸性雨　147
残留性有機汚染物質　175
残留量　182

【し】

紫外線　133
磁気冷却　50
自己調整　142
自然エネルギー　5
持続可能な発展　14
湿球温度　71
シックハウス症候群　190
実効線量当量　154
質量欠損　32
脂肪族炭化水素　174
ジメチルエーテル合成　107
湿り空気　69
臭化リチウム　64
受液器　51
省エネルギー　84
蒸気圧縮式冷凍機　51
状態線　76
蒸発　135

蒸発器　51,64
触媒作用　181
食物連鎖　175

【す】

水域圏　131
水質汚濁　151
水素結合　135
水力発電　40
3 E　7

【せ】

成層圏　133
生態系　131
生物濃縮　175
生分解　174
赤外線　143
石炭エネルギー　28
石炭資源　27
石油危機　26
石油資源　22
石油代替エネルギー　28
絶対湿度　71
ゼーベック効果　68
ゼロ・エミッション　163,193

【そ】

総合効率　93
層状構造　137
相対湿度　72
ソーラーシステム　39

【た】

ダイオキシン類　3,136,159
大気圏　131
代替エネルギー　23
代替冷媒　59
太陽エネルギー　8,37
太陽光発電　108
太陽光発電衛星　40
太陽光発電システム　38
太陽熱エネルギー　39
太陽熱発電　108

対流圏　132
脱硫　157
炭化水素　143,150
炭素基金　18
断熱飽和温度　71
タンパク質合成　189
団粒構造　137

【ち】

地球温暖化　56,143
地球温暖化指数　58,144
地球温暖化防止京都会議　17
地球環境保全　7,14
窒素酸化物　28,143,147
地熱エネルギー　41
中間圏　134
中間冷却器　54
中東依存度　21

【て】

デューリング線図　64
電気二重層　127
天然ウラン　32
天然ガス　30
電離圏　134

【と】

動作係数　52,68
毒性　174,182
毒性等量　184
特定フロン　56
土壌圏　131
トップ・ランナー方式　45
ドライバイオマス　113
トリクレン　169
トリハロメタン　159,166
トリレンマ　14

【な】

内分泌かく乱物質　185
なすび伐り　114

【に】

二段圧縮サイクル　　54
ニューサンシャイン計画
　　　　　　　　　126

【ね】

熱圏　　　　　　　134
熱水分比　　　　　　76
熱電比　　　　　　　93
熱電冷却　　　　　　50
熱電冷凍機　　　　　69
熱負荷　　　　　　　79
熱力学第一法則　　　 1
熱力学第二法則　　　 1
熱量比　　　　　　　68
燃料電池　　　　　126

【の】

濃縮性　　　　　　174

【は】

バイオエネルギー
　　　　　　8, 39, 112
バイオマス　　　4, 112
廃棄物　　　　　　　41
排熱回収ボイラ　　101
灰分　　　　　　　　28
パークレン　　　　169
発電効率　　　　　　93
ハロン　　　　　　181

【ひ】

非化石燃料　　　　　 5
微生物　　　　　　137
ヒートポンプ　　　　53
飛灰　　　　　　　183
被ばく　　　　　　152
微粉炭燃焼　　　　　29
標準冷凍サイクル　　51
微粒化　　　　　　　29

【ふ】

風力エネルギー　　　 8
風力発電　　　　　　39
富栄養化　　　　　152
複合発電システム　84, 101
フッ化炭化水素類　　56
フッ化炭素類　　　　56
沸騰水型原子炉　　　34
浮遊粒子状物質　143, 150
プルサーマル計画　　35
プルトニウム　　　　35
フロン　　　　　　134
フロン規制　　　　　58
分離器　　　　　54, 63

【へ】

平衡状態　　　　　140
ペルチエ効果　　　　50

【ほ】

放射性廃棄物　　　191
放射線　　　　　　154
膨張弁　　　　　　　51
飽和度　　　　　　　72
保健用空気調和　　　70
ホメオスタシス　　142
ポリ塩化ビニル　　160
ポリクロロジベンゾ-パラ
　-ジオキシン　　182
ホルモン　　　　　185

【ま】

マイクロ水力発電　　40
マテリアルリサイクル　192

【み】

ミッシングシンク　113
ミランコビッチ　　142
民間備蓄　　　　　　26
民生部門　　　　　　41

【む】

無効エネルギー　　　85

【め】

メタノール合成　　107
メタンハイドレート　116

【も】

モントリオール議定書　58

【ゆ】

有効エネルギー　　　85
有効比　　　　　　　88

【よ】

揚水発電所　　　　　98

【ら】

ラヴロック　　　　142
ラジカル　　　133, 181

【れ】

冷却材　　　　　　　33
冷凍機　　　　　　　50
冷凍効果　　　　　　53
冷熱技術　　　　4, 50
冷媒　　　　　　50, 61
レセプター　　　　185
連鎖反応　　　　　　33

【ろ】

露点温度　　　　　　72

【B】

BOD	*152*

【C】

CFC 特定フロン	*58*
COD	*152*
COP	*15 , 52*

【D】

DME 合成	*107*
DNA	*189*

【F】

Fuel NO_x	*148*

【G】

GDP	*46*
GWP	*58 , 144 , 180*

【I】

IPCC	*146*
ISO	*200*

【L】

LCA	*197*
LNG	*30*

【M】

MOX 燃料	*35*

【O】

OAPEC	*24*
ODP	*58 , 180*
OECD	*174*
O 157	*172*

【P】

PAN	*150*
PCB	*159 , 170*
pH	*147*
POP_s	*176*
P_{ow}	*176*
PRTR	*198*

【S】

S. I. 機関	*161*
SPS	*40*

【T】

TEQ	*184*
Thermal NO_x	*148*

【V】

VOC	*169*

【W】

WE-NET	*126*

―― 著者略歴 ――

井田　民男（いだ　たみお）
- 1985年　豊橋技術科学大学工学部エネルギー工学課程卒業
- 1987年　豊橋技術科学大学大学院修士課程修了（エネルギー工学専攻）
- 1989年　近畿大学熊野工業高等専門学校助手
- 1995年　博士（工学）（豊橋技術科学大学）
- 2000年　近畿大学講師
- 2008年　近畿大学准教授
- 2013年　近畿大学バイオコークス研究所所長
- 2014年　近畿大学教授
- 　　　　　現在に至る

木本　恭司（きもと　きょうじ）
- 1965年　神戸大学工学部機械工学科卒業
- 1965年　神戸大学助手
- 1968年　大阪府立工業高等専門学校講師
- 1972年　大阪府立工業高等専門学校助教授
- 1978年　工学博士（京都大学）
- 1984年　大阪府立工業高等専門学校教授
- 2006年　大阪府立工業高等専門学校名誉教授

山﨑　友紀（やまさき　ゆき）
- 1993年　京都大学工学部工業化学科卒業
- 1995年　京都大学大学院工学研究科修士課程修了（物質エネルギー化学専攻）
- 1998年　東北大学大学院工学研究科博士課程修了（資源工学専攻），博士（工学）
- 1998年　大阪府立工業高等専門学校講師
- 2006年　大阪府立工業高等専門学校助教授
- 2007年　法政大学教授
- 　　　　　現在に至る

熱エネルギー・環境保全の工学
Engineering of Thermal Energy and Environment Conservation

© T. Ida, K. Kimoto, Y. Yamasaki　2002

2002年11月28日　初版第1刷発行
2021年3月30日　初版第9刷発行

検印省略

著　者　井　田　民　男
　　　　木　本　恭　司
　　　　山　﨑　友　紀
発行者　株式会社　コロナ社
　　　　代表者　牛来真也
印刷所　新日本印刷株式会社
製本所　有限会社　愛千製本所

112-0011　東京都文京区千石 4-46-10
発行所　株式会社　コロナ社
CORONA PUBLISHING CO., LTD.
Tokyo Japan
振替00140-8-14844・電話(03)3941-3131(代)
ホームページ　https://www.coronasha.co.jp

ISBN 978-4-339-04463-8　C3353　Printed in Japan　（阿部）

JCOPY <出版者著作権管理機構 委託出版物>
本書の無断複製は著作権法上での例外を除き禁じられています。複製される場合は、そのつど事前に、出版者著作権管理機構（電話 03-5244-5088, FAX 03-5244-5089, e-mail: info@jcopy.or.jp）の許諾を得てください。

本書のコピー、スキャン、デジタル化等の無断複製・転載は著作権法上での例外を除き禁じられています。購入者以外の第三者による本書の電子データ化及び電子書籍化は、いかなる場合も認めていません。
落丁・乱丁はお取替えいたします。